国家考古遗址公园环境设计

——理论与实践

赵文斌　褚天骄　著

中国建筑工业出版社

图书在版编目（CIP）数据

国家考古遗址公园环境设计：理论与实践 / 赵文斌，褚天骄著 . —北京：中国建筑工业出版社，2024.4
ISBN 978-7-112-27860-2

Ⅰ. ①国… Ⅱ. ①赵… ②褚… Ⅲ. ①文化遗址—国家公园—规划布局—中国 Ⅳ. ① TU986.5

中国版本图书馆 CIP 数据核字（2022）第 161639 号

责任编辑：戚琳琳　率　琦　张伯熙
责任校对：党　蕾

国家考古遗址公园环境设计——理论与实践
赵文斌　褚天骄　著
*
中国建筑工业出版社出版、发行（北京海淀三里河路 9 号）
各地新华书店、建筑书店经销
北京点击世代文化传媒有限公司制版
临西县阅读时光印刷有限公司印刷
*
开本：787 毫米 ×1092 毫米　1/16　印张：21½　字数：399 千字
2024 年 7 月第一版　2024 年 7 月第一次印刷
定价：**298.00** 元
ISBN 978-7-112-27860-2
（39957）

序　一

中华大地几千年来的文脉传承造就了中华民族璀璨的文明，这些文明以各种形式记录于祖国大地之上。大遗址作为国家和民族薪火相传的重要载体，承载着丰富的历史信息和浓厚的文化内涵。大遗址专指我国历史文化遗产中规模特大、文物价值突出、影响深远的大型考古遗址，其突出的历史内涵与文化价值几乎贯连了中华民族的文明起源和发展鼎盛期的大部分重要文化遗产，是中华民族文明与文化发展史的珍贵物证。

我国的大遗址价值高、等级高、数量多且分布广，具有独特性、不可再生性、不可替代性，但遗址类型多以砖木结构、土质和土石结合的类型为主，千百年来受风化、火灾、洪水等自然因素以及侵占、盗窃、拆迁等人为因素的破坏，保存状况较差，地上大遗址难寻，地下遗址也仅仅是残余痕迹，这为大遗址的保护和展示带来了很大的挑战和很多现实问题。

“国家考古遗址公园”的概念是我国大遗址保护历程中的重要创举。其建设需求，初始于我国20世纪90年代启动的大遗址保护，这一独特的遗产保护运动立足于中国土地制度的特色，采用国家顶层设计、政府主导的模式，充满了探索精神与挑战，且已取得了系统、有效的进展。

从中国大遗址保护的全过程来看，考古遗址的价值阐释和展示模式原属大遗址保护全过程中的重要环节之一，是考古遗址作为社会发展资源属性的直接体现。作为中国考古遗址公园的项目探索，最初出现于20世纪90年代，较之日本的探索稍晚，基本处于我国不可移动文物保护规划的初始阶段，主要参与者以建筑师和景观设计师为主。其后随着1995年我国“大遗址”保护概念的提出、2004年国家文物局公布的《全国重点文物保护单位保护规划编制管理办法》和《编制要求》的出台，以及具有国家顶层设计意义的《“十一五”国家重大考古遗址保护规划纲要》的制定，考古遗址的展示成为不可移动文物整体保护的基本任务之一。特别是自21世纪开始，伴随着国家经济发展的强劲趋势，社会与国家对重大考古遗址的价值传播与影响力需求不断上升，可直接作用于整个民族的“文化自信”的提升，事关国家的“文化强国”和“国土安全”等重大战略目标。

鉴此，国家文物局自2009年出台《国家考古遗址公园管理办法（试行）》等一系列文件之后，中国考古遗址公园的建设进入了一个新的阶段。

赵文斌博士作为中国建筑设计研究院有限公司生态景观建设研究院的负责人，自21世纪初就开始参与中国建筑设计研究院建筑历史研究所主持的一系列国家重大考古遗址（简称：大遗址）保护规划或遗址公园规划项目，承担其中的景观修复与环境展示内容，并以突出的学习能力开启了专业探讨，于2012年提交博士论文“国家考古遗址公园规划设计模式研究”，成为我国较早的考古遗址景观设计专家。此后，仍继续结合与建筑历史研究所合作的多项大遗址保护展示项目，对大遗址的原史环境修复和遗址背景环境保护技术进行了一系列的探讨与实践，由此整理编著而成《国家考古遗址公园环境设计——理论与实践》一书。

本书梳理了历史文化遗产保护的相关历史、大遗址保护的发展现状和“国家考古遗址公园”概念诞生的整个发展过程，进而通过方法归纳和实践案例研究，系统整理了国家考古遗址公园环境规划设计的全套工作流程，总结出国家考古遗址公园环境规划设计所涉及的现状调查分析、规划设计理论、技术支撑、工作模式、分区布局、保护展示等各方面的工作内容及技术要点。这些丰富的理论探索与实践经验可为历史文化遗产保护相关领域的科研人员、工程实践人员、高校师生以及对历史文化遗产保护感兴趣的相关人士，尤其是一线的规划设计人员提供实用的参考，对促进我国国家考古遗址公园环境景观的设计理论与相关建设管理工作具有积极的现实意义。

期待本书能对我国在文化遗产保护领域的学术发展和实践运用起到积极的推动作用，希望更多的各界人士关注和重视历史文化遗产保护的环境修复理论与展示技术，从人地关系的研究与叙事角度揭示中华文明所蕴含的智慧与特征。

中国建筑设计研究院有限公司建筑历史研究所名誉所长

陈同滨

2024年5月

序　二

习近平总书记在中共中央政治局第三十九次集体学习的讲话中指出，中华优秀传统文化是中华文明的智慧结晶和精华所在，是中华民族的根和魂，是我们在世界文化激荡中站稳脚跟的根基。这是对我们所有从事保护和弘扬中国文化遗产行业人士的巨大鼓励和鞭策，也为我们指明了前进的方向。

中国大遗址是国家和民族薪火相传的重要载体之一，承载着丰富的历史信息和浓厚的文化内涵，是中华民族文明与文化发展史的珍贵物证。中国大遗址综合体现了中华民族和文明的起源、形成和发展，是中华文明曾经高度发达并对世界文明与进步产生过巨大影响的历史见证，是中华民族的骄傲。此外，做好中国大遗址的保护和利用工作既是保护和珍惜我们民族的历史、保护和珍惜人民群众的心理归属和情感需求，又是连接民族情感纽带，增进民族团结和维护世界文化多样性，促进人类共同发展的重要基础。

然而，由于这些年我国城市化进程过于迅猛，给中国大遗址的保护带来了前所未有的冲击与挑战，各地的考古遗址保护工作一直以来都是“摸着石头过河”，没有成熟的模式可供借鉴，甚至不少考古遗址遭遇了保护性破坏，令人遗憾和焦虑。针对上述问题，结合“考古遗址公园”这种国际通用、日趋成熟的中国大遗址保护和利用模式，我国政府积极提出建立“国家考古遗址公园”发展机制，这是探索中国大遗址保护和有效利用的一种新模式，旨在促进考古遗址的保护、展示与利用，有效发挥中国文化遗产保护在经济社会发展中的作用，同样也是我国大遗址保护利用最有效的手段之一。

本人指导的博士生赵文斌和硕士生褚天骄在北京林业大学攻读学位期间，研究方向就是中国传统园林继承与发展，赵文斌的博士论文选题更是针对当时国家新的政策需求，聚焦于国家考古遗址公园领域。赵文斌和褚天骄毕业后一直在中国建设科技集团兢兢业业，努力工作，虚心向多位专家、学者求教，参与了大量中国大遗址保护及其背景环境的研究和设计工作，并及时进行系统总结和归纳，终于形成《国家考古遗址公园环境设计——理论与实践》一书，这是我国该领域内的第一部有关专著，填补了国内空白。在此，我向两位作者及其团队表示热烈祝贺，并向各位读者隆重推荐。

《国家考古遗址公园环境设计——理论与实践》是一部详细介绍国家考古遗址公园环境设计的相关理论、内容与方法的专业书籍。其特色在于：一是创造性地提出国家考古遗址公园环境设计的可持续性发展模式；二是注重将国家考古遗址公园环境研究的理论提升并系统化，用于解决实践中的痛点问题；三是提供政策性很强的工作导则和标准流程。具体来讲，这本书以中国大遗址环境保护与利用的发展历程为切入点，通过理论结合实践的研究方法，从调查分析、人文环境保护设计、生态环境保护设计、植物配置设计、水生态系统与海绵体系设计、道路交通设计、建构筑物设计、服务设施设计、标识系统设计等方面入手，提出了各环境要素设计相应的工作内容、原则和解决办法，系统整理了国家考古遗址公园环境设计的工作模式，这对推动中国大遗址保护和利用以及国家考古遗址公园环境设计具有重大的理论意义和实用价值。

相信这本书的出版将对我国遗址保护领域的理论发展和实践应用起到积极的推动作用，并为保护和传承中华文明、实现振兴中华的伟大战略目标作出积极的贡献。

中国风景园林学会副秘书长、常务理事
中国圆明园学会皇家园林分会会长

2024 年 5 月

序 三

文化遗产承载着中华民族的基因和血脉，是不可再生、不可替代的中华优秀文明资源。

党的十八大以来，习近平总书记对文化遗产保护高度重视，多次赴文化遗产积淀丰富的省份考察调研，并就文化遗产保护作出重要指示批示。党的十九大专门将“加强文物保护利用和文化遗产保护传承”列为推动社会主义文化繁荣兴盛的重要组成部分。2022 年 7 月 8 日，习近平总书记在给中国国家博物馆老专家的回信中强调，推动文物活化利用，推进文明交流互鉴，守护好、传承好、展示好中华文明优秀成果。在中共中央政治局第三十九次集体学习时也强调，要让更多文物和文化遗产活起来，营造传承中华文明的浓厚社会氛围。要积极推进文物保护利用和文化遗产保护传承，挖掘文物和文化遗产的多重价值，传播更多承载中华文化、中国精神的价值符号和文化产品。党的二十大报告指出，“加大文物和文化遗产保护力度，加强城乡建设中历史文化保护传承”。建好用好国家文化公园，推进文化自信自强，铸就社会主义文化新辉煌。

中华五千年的文明形成了鲜明的中国文化特色，如何传承好、弘扬好中华优秀传统文化，在筑牢文物保护安全底线、全面保护好历史文化遗产的基础上，统筹好文化遗产保护与旅游发展的关系，提高文化遗产的展示传播水平，让文物真正活起来，将文物资源和文化遗产蕴含的创新创造基因不断激活，让文化遗产说话，让历史说话，让文化说话，使其成为加强社会主义精神文明建设的深厚滋养，成为扩大中华文化国际影响力的重要名片。

由赵文斌、褚天骄所著的《国家考古遗址公园环境设计——理论与实践》正是在此时代背景下对国家考古遗址环境保护与活化利用的积极回应。作者在北京林业大学博士论文研究的基础上，面对涉及多学科、多部门的综合性难题，经过 10 多年艰辛的理论探索和项目实践，针对当前我国文化遗产大遗址保护“抢救式、分散式、本体式、封闭式”的现状问题，系统梳理分析了大遗址保护与土地资源、城市开发、城市基础设施、所在区域居民生产生活的矛盾。基于生态文明建设的背景，文物活化利用新的发展机遇，阐述了大遗址的概念和内涵。在学习借鉴国内外相关规划设计案例和保护工程实践经验的基础上，创造性地提出在风景园林视角下考古遗址公园环境设计的系统工作模式，包括环境设计的基本内容、现状资源评估的技术体系、环境设计模式和方法体系。本研究创新性地提出符合国情和时代的考古遗址公园环境设计理论，形成了完整的环境设计方法手册和工作框架体系，为实现考古遗址公园环境有效保护、合理开发、永续利用作出了重要贡献。

本书的出版凝聚了作者多年研究和实践的丰硕成果，对提升我国大遗址保护和考古遗址公园规划建设具有重要的理论意义和实践价值，在此表示衷心祝贺，也由衷感谢赵文斌、褚天骄两位校友为北京林业大学建校 70 周年献出的这份厚礼。

文化是一个国家、一个民族的灵魂。文化兴则国运兴，文化强则民族强。我们要让陈列在广阔大地上的国家考古遗址通过风景园林的艺术手段活起来，推动中华优秀传统文化创造性转化、创新性发展，以时代精神激活中华优秀传统文化的生命力。

北京林业大学副校长

中国风景园林学会副理事长

2024 年 5 月

前 言

我国作为世界四大文明古国之一，历史文化遗产具有类型数量众多、地域分布广阔、信息蕴藏量巨大等特点。保护文化遗产，既是保护和珍惜我们民族的历史，保护和珍惜人民群众的心理归属和情感需求，又是连接民族情感纽带，增进民族团结和维护世界文化多样性，促进人类共同发展的前提。“大遗址”是20世纪90年代初由国家文物局从遗产保护和管理工作角度提出的一个重要概念（始见于1997年由国务院下发的《国务院关于加强和改善文物工作的通知》，该通知第一次提出了“大型古文化遗址”的概念），用于专指中国文化遗产中规模特大、文物价值突出、影响深远的大型考古文化遗址和古墓葬。大遗址主要包括“反映中国古代历史各个发展阶段涉及政治、宗教、军事、科技、工业、农业、建筑、交通、水利等方面的历史文化信息，规模宏大、价值重大、影响深远的大型聚落、城址、宫室、陵寝墓葬等遗址、遗址群及文化景观。”大遗址的内涵既框定了对国家级考古遗址保护与利用的内容和研究对象，同时又阐述了规划建设的价值和意义。大遗址具有遗存丰富、历史信息蕴涵量大、现存景观宏伟，且年代久远、地域广阔、类型众多、结构复杂等特点，其突出的历史内涵与文化价值几乎贯连了中华民族的文明起源和发展鼎盛期的大部分重要文化遗产，是中华民族文明与文化发展史的珍贵物证。随着20世纪90年代“大遗址”概念的提出，大遗址保护在中国正式拉开帷幕。但是随着我国城市化进程的加剧，大遗址保护与日趋紧张的城市土地资源的矛盾、与城市基础设施建设及开发的矛盾、与大遗址所在区域人民群众生产生活的矛盾愈加突出。同时大遗址保护工作在后期保护和利用实践中也面临抢救式、分散性、本体式、封闭式和专一化等头痛医头脚痛医脚的问题。

针对我国大遗址保护现存问题，并结合“考古遗址公园”这种国际通用，日趋成熟的大遗址保护和利用模式，国家提出了“国家考古遗址公园”概念，以适应当今国内大遗址保护和利用的相关工作。国家考古遗址公园，是指“以重要考古遗址及其背景环境为主体，并具有科研、教育、游憩等功能，在考古遗址保护和展示方面具有全国性示范意义的特定公共空间”。国家考古遗址公园是在建设过程中广泛划定保护范围，将具有重要意义的大遗址及其自然、历史文化环境相对隔离地保护起来，免遭城市化进程的蚕食；将那些保护起来的、具有重要文化和游憩价值遗址本体及周边环境展示给公众，为公众提供了解历史、陶冶情操、增强民族自豪感和凝聚力的平台。国家考古遗址公园的理念核心是在保护的前提下展示利用，将具有展示价值的遗址本体及其周边历史环境及人文环境向游客展示，让游客体验感悟历史，增强民族凝聚力和自豪感，增强对大遗址的保护意识，实现遗址保护与文化、经济产业的可持续发展，其具有公园的性质，也是以保护大遗址为主体的公共绿色活动空间。国家考古遗址公园对突破现阶段大遗址保护和利用的困境具有重要意义，将大遗址保护从保护过程上实现了由“修旧如旧，忠于历史，保持原貌”到“注重保护的真实性、完整性，将保护利用与城市发展相结合”的转变；保护内容上实现了从“单纯地保持遗址本体”到“广泛、动态地保护遗址本体及其周边环境和历史文化的整体保护”的转变；保护手段上实现了从“以保护、保存、修复等被动保护”到“遗址再生，着眼于主动的规划式保护”的转变。

国家考古遗址公园强调了保护的真实性、完整性、保护利用与城市发展结合，保护内容整体完整，保护手段化被动为主动，保护形式从孤立保护向社会参与的重要转变和进步。目前，国家考古遗址公园是我国大遗址保护利用最有效的手段之一。本书以本人博士期间研究为基础，结合十余年与遗址保护相关研究人员共事中收集的相关知识和从事相关遗址保护利用实践工作积累总结撰写而成。从我国大遗址保护与利用面临的发展困境出发，讲述国家考古遗址发展过程中“大遗址”这个重要概念的提出，以及基于“大遗址”概念背景下遗址保护与利用的新机遇，参考国际上相关经验，确立国家考古遗址公园规划的基本内容、要求和现状调查、价值评估等相关技术体系，提出国家考古遗址公园为核心的国家遗址保护与利用的规划技术方法体系。同时，本书还在风景园林专业的背景下研究国家考古遗址公园的规划设计模式，对于我国国家考古遗址公园的相关理论建设具有积极的现实意义，为我国考古遗址公园规划设计研究做了积极探索和有益补充。按照理论与实践相结合的研究方法，在系统总结国外大遗址保护利用经验和我国考古遗址公园发展历程的基础上，本书深入研究我国现有考古遗址公园案例，结合大遗址保护规划、风景名胜规划、文物保护单位保护规划等相关规划理论对国家考古遗址公园的规划设计进行探讨，在个性提炼和共性归纳的基础上，创造性地提出国家考古遗址公园规划设计的系统工作模式。研究成果涵盖国家考古遗址公园规划设计所涉及的现状分析、价值评估、规划理论、技术支撑、工作模式、范围划定、分区布局、保护展示、法治建设和运营管理等各方面工作内容，并提出各阶段规划内容相应的工作原则和解决办法。国家考古遗址公园是符合我国国情的大遗址保护的有效途径，它是一个复杂的、集大遗址保护、展示与利用的综合工程，是一个涉及多学科、多部门的综合性难题。国家考古遗址公园的规划建设必须以贯彻始终的考古工作为指导，在动态规划理论的基础上进行大遗址的保护展示利用，达到大遗址保护成果的全民共享。本书创造性地探索出一条符合中国国情和时代特征的国家考古遗址公园规划设计的创新之路，初步搭建了国家考古遗址公园规划设计管理的普适性工作框架体系，试图剖析和总结国家遗址公园模式相关的背景、意义、规划内容和方法的相关知识和体系化内容，形成完整的国家遗址公园规划设计方法手册，为相关项目的规划设计和运营管理提供了理论支持，为实现我国大遗址的有效保护、合理开发、永续利用做出抛砖引玉的探索，可谓是一种前瞻性和时代性的彰显。

本书以国家考古遗址公园规划设计的相关理论与项目实践为核心内容，可供文化遗产、遗址保护、风景园林、城市规划、建筑、社会文化公益事业等相关从业人员使用，也可作为专业领域读物，供公众学习和了解相关知识。

由于我国历史文化遗产保护相关工作起步较晚，知识体系庞杂，相关法律法规不健全、资料匮乏，经典案例有限，本书有部分知识和案例是向行业内相关专业人士学习和参考而来的，同时也参考了国外相关知识和案例，在此向国内外相关学者深表谢意。由于作者在国家考古遗址公园方面的学术研究水平和实践经验有限，本书中错误与不足之处难免，敬请同行与读者提出宝贵意见。

赵文斌

2024 年 5 月

目　录

第1章

绪论——大遗址与国家考古遗址公园

1.1

大遗址

1.1.1 大遗址的概念与特征

“大遗址”是20世纪90年代初由国家文物局从遗产保护和管理工作角度提出的一个重要概念，专指中国文化遗产中规模宏大、文物价值突出、影响深远的大型考古文化遗址和古墓葬。“大遗址”的相关概念始见于1997年由国务院下发的《国务院关于加强和改善文物工作的通知》，该通知首次提出了“大型古文化遗址”的概念。在财政部、国家文物局2005年8月联合印发的《大遗址保护专项经费管理办法》中第一次确切提出，“大遗址主要包括反映中国古代各个历史发展阶段涉及政治、宗教、军事、科技、工业、农业、建筑、交通、水利等方面的历史文化信息，具有规模宏大、价值重大、影响深远特点的大型聚落、城址、宫室，陵寝墓葬等遗址、遗址群及文化景观”。这是目前为止国家主管部门下发文件中唯一提到的一次，但是“大遗址”具体是什么，我国法律还没有正式定义。

尽管“大遗址”在我国没有法律上的确切定义，但大遗址的保护工作无可争议地成为国家遗产保护领域的重点保护内容之一。2002年11月国家文物局在调查研究的基础上向国务院提交了《“大遗址”保护“十五”计划》，根据我国大遗址的保护现状和实际情况，开始了50处大遗址保护的重点实验项目。自2005年我国设立大遗址保护专项经费以来，财政部、国家文物局共同编制《“十一五”期间大遗址保护总体规划》，将100处重点大遗址列入保护项目库，正式启动了大遗址保护利用工作。《大遗址保护“十二五”专项规划》提出了以构建六片（西安片区、洛阳片区、荆州片区、成都片区、曲阜片区、郑州片区）、四线（长城、大运河、丝绸之路、茶马古道）、一圈（边疆和海疆）为重点，150处重要大遗址为支撑的我国大遗址保护新格局。2016年10月和2017年2月，国家文物局分别印发了《大遗址保护“十三五”专项规划》与《国家文物事业发展“十三五”规划》，规划提出将在“十三五”期间新建10～20个专门的考古工作基地（站）、20 ~ 30 个遗址博物馆、10 ~ 15 个国家考古遗址公园、8 ~ 10 处大遗址保护片区，形成一批大遗址保护理论和科技成果等基本指标，由此可见大遗址保护工作的重要性。2021 年 10 月，国家文物局印发《大遗址保护利用"十四五"专项规划》，提出将建设 20 处国家重点区域考古标本库房，开展第四批国家考古遗址公园评定，新增 10 ~ 15 处国家考古遗址公园，培育长江三峡考古遗址公园等 20 ~ 30 处立项单位。

大遗址是实证中国百万年人类史、一万年文化史、五千多年文明史的核心文物资源，具有遗存丰富、历史信息蕴涵量大、现存景观宏伟、年代久远、地域广阔、类型众多、结构复杂等特点。其突出的历史内涵与文化价值几乎贯连了中华民族的文明起源和发展鼎盛期的大部分重要文化遗产，是中华民族文明与文化发展史的珍贵物证。

1. 价值高、等级高

大遗址作为国家和民族薪火相传的重要历史文化载体，承载着丰富的历史信息和浓厚的文化内涵，同时还是具有地域特点的景观资源和旅游资源，有效地保护利用大遗址能促进所在区域的社会经济发展。"十一五"时期纳入我国文化发展规划中的 100 处国家重要大遗址都是国家文物保护单位，"十三五"时期大遗址名单中的遗址也都是我国各类现存遗址中的重中之重。

如北京的周口店遗址、河北的赵邯郸故城遗址（图 1-1-1）等，都是第一批全国重点文物保护单位，是我国最高级别的遗址。其中周口店遗址是更新世古人类遗址，记录了远古时期亚洲大陆的古人类社会，证明了北京人属于从古猿进化到智人的中间环节的原始人类，这一发现在生物学、历史学和人类发展史研究方面都具有极其重要的价值。

2. 数量多

根据我国第三次文物普查结果，全国登记不可移动文物有 766722 处，其中古遗址有 193282 处、古墓葬有 139458 处，总数占到了 43% 以上。在我国已公布的八批 5058 处全国重点文物保护单位中，古遗址和古墓葬总数为 1612 处，占总数的 1/3 左右，其中大部分可列入大遗址范畴。在 8000 余处省级文物保护单位中，属于大遗址的有近 2000 处，其中一部分已列为世界文化遗产或作为世界文化遗产的重要组成部分。[1], [2]

[1]　资料来源：中国网（http://www.china.com.cn/），国家文物局官网（http://www.ncha.gov.cn/）。
[2]　单霁翔．大型考古遗址公园的探索与实践 [J]. 中国文物科学研究，2010，1：2-12.

图 1-1-1　赵邯郸故城遗址实景照片

3. 规模大

国家文物局、财政部在“十一五”时期公布的首批列入大遗址保护国家项目库的 100 处大遗址涉及全国 27 个省、自治区、直辖市，总占地面积 2.67 万平方公里。其中面积最小的是成都古蜀船棺合葬墓，保护区面积为 1.12 万平方米。大部分大遗址的保护区面积在 1 ~ 100 平方公里。据统计，其中保护区面积在 1 ~ 100 平方公里的大遗址占 71.4%，小于 1 平方公里的占 21.5%，而大于 100 平方公里的大遗址占 7.1%。例如，汉魏洛阳城遗址是我国所有都城遗址中历代定都总时间最长、规模最大且保存较为完整的古城遗址，总面积达 100 平方公里。

4. 分布广

“十一五”时期确定的 100 处大遗址中有 97 处呈点状、面状分布于 26 个省、自治区和直辖市，其中 31 处大遗址位于南方的 11 个省和自治区，66 处大遗址位于北方的 15 个省和自治区，形成“两片三区 100 处”的大遗址保护格局。[1]

“十三五”时期，大遗址增至 150 余处，覆盖了除天津市、海南省、台湾省以外的全国 29 个省、自治区和直辖市。其中 8 处大遗址呈线状跨区分布，如长城跨越北京、天津等 15 个省、自治区和直辖市，明清海防跨越辽宁、河北等 11 个省、自治区和直辖市，由此可见我国大遗址分布之广。[2]

5. 独特性、不可再生性、不可替代性

大遗址是“独特的”“唯一的”“不可替代的”。由于大遗址所处的历史时代背景不同，蕴含的丰富内涵不同，彼此之间无法互相替代，许多个独特的大遗址共同构成了我国连贯而完整的古代历史。大遗址又是“不可再生的”，它产生于特定的历史年代，经过历史风云的涤荡洗礼，也许千疮百孔、残缺简陋，但正因为承载了历史的风云变幻，见证了岁月中的人事变迁，这样残存的样貌更具有厚重的历史意义。大遗址一旦损毁，它所承载的历史信息、文化信息、物质信息就随之消亡，其存在是一个不可逆转的不断消亡的过程。

6. 可观赏性和展示性不强

我国的大遗址以砖木结构、土质和土石结合为主，千百年来受风化、火灾、洪水等自然因素以及侵占、盗窃、拆迁等人为因素的破坏，保存状况较差。目前许多大遗址地上难寻，地下也仅存残余痕迹。同时，很多大遗址及其周边环境缺乏观赏性，迫切需要相关专业人士在展示过程中采用适当的手法将其独特魅力展现给公众，增加大遗址的审美功能。

---

[1] 刘琼 . 中国大遗址保护：形成“三线两片”100 处格局 [EB/OL].https：//news.artron.net/20091109/n91110_.html，2009-11-09.

[2] 资料来源：《大遗址保护“十三五”专项规划》。

1.1.2 大遗址的完整价值观

大遗址作为历史发展和环境演变以及人与自然关系的真实记录，具有深厚的科学文化底蕴，不仅是考古学研究的对象，也是政治、经济、文化、环境、艺术、建筑、生态、地理等领域直接或间接研究的对象；不仅是构成我国文博事业的基础，也是重要的景观旅游资源；不仅以直接或间接的历史教育、文化教育和科学教育的功能作用于现代社会，而且对增强民族凝聚力、培养爱国主义精神、促进旅游经济的发展都具有重大的现实意义和深远的历史意义。

正确保护与利用大遗址的前提，是对大遗址价值观的完整理解。《中华人民共和国文物保护法》从历史、科学与艺术三个维度强调了大遗址的价值，笔者认为这三个维度突出了大遗址作为考古学等多种学科的科学及艺术研究对象而具有的研究价值，但不足以体现它在新时代作为大众休闲游憩和中华民族身份认同的重要角色，不足以体现它的完整价值。大遗址区别于普通遗址的根本，在于它不仅具有一般文物和遗址的历史、科学与艺术价值，更因其地域广、规模大、数量多、价值高等特征而具有非常重要的社会文化价值与休闲游憩价值。

在全球化不断发展的今天，中华民族的身份认同已经在不同层面产生危机，很多地区的文化认同、民族认同与地方归属感都已经逐渐淡化。大遗址作为一种巨大的载体，所承载的丰富而又庞大的文化，给国人提供了持续释读文化记忆、塑造和增强民族认同感的源泉。

随着时代的发展和人们日益增长的生活需要，大遗址的休闲游憩价值将日益凸显。大遗址的存在使其周边整体地域环境成为不可替代的休闲游憩资源，为公众提供了不可多得的潜在旅游目的地。在合理的展示和利用下，大遗址及其环境依托蕴含的丰富自然与文化内容，将大幅度提升地区游憩活力，促进区域第三产业的发展。

综上所述，大遗址的完整价值应该是历史、科学、艺术、社会文化、休闲游憩的综合体现。大遗址及其所在区域的角色应该是保存、介绍大规模历史文物的“历史博物馆”，是进行考古、地理等学科研究的“科学研究所”，是展示、陈列古代中国艺术的“艺术展览馆”，同时也是满足新时代人民精神文化需求的“文化中心”和为中国乃至世界人民提供特色游憩体验的“国家公园”。

1.1.3　我国大遗址保护与利用的困境

由于对大遗址的完整价值认识不足，目前国内的大遗址保护与利用仍然面临一系列困境，主要反映在以下几个方面：

1. 抢救性保护——“消极被动，保护不力”

虽然近年来受到了国家和地方政府的高度重视，但是由于相关制度和法律不完善、民众保护意识欠缺以及一些历史原因，大遗址的破坏趋势依然非常严峻。目前很多大遗址的保护行为都是在发现破坏严重之后，不得已采取的“抢救性保护与修复”。这种消极被动的保护与修复难以限制民众的破坏行为，更不能提升社会大众的保护意识，因此亟待转变为主动的保护模式。

2. 分散型保护——“头痛医头，脚痛医脚”

由于长时间的“抢救性保护”模式，大多数保护工作往往像打补丁一样，在遗址发生破坏后才进行，导致大量遗址斑块散落在城市中间，没有形成系统化、规模化的整体保护格局。这种分散的保护方式看似使单个遗址得到了保护，实则切断了遗址群之间的联系，破坏了大遗址的整体性，使大遗址丧失了“数量多、规模大、独特性强”的优势，降低了科学、艺术和文化价值，在一定程度上也影响了周边居民和产业的发展。

3. 本体式保护——“皮之不存，毛将焉附”

我国传统的文保工作，主要以划定保护范围、做出标志说明、建立记录档案、设置专门机构或者指定专人负责管理等方式对遗址本体进行保护，忽视了遗址所在区域自然与文化环境的重要性。遗址本体只是遗址重要的组成部分之一，遗址的自然环境与文化环境是孕育大遗址的基础，是构成大遗址完整性的重要部分。就如任何一座建筑都与其自身所处的城市环境密不可分一样，大遗址的保护也离不开它所存在的周边环境，没有与之相适应的自然与文化环境，大遗址的文化、游憩等价值将大打折扣。

4. 封闭式保护与利用——“画地为牢，馆舍天地”

很长时间以来，我国大遗址在发掘后，保护与展示利用模式相对单一，大遗址“活起来”的办法不多、活力不够，大部分资料都予以封闭保存，只有少部分放在博物馆里供游客参观，是一种“画地为牢式”的封闭式保护和利用。这种封闭式的保护和利用只看到了遗址的历史、科学、艺术价值，完全忽视了“大遗址”及其所在区域具有的重要的文化和休闲游憩价值。只有让大众更开放、更真实地认识到大遗址的价值，才能提升民众保护大遗址的意识，充分发挥大遗址多维度的作用。

5. 专一化保护与利用——“只见树木，不见森林”

由于大遗址占地广，个别政府部门与开发商认为大遗址保护与城市的开发建设是矛盾的，并将大遗址保护孤立开来，进行专一化的保护与利用，大遗址保护利用与城乡发展建设之间的矛盾仍然突出。殊不知合理保护和利用大遗址，对于改善城市风貌、促进城乡产业转型、推进新型城镇化具有重要意义。虽然大遗址保护与利用过程中的环境整治，会触及不同社会群体的经济利益与遗址区内居民的生活状况，但是只要采取合适的方式，不仅可以得到大遗址区域内民众的积极认同和参与，更可以借助大遗址的城市风貌塑造能力和强大的旅游吸引力，使之与城市发展共荣。

1.1.4 大遗址保护与利用的机遇——国家考古遗址公园模式

近年来，我国的大遗址保护在工作思路和方法上取得了长足的进步。大遗址保护工作的发展在观念上经历了从“修旧如旧，忠于历史，保持原貌”到“注重保护的真实性、完整性，将保护利用与城市发展相结合”的过程；在保护内容上经历了从“单纯地保持遗址本体”到“广泛、动态地保护遗址本体及其周边环境和历史文化的整体保护”过程；在保护手段上经历了“以保护、保存、修复等被动保护”到“遗址再生，着眼于主动的规划式保护”的过程。大遗址保护也从仅依靠文物工作者孤军奋战的行业行为，提升到公众广泛理解和参与的社会文化公益事业。因此，“国家考古遗址公园”模式在这一时代背景下应运而生。从圆明园遗址公园、秦始皇陵遗址公园的起步，到高句丽遗址公园、殷墟遗址公园的试点；从金沙遗址公园、鸿山遗址公园的探索，到大明宫遗址公园、隋唐洛阳城遗址公园的启动；再到良渚遗址公园、牛河梁遗址公园的规划实施，这一系列研究、探索与实践的历程，使得通过建立考古遗址公园，整体保护大遗址的方式逐渐得到人们的关注和认可。尤其高句丽遗址、殷墟遗址保护实践（图 1-1-2）分别于 2004 年 7 月和 2006 年 7 月成功列入《世界遗产名录》，极大地鼓舞了实施大遗址整体保护的信心。这些国家考古遗址公园的探索和建成积累了宝贵经验，对于全面保护大遗址起到了重要的示范作用。

考古遗址公园是国际通用、日趋成熟的大遗址保护和利用的模式。美国国会于 1916 年立法成立了国家公园管理体系，迄今为止该体系已纳入 70000 处古遗址遗迹；日本从 1965 年后开始重视遗址的展示与利用，先后建成了大室公

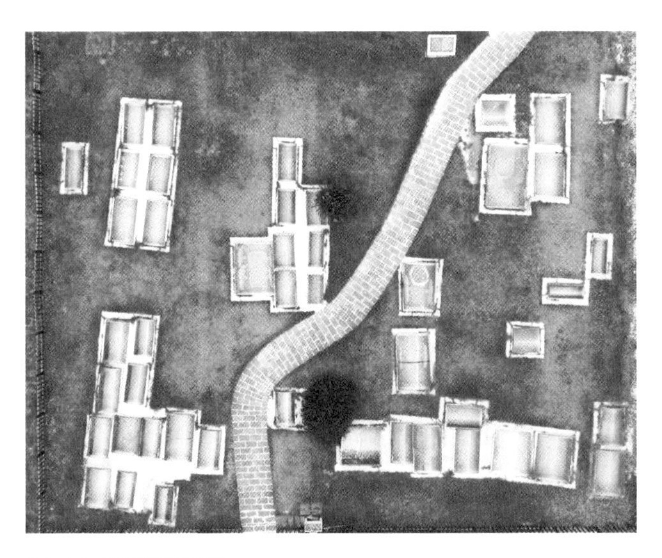

图 1-1-2　殷墟遗址实景照片

园、吉野里历史公园、飞鸟公园等大型考古遗址公园。在我国，“国家考古遗址公园”虽然是近 10 年才正式进入大遗址保护领域的新概念，但和其概念类似的遗址公园在我国已有部分建成，多使用“大遗址保护展示示范园区”“遗址公园”的名称。如 1983 年由国务院批准的《北京城市建设总体规划方案》就将圆明园遗址确立为遗址公园，在 2006 年发布的《国家“十一五”时期文化发展规划纲要》中也曾提出要“建设汉长安城、大明宫、隋唐洛阳城、殷墟、偃师商城等重点大遗址保护展示园区”。

国家考古遗址公园模式对于转变我国大遗址保护思路，突破现阶段大遗址保护和利用的困境具有重要意义。随着岁月变迁，外界自然力以及地方经济发展趋势、开发建设和人为破坏等的影响，大遗址的遗存状况受到了严重的威胁，其自然与历史环境信息、本体与出土文物价值都亟待挖掘、揭示和传播。国家考古遗址公园的建设广泛划定保护范围，将具有重要意义的大遗址及其自然、历史文化环境相对隔离地保护起来，免遭城市化进程的蚕食；将那些保护起来的、具有重要文化和游憩价值的遗址本体及周边环境展示给公众，为公众提供了解历史、陶冶情操、增强民族自豪感和凝聚力的平台；与此同时，国家考古遗址公园的设立在一定程度上改善了城市环境，增加了就业机会，并为发展地方旅游经济、带动地方相关产业发展提供了可能。在全面应用国家考古遗址公园模式的情况下，中国大遗址的保护与利用将翻开崭新的篇章。

1.2

国家考古遗址公园

1.2.1 国家考古遗址公园概念

2009 年 12 月，国家文物局颁布《国家考古遗址公园管理办法（试行）》[1]和《国家考古遗址公园评定细则（试行）》，标志着国家考古遗址公园建设实践的序幕正式拉开。《国家考古遗址公园管理办法（试行）》中将“国家考古遗址公园”定义为：“国家考古遗址公园是指以重要遗址及其背景环境为主体，具有科研、教育、游憩等功能，在遗址保护和展示方面具有全国性示范意义的特定公共空间”。这是目前受到较多认可的对国家考古遗址公园概念的官方阐释。2015 年 2 月《塞拉莱建议——国际古迹遗址理事会考古遗址公园第一次国际会议建议（2015）》将“考古遗址公园”定义为一个有关遗产资源价值及相关土地范围的限定区域，是面向公众进行遗产阐释、教育及休闲娱乐的潜在资源，必须进行保护和保存。

国家考古遗址公园的核心理念是在保护的前提下展示利用，将具有展示价值的遗址本体及其周边历史和人文环境向游客展示，让游客体验和感悟历史，增强民族凝聚力和自豪感，增强对大遗址的保护意识，实现遗址保护与文化、经济产业的可持续发展。它具有公园的性质，是以保护大遗址为主体的公共绿色活动空间。国家文物局前局长单霁翔曾指出，国家考古遗址公园是在大遗址保护的前提下适当与公园设计相结合，运用保护、修复、展示等一系列手法，将已发掘或未发掘的大遗址完整保存在公园的范围内，对有效保护下来的大遗址进行重新整合、再生，是目前国内外对大遗址进行保护、发掘、研究、展示的较好模式。[2] 这无疑是对国家考古遗址公园理念的最好阐释。

[1] 为促进考古遗址的保护、展示与利用，规范考古遗址公园的建设和管理，有效发挥文化遗产保护在经济社会发展中的作用，根据《中华人民共和国文物保护法》，国家文物局制订了《国家考古遗址公园管理办法（试行）》（文物保发〔2009〕44 号）。

[2] 单霁翔 . 大型考古遗址公园的探索与实践 [J]. 中国文物科学研究，2010，1：2-12.

1.2.2　国家考古遗址公园的发展历程

伴随着大遗址保护专项资金的设立、大遗址保护规划体系的确立和大遗址保护国家项目库的建立，国家考古遗址公园的发展也毫不逊色。可以说从国家宏观政策到相关主管部门的倡导践行，从地方各级政府的积极响应到民众保护意识的提高，我国的大遗址保护与国家考古遗址公园建设正进入一个如火如荼的建设时期。

2009 年 12 月，国家颁布的《国家考古遗址公园管理办法（试行）》和《国家考古遗址公园评定细则（试行）》为规范考古遗址公园的发展开了先河，国家文物局先后公布了 4 批国家考古遗址公园名单，共评定国家考古遗址公园 55 处，立项 99 处，总计 154 处。

2018 年 10 月，国家文物局发布了《国家考古遗址公园发展报告》，对国家考古遗址公园的发展进行了全面回顾和系统总结，并明确了未来的发展方向。为了加强考古遗址公园相关理论研究，国家文物局又相继举行了一些高峰论坛和专题会议，将大遗址的保护利用提到了更高的高度，达成了业内各界的高度共识，为我国大遗址保护工作的健康发展起到了积极的推动作用。

在财政方面，我国政府在大遗址保护资金的投入上也呈现出可喜的趋势。2005 年 8 月，财政部门与国家文物部门联合发布《大遗址保护专项经费管理办法》，明确大遗址保护专项资金，优先考虑那些价值重大、遗址本体保护需求急迫、有较好考古勘查研究工作基础，已编制规划或规划纲要、宣传展示可行性强、地方政府重视并有一定经费配套的项目。明确大遗址专项资金的使用为补助性质，突出重点，不撒“芝麻盐”，向具备实施保护和整治条件、当地政府和文物部门有开展保护和整治决心的项目倾斜，充分调动地方政府的积极性，争取更多的地方配套资金，放大国家保护专项资金的效果，以解决更多的大遗址整体保护问题。截至 2009 年年底，国家财政共安排大遗址保护专项经费 18.5 亿元，并带动地方各级政府和社会各界经费投入达到 305 亿元。其中：高句丽遗址，国家财政投入约 3 亿元，地方投入 3800 余万元；殷墟遗址，国家财政投入 3000 万元，地方投入 2.2 亿元；金沙遗址，国家财政投入 2300 万元，地方投入 4.6 亿元；无锡鸿山遗址，国家财政投入 500 万元，地方投入 5.5 亿元；大明宫遗址，国家财政投入 1.4 亿元，地方投入 80 亿元；隋唐洛阳城遗址，国家财政投入近 1.4 亿元，地方投入 2.4 亿元。[1]2014 年至 2016 年，前两

[1]　单霁翔 . 大型考古遗址公园的探索与实践 [J]. 中国文物科学研究，2010，1：2-12.

批 24 处国家考古遗址公园，中央财政投入保护资金 7.16 亿元，引导、带动地方政府投入 7.79 亿元。各级财政投入为国家考古遗址公园的健康发展提供了重要保障。[1]

具体来说，按照时间顺序，我国大遗址保护及国家考古遗址公园发展历程如下：

“十五”之前，我国虽然拥有众多的文化遗址，但是对文物保护单位进行专项保护规划的编制实践起步较晚。20 世纪 90 年代以前，我国基本上没有独立对文物保护单位进行专项保护规划，有关的保护措施或内容多包含在历史文化名城保护规划、风景名胜区规划、旅游区规划和风景园林详细规划的条款中，或包含在某文物保护单位环境整治的专项规划中。直至 20 世纪 90 年代末，伴随着《中国文物古迹保护准则》的研讨和制定过程，国际文化遗产（遗产地）保护规划的基本理念和要求初步引入我国，直接影响和指导了我国遗产保护规划的探索与实践。

“十五”期间，国家投入 4 亿多元的资金，对秦始皇陵、西藏布达拉宫、高句丽、渤海国等重要大型古遗址进行专门保护。在中央政府的带动下，各级政府对大型古遗址保护工作的重视程度进一步加强，大型古遗址整体保护状况有了一定程度的改善，完成了“十五”重点科技攻关课题——“大遗址保护中虚拟现实技术的应用研究”。

“十一五”期间，自 2005 年国家设立大遗址保护专项资金，编制《“十一五”期间大遗址保护总体规划》，正式启动实施大遗址保护工程以来，我国大遗址保护已形成以长城、大运河、丝绸之路、西安片区、洛阳片区“三线两片”为核心，100 处重要大遗址为重要节点的具有示范意义的大遗址保护展示工程的基本格局，初步建立了大遗址保护管理体系和大遗址保护格局，取得了良好的经济效益和社会效益。为了加强国家考古遗址公园规划建设的相关研究，近年来国家文物部门召开了一系列专题会议。从《大遗址保护西安共识》到《良渚共识》，再到《大遗址保护洛阳宣言》和《大遗址保护荆州宣言》，这些大遗址保护高峰论坛和专题会议将大遗址的保护利用提到了更高的高度，达成了业内各界的高度共识，为我国“十一五”期间全国大遗址保护工作健康发展起到了积极的推动作用。

“十二五”“十三五”期间，大遗址保护管理体系和相关法律法规进一步发展和完善。同时，国家考古遗址公园建设作为我国大遗址保护的重要内容得到

---

[1] 资料来源：《国家考古遗址公园发展报告》。

了大力推动和支持。10 年间，正如《国家考古遗址公园发展报告》中指出的："国家考古遗址公园兼顾了文物安全与人民群众日益增长的公共文化服务需求，将大型古遗址保护利用融入所在区域社会经济发展中，有效实现了文物保护、生态修复、城乡发展、民生改善的相互协调，展现出前所未有的活力和生命力，已经得到文物行业、各级政府、社会群众的广泛认可，为国际文化遗产保护领域提供了中国案例和中国经验。"

"十四五"专项规划对于大遗址保护利用提出了新的要求，主要任务是加强大遗址考古工作、完善大遗址空间用途管制措施、深化理论制度研究与科技应用、实施大遗址综合保护工程、提升大遗址展示利用水平、推动国家考古遗址公园的高质量发展、构建新时代大遗址保护利用的新格局，以及创新大遗址保护利用机制。

大遗址保护大事记，详见表 1-2-1。

大遗址保护大事记　　表 1–2–1

序号	时间	相关部门	大记事
1	1995 年	全国文物工作会议	首次提出"大型文化遗址"概念，大遗址保护被纳入文保工作视野
2	1997 年	国务院	《国务院关于加强和改善文物工作的通知》提出大型文化遗址的概念、内容和保护要求
3	2005 年	财政部、国家文物局	正式成立大遗址保护专项资金，用以解决具有典型意义的大遗址保护中面临的突出问题，其中 2005 年中央财政安排专项经费 2.5 亿元，并不断加大投入力度
4	2005 年 8 月	财政部、国家文物局	《大遗址保护专项经费管理办法》(财教〔2005〕135 号)，加强大遗址保护专项经费的管理，提高专项资金使用效益
5	2005 年 12 月	国务院	《关于加强文化遗产保护的通知》(国发〔2005〕42 号)，批准设立"文化遗产日"，强调了保护文化遗产的重要性和紧迫性，确立了加强文化遗产保护的指导思想、基本方针、总体目标和具体措施
6	2006 年 9 月	中共中央办公厅、国务院办公厅	《国家"十一五"时期文化发展规划纲要》提出加强大遗址管理，编制完成 100 处重要大遗址总体保护规划纲要，建立汉长安城、大明宫等一批重点大遗址保护展示园区
7	2006 年 12 月	财政部、国家文物局	《"十一五"期间大遗址保护总体规划》明确提出"遗址公园建设"，并决定设立大遗址保护国家项目库
8	2007 年 9 月	国家发展改革委员会、国家文物局	《国家"十一五"抢救性文物保护设施建设专项规划》以改善文物保存环境为着力点，进行抢救性文物保护设施建设

续表

序号	时间	相关部门	大记事
9	2008年4月	国家文物局	“全国大遗址保护现场会”在无锡召开，会议对鸿山遗址保护工作成果进行了总结。“无锡鸿山模式”将文化、生态和旅游相融合，走出了一条保护与合理利用相结合、多方共赢的遗址保护新路，成为会议焦点
10	2008年10月	国家文物局、陕西省人民政府	“大遗址保护高峰论坛”在陕西西安召开，论坛以“做好大遗址保护，推进城市和谐发展”为主题，讨论了大遗址保护利用的新方式、大遗址保护促进区域经济协调发展、大遗址保护成果全民共享等内容。论坛通过《大遗址保护西安共识》草案，为大遗址保护与城市建设的和谐发展起到了积极的推动作用
11	2009年3月	十一届全国人大二次会议、全国政协十一届二次会议	《关于支持大型考古遗址公园建设的提案》建议国家发展改革委员会加大对大型考古遗址公园建设的支持力度；建议原国土资源部研究制定大型考古遗址公园建设在土地使用上的相关政策，明确大遗址保护用地的相关标准，为大型考古遗址公园用地开辟“绿色通道”；建议财政部、国家税务总局继续加大对大型考古遗址公园的支持力度，研究制定大型考古遗址公园建设和运营的优惠政策
12	2009年6月	国家文物局、杭州市人民政府	“大遗址保护良渚论坛”在浙江杭州良渚召开，论坛以“大遗址保护与考古遗址公园建设”为主题，启动了良渚国家遗址公园的建设，并形成了《关于建设考古遗址公园的良渚共识》，这是我国首次明确以建设遗址公园的形态保护大遗址。会议还对《国家考古遗址公园管理办法》和《国家考古遗址公园评定细则》草案进行了讨论研究
13	2009年10月	国家文物局、河南省人民政府	“中国大遗址保护洛阳高峰论坛”在河南洛阳举行，论坛以“城市核心区的大遗址保护”为主题，对大遗址保护新模式、推动文化遗产保护成果的公众共享、促进遗址保护和城市建设的协调发展进行了积极而富有建设性的讨论。论坛通过了《大遗址保护洛阳宣言》
14	2009年12月	国家文物局	颁布了《国家考古遗址公园管理办法（试行）》和《国家考古遗址公园评定细则（试行）》
15	2010年6月	国家文物局	启动第一批国家考古遗址公园评定工作，确定了首批12项国家考古遗址公园名单和23项国家考古遗址公园立项名单（表3-3、表3-4）
16	2010年10月	国家文物局	公布首批12个国家考古遗址公园和23个立项名单
17	2010年11月	国家文物局	“大遗址保护工作会议暨首批国家考古遗址公园授牌仪式”在成都举行，包括圆明园国家考古遗址公园、周口店国家考古遗址公园等在内的12家考古遗址公园获得了“国家考古遗址公园”称号并予以授牌
18	2011年6月	大明宫国家遗址公园、圆明园遗址、金沙遗址、周口店遗址四家机构联合发起	首批获得国家文物局授牌的12家国家考古遗址公园代表汇聚西安，启动“中国考古遗址公园联盟”并发布《国家考古遗址公园联盟宣言》，倡导文化遗产与人、与城市、与自然的和谐共生

续表

序号	时间	相关部门	大记事
19	2011 年 11 月	国家文物局、湖北省人民政府	“大遗址保护现场会暨大遗址保护荆州高峰论坛”在湖北荆州举行。论坛以“文物保护与惠及民生”为主题，提出《大遗址保护荆州宣言》，并庄严承诺：大遗址保护要坚持政府主导不动摇，要坚持改革创新不动摇，要坚持惠及民生不动摇，真正让大遗址保护工作成为推动城市发展、优化人文环境、改善社会民生的重要举措
20	2013 年 7 月	国家文物局、财政部	《大遗址保护“十二五”专项规划》以实施重大保护示范项目、建设大遗址保护示范园区为着力点，构建“六片、四线、一圈”为重点、150 处大遗址为支撑的大遗址保护新格局
21	2013 年 12 月	国家文物局	公布第二批 12 个国家考古遗址公园和 31 个立项名单
22	2015 年 2 月	国际古迹遗址理事会	发布《塞拉莱建议——国际古迹遗址理事会考古遗址公园第一次国际会议建议（2015）》，提出了“考古遗址公园”的定义和涵盖范围，并确定了考古遗址公园实施的活动应遵守的约定
23	2015 年 11 月	全国文物保护标准化技术委员会	《大遗址保护规划规范》WW/Z 0072—2015
24	2016 年 11 月	国家文物局	《大遗址保护“十三五”专项规划》将在“十三五”期间新建成 10 ~ 20 个专门的考古工作基地（站）、20 ~ 30 个遗址博物馆、10 ~ 15 个国家考古遗址公园、8 ~ 10 处大遗址保护片区，形成一批大遗址保护的理论和科技成果等基本指标
25	2017 年 11 月	国家文物局	组织开展第一批、第二批共 24 处国家考古遗址公园评估工作，评估时段为 2014—2016 年。并颁布了《国家考古遗址公园评估导则（试行）》
26	2017 年 12 月	国家文物局	公布第三批 12 个国家考古遗址公园和 32 个立项名单
27	2017 年 12 月	国家文物局	发布《国家考古遗址公园创建及运行管理指南（试行）》
28	2018 年 10 月	国家文物局	发布《国家考古遗址公园发展报告》
29	2020 年 5 月 14 日	国家文物局	印发《大遗址利用导则（试行）》
30	2021 年 10 月 12 日	国家文物局	《大遗址保护利用“十四五”专项规划》建设 20 处国家重点区域考古标本库房，开展第四批国家考古遗址公园评定，新增 10 ~ 15 处国家考古遗址公园，培育长江三峡考古遗址公园等 20 ~ 30 处立项单位
31	2022 年 3 月 15 日	国家文物局	公布《国家考古遗址公园管理办法》
32	2022 年 12 月 29 日	国家文物局	公布第四批 19 个国家考古遗址公园和 32 个立项名单

目前，国家文物局已评定公布 21 个省（区、市）55 处国家考古遗址公园，另有 24 个省（区、市）近 80 处考古遗址公园列入国家考古遗址公园立项名单。详见表 1-2-2 ~ 表 1-2-9。

第一批国家考古遗址公园名单（12项） 表1-2-2

序号	国家考古遗址公园名称	序号	国家考古遗址公园名称
1	圆明园国家考古遗址公园	7	成都金沙国家考古遗址公园
2	周口店国家考古遗址公园	8	广汉三星堆国家考古遗址公园
3	集安高句丽国家考古遗址公园	9	隋唐洛阳城国家考古遗址公园
4	鸿山国家考古遗址公园	10	汉阳陵国家考古遗址公园
5	良渚国家考古遗址公园	11	秦始皇陵国家考古遗址公园
6	殷墟国家考古遗址公园	12	大明宫国家考古遗址公园

第一批国家考古遗址公园立项名单（23项） 表1-2-3

序号	国家考古遗址公园立项名称	序号	国家考古遗址公园立项名称
1	晋阳古城考古遗址公园	13	长沙铜官窑考古遗址公园
2	牛河梁考古遗址公园	14	里耶古城考古遗址公园
3	渤海中京考古遗址公园	15	老司城考古遗址公园
4	扬州城考古遗址公园	16	靖江王府及王陵考古遗址公园
5	御窑厂考古遗址公园	17	甑皮岩考古遗址公园
6	南旺枢纽考古遗址公园	18	可乐考古遗址公园
7	曲阜鲁国故城考古遗址公园	19	汉长安城考古遗址公园
8	大汶口考古遗址公园	20	秦咸阳城考古遗址公园
9	汉魏洛阳故城考古遗址公园	21	锁阳城考古遗址公园
10	郑州商城考古遗址公园	22	北庭故城考古遗址公园
11	三杨庄考古遗址公园	23	钓鱼城考古遗址公园
12	楚纪南城考古遗址公园		

第二批国家考古遗址公园名单（12项） 表1-2-4

序号	国家考古遗址公园名称	序号	国家考古遗址公园名称
1	牛河梁国家考古遗址公园	7	汉魏洛阳故城国家考古遗址公园
2	渤海中京国家考古遗址公园	8	熊家冢国家考古遗址公园
3	渤海上京国家考古遗址公园	9	长沙铜官窑国家考古遗址公园
4	御窑厂国家考古遗址公园	10	甑皮岩国家考古遗址公园
5	曲阜鲁国故城国家考古遗址公园	11	钓鱼城国家考古遗址公园
6	大运河南望枢纽国家考古遗址公园	12	北庭故城国家考古遗址公园

第二批国家考古遗址公园立项名单（31 项）　　表 1-2-5

序号	国家考古遗址公园立项名称	序号	国家考古遗址公园立项名称
1	元中都考古遗址公园	17	城子崖考古遗址公园
2	泥河湾考古遗址公园	18	郑韩故城考古遗址公园
3	赵王城考古遗址公园	19	偃师商城考古遗址公园
4	蒲津渡与蒲州故城考古遗址公园	20	城阳城址考古遗址公园
5	辽上京考古遗址公园	21	铜绿山考古遗址公园
6	萨拉乌苏考古遗址公园	22	龙湾考古遗址公园
7	金牛山考古遗址公园	23	盘龙城考古遗址公园
8	罗通山城考古遗址公园	24	炭河里考古遗址公园
9	金上京考古遗址公园	25	城头山考古遗址公园
10	阖闾城考古遗址公园	26	太和城考古遗址公园
11	凌家滩考古遗址公园	27	统万城考古遗址公园
12	明中都皇故城考古遗址公园	28	龙岗寺考古遗址公园
13	城村汉城考古遗址公园	29	大地湾考古遗址公园
14	万寿岩考古遗址公园	30	西夏陵考古遗址公园
15	吉州窑考古遗址公园	31	喇家考古遗址公园
16	临淄齐国故城考古遗址公园		

第三批国家考古遗址公园名单（12 项）　　表 1-2-6

序号	国家考古遗址公园名称	序号	国家考古遗址公园名称
1	元中都国家考古遗址公园	7	吉州窑国家考古遗址公园
2	大窑龙泉窑国家考古遗址公园	8	郑韩故城国家考古遗址公园
3	上林湖越窑国家考古遗址公园	9	盘龙城国家考古遗址公园
4	明中都皇故城国家考古遗址公园	10	城头山国家考古遗址公园
5	万寿岩国家考古遗址公园	11	汉长安城未央宫国家考古遗址公园
6	城子崖国家考古遗址公园	12	西夏陵国家考古遗址公园

第三批国家考古遗址公园立项名单（32 项）　　表 1-2-7

序号	国家考古遗址公园立项名称	序号	国家考古遗址公园立项名称
1	中山古城考古遗址公园	8	安吉古城和龙山越国贵族墓群考古遗址公园
2	邺城考古遗址公园	9	寿春城考古遗址公园
3	陶寺考古遗址公园	10	蚌埠双墩考古遗址公园
4	和林格尔土城子考古遗址公园	11	禹会村考古遗址公园
5	磨盘村山城考古遗址公园	12	吴城考古遗址公园
6	龙虬庄考古遗址公园	13	汉代海昏侯国考古遗址公园
7	马家浜考古遗址公园	14	两城镇考古遗址公园

续表

序号	国家考古遗址公园立项名称	序号	国家考古遗址公园立项名称
15	仰韶村考古遗址公园	24	方济各沙勿略墓园及大洲湾考古遗址公园
16	二里头考古遗址公园	25	合浦汉墓群与汉城考古遗址公园
17	贾湖考古遗址公园	26	邛窑考古遗址公园
18	庙底沟考古遗址公园	27	乾陵考古遗址公园
19	大河村考古遗址公园	28	阿房宫考古遗址公园
20	屈家岭考古遗址公园	29	周原考古遗址公园
21	石家河考古遗址公园	30	杜陵考古遗址公园
22	苏家垄墓群考古遗址公园	31	石峁考古遗址公园
23	笔架山潮州窑考古遗址公园	32	苏巴什佛寺考古遗址公园

第四批国家考古遗址公园名单（19 项） 表 1-2-8

序号	国家考古遗址公园名称	序号	国家考古遗址公园名称
1	泥河湾国家考古遗址公园	11	郑州商城国家考古遗址公园
2	赵王城国家考古遗址公园	12	屈家岭国家考古遗址公园
3	郕城国家考古遗址公园	13	龙湾国家考古遗址公园
4	辽上京国家考古遗址公园	14	炭河里国家考古遗址公园
5	安吉古城国家考古遗址公园	15	靖江王府及王陵国家考古遗址公园
6	凌家滩国家考古遗址公园	16	邛窑国家考古遗址公园
7	城村汉城国家考古遗址公园	17	石峁国家考古遗址公园
8	汉代海昏侯国国家考古遗址公园	18	统万城国家考古遗址公园
9	仰韶村国家考古遗址公园	19	乾陵国家考古遗址公园
10	二里头国家考古遗址公园		

第四批国家考古遗址公园立项名单（32 项） 表 1-2-9

序号	国家考古遗址公园立项名称	序号	国家考古遗址公园立项名称
1	琉璃河考古遗址公园	11	苦寨坑窑考古遗址公园
2	燕下都考古遗址公园	12	德化窑考古遗址公园
3	定窑考古遗址公园	13	铜岭铜矿考古遗址公园
4	长白山神庙考古遗址公园	14	平粮台古城考古遗址公园
5	草鞋山考古遗址公园	15	虢国墓地考古遗址公园
6	上山考古遗址公园	16	清凉寺汝官窑考古遗址公园
7	河姆渡考古遗址公园	17	宋陵考古遗址公园
8	宋六陵考古遗址公园	18	明楚王墓考古遗址公园
9	繁昌窑考古遗址公园	19	学堂梁子考古遗址公园
10	南山考古遗址公园	20	学堂梁子考古遗址公园

续表

序号	国家考古遗址公园立项名称	序号	国家考古遗址公园立项名称
21	汉长沙国王陵考古遗址公园	27	秦雍城考古遗址公园
22	青塘考古遗址公园	28	桥陵考古遗址公园
23	罗家坝考古遗址公园	29	大堡子山考古遗址公园
24	宝墩古城考古遗址公园	30	热水墓群考古遗址公园
25	城坝考古遗址公园	31	水洞沟考古遗址公园
26	石寨山考古遗址公园	32	七个星佛寺考古遗址公园

从上述国家考古遗址公园的发展历程不难发现，国家考古遗址公园的建设是一个渐进的动态复杂过程，随着考古工作的进行，国家考古遗址公园的相关规划工作也在调整。国家考古遗址公园占地越来越广，绵延几平方公里至几十平方公里，已经超出普通公园的范围，甚至跨区、跨市、跨省，其管理和建设工作需要中央和地方相结合，需要政府牵头，民众通力配合才能达成。国家考古遗址公园的发展定位与城市文化产业和人居环境的关系愈发密切，国家考古遗址公园的环境整治工作需要耗费的人力、物力越来越大，其建成后带来的各种效益也对城市的物质和精神文明产生了更大的影响。

1.2.3　国家考古遗址公园的作用、目标与发展方向

国家考古遗址公园模式作为我国文化遗产保护领域的一个新兴类型，是目前我国对于大遗址的保护利用最有效的手段之一。国家文物局前局长单霁翔指出，我国大遗址保护经历了从被动的抢救性保护到主动的规划性保护，从“打补丁式”的局部保护到着眼于遗址规模和格局的全面保护，从单纯的本体保护到涵盖遗址环境的综合性保护，从“画地为牢式”的封闭保护到引领参观的开放式保护，从专一的文物保护工程到推动城市发展、整合文化遗产资源的工程，从单纯的文物保护工程到改善民生、动员全社会积极参与保护的过程六大变化。[1]

1. 从被动的抢救性保护到主动的规划性保护

随着对大遗址保护认识的提高，我国的大遗址保护正逐渐从被动的“抢救性保护”向积极主动的“规划性保护”转变。通过国家考古遗址公园的建设，

[1]　秦静 . 建立与完善圆明园遗址保护展示体系的设想 [EB/OL].http：//www.yuanmingyuanpark.cn/ymyyj/yj020/201012/t20101226_4171321.html，2010-12-26.

使国家大遗址的保护利用纳入城乡建设规划和经济社会发展规划，有利于从全局的角度协调大遗址保护目标与城乡发展目标，既可以抢救中国现存的文化价值较高的大遗址，延续文化和文脉的传承；又能够极大地改善当地的投资环境，把文物资源优势转化为产业优势，促进地方经济社会发展，增强政府企业的保护动力；同时以考古遗址公园为契机，完善遗址的长效安全预警机制和责任制度，使大遗址保护利用从以“点”保护为主向“点、线、面结合整体”保护的转变，实现从消极被动的“抢救性保护”向积极主动的“规划性保护”的转变；最终达到提高当地民众的文物保护意识，让人民群众参与到广泛的遗址保护工作中的目的。

例如，河南偃师尸乡沟商城遗址位于城乡接合部，受城乡建设的影响十分严重，县政府通过出资租用遗址区近百亩土地，有效禁止了村民在遗址区内的耕种和住宅建设，并开始尝试性地对遗址进行局部模拟展示，为后期遗址的保护利用奠定了良好的基础。

西安兴庆宫是唐玄宗时代中国政治中心所在，也是他与杨玉环长期居住的地方。兴庆宫遗址在1950年编制的西安市总体规划中被确定为城市园林绿地系统的一部分，经过1957年整体勘察后，1958年政府出资在遗址上修建西安最大的城市遗址公园——兴庆宫公园（图1-2-1）。随着城市的不断发展，兴庆宫公园在城市中的位置以及与周边的环境关系也在不断地变化着，到1980年，兴庆宫公园基本位于城市中心位置，公园周边的环境越来越复杂。现在的兴庆宫公园不但服务周边地区，更是整个西安市重要的城市中心绿地。

2. 从“打补丁式”的局部保护到着眼于遗址规模和格局的全面保护

吴良镛院士在1999年国际建协第20次会议上起草的《北京宣言》中指出“我们所面临的挑战是复杂的社会、政治、经济、文化过程在由地方到全球的各个层次上的反映，其来势凶猛，涉及方方面面，我们要真正解决问题，就不能头痛医头，脚痛医脚，而要对影响建筑环境的种种有一个综合而辩证的考察，从而获致一个行之有效的解决办法”。同吴先生所指，面对复杂的社会经济政治环境，对大遗址的保护坚决不能是“打补丁”式的“头痛医头，脚痛医脚”的保护，而是要从局部的遗址本体保护转变到遗址规模格局和周边环境的整体保护。国家考古遗址公园正是一种这样的保护方式：国家考古遗址公园含义下的大遗址保护，不是分散的保护，而是通过划定考古遗址公园范围，将已发掘、待发掘和未探明的可能存在的遗址划定在安全的保护区内，通过实现对大遗址本体和周边环境的整体保护，揭示并展示遗址整体文化内涵；国家考古遗址公园含义下的大遗址保护不是指建设一个遗址博物馆或是零散的基础保护

图 1-2-1　西安兴庆宫公园实景照片

设施，而是更高更远地着眼于保护遗址的物质文化形态和非物质文化形态，在整体时空中向观众呈现大遗址所特有的魅力和价值。如昆山考古遗址公园对遗址和遗址周边环境进行了整体规划保护（图 1-2-2）。

3. 从单纯的本体保护到涵盖遗址环境的综合性保护

国家考古遗址公园应采取各种有效的保护手段将大遗址的本体与周边环境的保护综合起来，追求两者的完整与和谐。

我国现存遗址多是建在夯土基础上的砖木结构遗址，历经千百年的历史变迁，地上已难寻遗址踪迹，剩下的大多是埋在地下的残余痕迹，保护难度大、保护要求高。通过对遗址环境的保护，一方面将那些未探明、待发掘的遗址划定在保护区内；另一方面也对遗址的本体保护起到了积极的促进作用；那些散布在草地、灌木丛中的柱础残垣，真实地反映出大遗址所历经的岁月沧桑。对于一些裸露于地面的遗址，在保护的前提下于遗址周边环境中有针对性地植树植草加以保护，防止风化、水土流失等自然因素对遗址的破坏，最终实现对考古遗址本体和环境的整体保护。

通过涵盖遗址环境的综合性保护，结合土地置换合理安排城市用地，使考古遗址公园和城市布局与空间形态有机结合，有利于提升考古遗址公园的保护地位和文化品位，有利于将考古遗址公园与城市绿色公共空间系统建设相结合，在实现城市绿地生态效益最大化的同时，给市民提供展示城市历史文化价值的公共活动空间。

4. 从“画地为牢式”的封闭保护到引领参观的开放式保护

国家考古遗址公园是将文化遗产保护做大做强的一种有效方式，是创新保护展示理念的过程，是一种推动城市发展的文化工程。通过建设国家考古遗址公园，可以让文物保护从专业人员和专业领域走向公众、走向城市。国家考古遗址公园融合了教育、科研、休闲等多项功能，采用形式多样的展示手段向公众展示大遗址所蕴含的文化精髓，使大遗址的保护成果全民共享，让大家了解历史、珍视历史，提高保护意识，同时带动相关产业的发展，充分展现大遗址所拥有的本体价值和衍生价值优势。就像国家文物局前局长单霁翔所说的那样，国家考古遗址公园是一种从“馆舍天地”走向“大千世界”的广义博物馆。

除此之外，国家考古遗址公园还应是大遗址保护机构和学术研究机构，使“考古勘查”“保护展示”与“学术研究”三项工作同时进行，相互促进。国家考古遗址公园的规划建设使各学科的专业人员实现前所未有的亲密合作，同时为相关学科学者提供理想的研究环境，使他们享有良好的工作环境和条

图 1-2-2　湖州昆山考古遗址公园规划总体鸟瞰示意图
（资料来源：中国建筑设计研究院）

件，拥有更加宽松和有计划的工作安排。在这样的条件下，大遗址的历史文化内涵才能得以充分揭示，反过来为国家考古遗址公园的建设提供更好的展示利用资料，保证了考古勘探及相关科研工作与国家考古遗址公园建设的良性互动。

5. 从专一的文物保护工程到推动城市发展、整合文化遗产资源的工程

文化影响力是城市综合竞争力中的一项重要软实力，随着文化信息的传播和城市功能区的转换，大遗址保护不仅在延续和丰富历史，也在梳理和记载当代的城市历史。通过国家考古遗址公园的建设丰富城市的文化内涵，使城市文化建设取得长足的进展,对真正成为“形神兼备”“古今辉映”的历史文化名城、名镇都具有十分重要的意义，有利于城市摆脱“千城一面”的城市规划形态。

大遗址作为区域内特殊的文化资源，有着不可替代的独特性和唯一性，正逐步成为地方区域经济实力的一个新的增长点，在发挥大遗址文化遗产社会效益的过程中可以实现巨大的综合效益，使其成为当今城市建设的宝贵财富和不竭动力。“规划一块绿地，可以带动上百亩土地升值，而建设一个遗址公园，则可以让整个城市升值；建设一个工业项目，可以服务一个城市几十年，而保护一处大遗址，可以让一个城市受益上百年、上千年。”正如洛阳市原市委书记连维良所说，厚重的历史给洛阳留下了包括二里头遗址、偃师商城、东周王城等 6 处大型遗址，古老的洛阳因此而名，因此受益（图 1-2-3、图 1-2-4）。僻居乡野一隅的牛河梁遗址的发现,使洛阳在 20 世纪 80 年代“一举成名天下晓”，更是典型案例。

6. 从单纯的文物保护工程到改善民生、动员全社会积极参与保护的过程

国际城市化研究和发达国家城市化实践都表明，城市化率进入 30% ~ 70% 时，是城市化加速发展期。城市加速发展所带来的对文化遗产保护的压力和风险是前所未有的，突出表现为大遗址保护与日趋紧张的城市土地资源的矛盾、与城市基础设施建设及开发的矛盾、与大遗址所在区域人民群众生产生活的矛盾。

国家考古遗址公园的建设应该是一项解决大遗址保护与大遗址所在区域人民群众矛盾的、改善民生的复杂系统的长期工程。决策部门应该通过国家考古遗址公园的建设有效带动旅游观光、生态农业等相关产业的发展，提高当地民众的生活水平；通过国家考古遗址公园的建设解决就业等问题，惠及当地民众；凡在遗址区的居民实施搬迁的，要妥善安置，关心其生计；对当地人民生产生活造成不便和损失的，应给予相应补偿。要让居民体验到建设考古遗址公园的实惠，唤起民众对文化遗产的自觉保护意识和积极性。使大遗址的保护由政府

图 1-2-3　二里头遗址实景照片

（资料来源：杨文琪，周修任 . 西安兴庆公园的植物配置艺术探析 [J]. 河北农业科学，2008，12）

图 1-2-4　偃师商城遗址实景照片

（资料来源：李久昌 . 偃师二里头遗址的都城空间结构及其特征 [J]. 中国历史地理论丛，2007，4）

主导扩大到社会各界的积极参与，让民众成为身边大遗址最有力的守护者。例如，西安大明宫国家考古遗址公园的建设，使大明宫区域摆脱了“城市中被遗忘的、脏乱差的角落”的尴尬形象，极大地改善了城市环境和附近居民的生活环境，取而代之的是视野开阔和文化底蕴厚重的城市遗址公园，达成了遗址保护与改善民众生活的双重目标，民众反过来对大遗址的保护带来的积极效益喜闻乐见，提高了保护意识。

综上所述，国家考古遗址公园应该是揭示大遗址本体价值和衍生价值、取得综合效益的工程；是推动考古学发展、创新遗址整体保护展示利用的工程；是整合文化遗产资源、突出城市文化特色的工程；是促进经济社会发展、形成优美生态环境的工程；是改善民众生活状态，实现动员全社会参与考古遗址保护的工程；是一项“功在当代，利在千秋”的工程。

国家考古遗址公园开创了大型古遗址保护利用的新模式，为丰富我国文物保护管理体系和国际考古遗址保护理论体系作出了重要贡献。《国家考古遗址公园发展报告》总结：经历 10 年发展的国家考古遗址公园总体态势良好，在文物保护、展示利用、公共服务、文化传承等方面发挥了重要作用。但国家考古遗址公园目前仍处于起步阶段，理论方法、制度设计、技术支撑仍不完备，存在着总体发展不平衡、不充分，与区域发展协同不足，遗址展示和公园管理水平尚需提升，基础工作薄弱等问题。

报告针对国家考古遗址公园未来的发展方向提出：新时代新形势下，国家考古遗址公园的创建及运行应坚持以下发展方向：

坚持政府主导，体现国家属性。进一步发挥中央政府的指导和引导作用，做好制度建设、政策扶持和部门协调，宏观把握国家考古遗址公园的发展方向；注重调动和发挥地方政府的积极性，在保护中发展、在发展中保护；进一步突出国家属性，以社会主义核心价值观为引领，以国家考古遗址公园为载体，系统、全面地展现中华文明的历史文化价值和中华民族的精神追求。

坚持科学保护，提升管理能力。国家考古遗址公园以遗址本体及其周边环境的整体保护为重点，合理确定公园建设规模和公园范围，依据文物保护规划和公园建设规划进行建设运行；切实加强考古与规划、考古与保护的衔接，将考古研究贯穿于公园建设的始终；强化机构建设和日常管理，注重专业队伍建设、维护巡查、监测保护等方面的工作，推进遗址博物馆、考古工作站建设，不断提升公园的保护管理能力和公共文化服务水平。

坚持“一址一策”，实现精准施策。针对各国家考古遗址公园的文物价值、环境特点、保护压力，以及所在地经济社会的发展水平，研究制定发展策略，引导地方政府统筹考虑公园建设规模和开放面积，有序开展公园范围内的征地拆迁、人口调控、建筑风貌整治等工作；合理确定公园范围内的土地利用方式和强度，鼓励依托公园开展文化创意产业、文化旅游、生态农业等低强度开发利用，协调保护与发展的关系。

坚持公益为民，促进社会参与。公益性是国家考古遗址公园的重要特征，必须正确划分国家考古遗址公园的公益性活动和经营性活动，维护群众的基本文化权益，自觉承担公园的社会服务功能。依托国家考古遗址公园，鼓励、引导社会组织、企事业单位、个人参与公园相关的经营活动和志愿服务，允许通过市场化手段提升公园展示利用和文化服务质量，逐步探索一条具有中国特色的文化遗产保护利用之路。

第2章

国际大遗址保护利用及遗址公园环境建设经验

2.1

大遗址保护的相关重要国际公约与宪章

国际上重视和保护文化遗产的观念形成于第二次世界大战以后。由于大量遗产在战争中遭受不同程度的破坏，1954 年，联合国教科文组织（UNESCO）制定了《武装冲突情况下保护文化财产公约》（即《海牙公约》），该公约是世界上第一部针对武装冲突情况下全面保护文化遗产而专门制定的国际性公约，对于文化遗产的国际保护具有里程碑式的意义。1963 年 11 月，在联合国教科文组织的发起下，一项前所未有的国际联合救援行动——“努比亚行动计划”正式开启。历时 5 年，在各方协同努力下成功将阿布辛贝勒神庙整体搬迁至高出原址 60 余米的高地上，使神庙免遭尼罗河水位上涨的破坏。该行动是国际上首次大规模的跨国古迹搬迁保护活动，极大地促进和活跃了各国对文物古迹的保护工作，并直接促成了 1972 年《保护世界文化和自然遗产公约》的诞生。

作为目前文化遗产保护领域的国际平台，联合国教科文组织、国际古迹遗址理事会（ICOMOS），以及规划建筑行业最具有代表性的国际现代建筑协会（CIAM）与国际建筑师协会（UIA）从不同的角度提出了保护文化遗产的概念、理论与方法，形成一系列反映当时学术界对相关问题认识水平的重要文件，详见表 2-1-1，对当时推进国际文化遗产保护起到了关键性作用，同时发展成为当今国际社会关于遗产保护的广泛共识，为而今大遗址保护提供了成熟的理论与实践基础。

国际遗产保护的相关重要文件　　**表 2-1-1**

序号	国际组织	时间	国际文件	大遗址保护相关重要内容	意义
1	CIAM	1933 年	《雅典宪章》	城市发展的过程中应该保留名胜古迹以及历史建筑	第一个获得国际公认的城市规划纲领性文件，是城市规划和建筑设计行业界最有影响的文件之一
2	UNESCO	1954 年	《武装冲突情况下保护文化财产公约》（《海牙公约》）	各缔约国承诺禁止、防止及于必要时制止对文化财产任何形式的盗窃、抢劫或侵占以及任何破坏行为，他们不得征用位于另一缔约国领土内的可移动文化财产，不得对文化财产施以任何报复行为	世界上第一部针对武装冲突情况下全面保护文化遗产而专门制定的国际性公约，对于文化遗产的国际保护具有里程碑式的意义
3	UNESCO	1956 年	《关于适用于考古发掘的国际原则的建议》	考虑对不同时期一定数量的考古遗址部分或整体维持不动，以便利用改进的技术和更先进的考古知识进行发掘。在重要的考古遗址上，应建立具有教育性质的小型展览——可能的话，建立博物馆——以向参观者宣传该考古遗存的意义	提出考古发掘保护的原则、国际合作的规则，同时提出考古遗产的公众教育意义
4	UNESCO	1962 年	《关于保护景观和遗址的风貌与特性的建议》	保护不应只局限于自然景观与遗址，而应拓展到那些全部或部分由人工形成的景观与遗址	提出景观与遗址的相关意义
5	UNESCO	1964 年	《国际古迹保护与修复宪章》（《威尼斯宪章》）	历史古迹的要领不仅包括单个建筑物，而且包括能从中找出一种独特的文明、一种有意义的发展或一个历史事件见证的城市或乡村环境。古迹的保护包含着对一定规模环境的保护。古迹不能与其所见证的历史和产生的环境分离	提出古迹与环境需要整体保护的思路，完善了遗址保护的理论体系
6	UNESCO	1972 年	《关于在国家一级保护文化和自然遗产的建议》	对文化遗产所进行的任何工程都应保护传统原貌，并保护其免遭可能的破坏。重建或改建它与周围环境之间总体的色彩关系。古迹与其周围环境之间由时间和人类所建立起来的和谐极为重要，通常不应受到干扰和毁坏，不允许通过破坏周围环境而孤立该古迹	补充和完善保护文化遗产行政组织、保护措施及国际合作
7	UNESCO	1972 年	《保护世界文化和自然遗产公约》	规定了文化遗产和自然遗产的定义、国家和国际保护措施等条款。各缔约国可自行确定本国领土内的文化和自然遗产，并向世界遗产委员会递交清单，由世界遗产大会审核和批准。凡是列入世界文化和自然遗产的地点，都由其所在国家依法严格予以保护	为文化和自然遗产建立一个根据现代科学方法制定的永久性的有效制度
8	UNESCO	1976 年	《关于历史地区的保护及其当代作用的建议》（《内罗毕建议》）	应将历史地区及其环境视为不可替代的世界遗产的组成部分，将每一历史地区及其周围环境从整体上视为相互联系的统一体	保护范围进一步扩大至历史地区及其周围环境

续表

序号	国际组织	时间	国际文件	大遗址保护相关重要内容	意义
9	CIAM	1977 年	《马丘比丘宪章》	不仅要保存和维护好城市的历史遗址和古迹，而且还要继承一般的文化传统。一切有价值的说明社会和民族特性的文物必须保护起来；保护、恢复和重新使用现有历史遗址和古建筑必须同城市建设过程结合起来，以保证这些文物具有经济意义并继续具有生命力	对《雅典宪章》的批判、继承和发展，提出文物遗产保护与城市规划建设的关系
10	ICOMOS	1981 年	《佛罗伦萨宪章》	应将历史园林视为古迹	保护范围进一步扩大至历史园林
11	ICOMOS	1987 年	《保护历史城镇与城区宪章》(《华盛顿宪章》)	历史城区，无论大小，其中既包括城市、城镇以及历史中心或居住区，又包括自然的和人造的环境。这些地区体现着传统的城市文化的价值	为历史城镇和城区起草国际宪章，作为对《威尼斯宪章》的补充
12	ICOMOS	1990 年	《考古遗产保护与管理宪章》	有关考古遗产管理的不同方面的原则	考古遗产管理体系逐渐完善
13	ICOMOS	1994 年	《奈良真实性文件》	对文化遗产的所有形式与历史时期加以保护是遗产价值的根本。出于对所有文化的尊重，必须在相关文化背景之下对遗产项目加以考虑和评判	建立于《威尼斯宪章》精神之上，文件成功地重新定义了“真实性”，改写了原有的评判标准，也为原本弱势的东方文化遗产保护开创了新的篇章
14	UIA	1999 年	《北京宪章》	对城镇住区来说，宜将规划建设，新建筑的设计，历史环境的保护，一般建筑的维修与改建，古旧建筑重新合理使用，城市和地区的整治、更新与重建，以及地下空间的利用和地下基础设施的持续发展等，纳入一个动态的、生生不息的循环体系之中	强调多学科整合为一，是指导 21 世纪建筑发展的重要的纲领性文献，标志着吴良镛的广义建筑学与人居环境学说被全球建筑师普遍接受和推崇
15	ICOMOS	1999 年	《关于乡土建筑遗产的宪章》	乡土性几乎不可能通过单体建筑来表现，最好是各个地区经由维持和保存具有典型特征的建筑群和村落来保护乡土性。乡土性建筑遗产是文化景观的组成部分。对乡土建筑进行干预时，应该尊重和维护场所的完整性、维护它与物质景观和文化景观的联系以及建筑和建筑之间的关系	建立管理和保护乡土建筑遗产的原则，对《威尼斯宪章》的补充
16	UNESCO	2003 年	《保护非物质文化遗产公约》	保护以传统、口头表述、节庆礼仪、手工技能、音乐、舞蹈等为代表的非物质文化遗产，尊重有关社区、群体和个人的非物质文化遗产	扩充了世界文化遗产保护内容，认为非物质文化遗产与物质文化遗产同等重要

续表

序号	国际组织	时间	国际文件	大遗址保护相关重要内容	意义
17	UNESCO	2005 年	《关于保护城市历史景观的宣言》	具有历史意义的城市景观指的是自然和生态环境中的任何建筑群、结构和空地的集合体，包括考古和古生物遗址，它们是在相关的一个时期内人类在城市环境中的居住地，其聚合力和价值从考古、建筑、史前、历史、科学、美学、社会文化或生态角度得到承认	在世界遗产与当代建筑国际会议上制定的《维也纳保护具有历史意义的城市景观备忘录》(《维也纳备忘录》) 的基础上通过的宣言，对于保护世界遗产城市的历史景观具有极其重要的意义
18	ICOMOS	2005 年	《西安宣言》	涉及古建筑、古遗址和历史地区的周边环境保护的法律、法规和原则，应规定在其周围设立保护区或缓冲区，以反映和保护周边环境的重要性和独特性	强调对文化遗产环境的保护
19	ICOMOS	2008 年	《文化遗产阐释与展示宪章》	为遗产“阐释与展示”制定明确的理论依据、标准术语和广泛认可的专业准则	强调公众交流的重要性
20	UNESCO	2011 年	《关于城市历史景观的建议书》	城市历史景观是文化和自然价值及属性在历史上层层积淀而产生的城市区域，超越了“离市中心”或“整体”的概念，包括更广泛的城市背景及其地理环境	承认城市历史景观作为一种保存遗产和管理历史名称的创新方法具有重要意义，补充和拓展现有国际文件中规定的标准和原则的执行
21	ICOMOS	2015 年	《塞拉莱建议》(《国际古迹遗址理事会考古遗址公园第一次国际会议建议》)	“考古遗址公园”这一术语应纳入联合国教科文组织 / 国际古迹遗址理事会的官方通用术语中。无论是部分考古遗存不再进行发掘，或者已发掘的部分将会回填，都应对所裸露出的考古地面进行景观规划，以创造视觉景观或新的观察点	“考古遗址公园”形成官方通用术语，并且提出景观美化在考古遗址公园中的作用与应当遵守的约定
22	ICOMOS	2022 年	《国际文化遗产旅游宪章：通过负责人和可持续的旅游管理，加强文化遗产保护及社区韧性》	遗产是一种公共资源，治理和享受这些资源是全人类的责任和权利；强调文化遗产的参观、教育和享受；通过易于公众理解的文化遗产阐释和展示，提高公众意识和游客体验	重新调整已有旅游业对文化遗产地和旅游目的地的过度开发，强调可持续文化遗产保护与社区韧性

通过解读上述文化遗产保护相关文件的内容与发布历程，历史文化遗产的保护工作经历了从最初的保护文物本身扩展到保护文物周边环境，进而扩展到对成片的有历史意义的街区和地段进行保护控制的过程，同时从最初的单纯保护逐渐发展为保护与利用，重视可持续文化遗产保护，这与我国大遗址保护、国家考古遗址公园建设的初衷和使命一致。这些公约、宪章中提到的观点与方法，也是我国大遗址保护利用及国家考古遗址公园规划建设过程中需要重点学习和借鉴的。

2.2

国际典型大遗址保护利用及遗址公园环境建设经验

文化遗产是人类共同的财富，对文化遗产进行保护是前提，保护最终是为了利用，利用则是为了更好的保护。世界上各国国情、文化和文物遗存的状况不同，但在文化遗产管理和文物资源保护利用中都面临颇为相似的困境。各国政府逐渐在实践过程中健全立法，发展和完善政策制度以应对文化遗产保护利用面临的各种问题，在高度重视文化遗产保护工作的同时，同样重视文化遗产的利用途径，以做到协调经济发展和文物保护的矛盾，保持好文化遗产保护与利用之间的辩证平衡，探索出作为大遗址保护和利用的重要模式——遗址公园的规划设计与建设途径。

2.2.1 欧洲——保护与城市环境相结合

欧洲拥有丰富的人类文化遗产，是近代考古学的发源地，最早的文化遗产保护利用也产生于工业化进程较早的欧洲国家。欧洲对遗址的保护利用在19世纪初就开始从单纯的文物保护发掘转向遗址保护与城市环境相结合。[1]

1. 法国——扩大保护范围，完善的立法与管理制度体系

法国遗产的整个保护过程，是以法国政府为主导、民众和非政府组织为辅助进行的一项联合运动。文化遗产已经成为法国人的生活环境中不可或缺的重要组成部分（图2-2-1）。

法国早在1913年就制定了《历史古迹法》，此时还只是强调对历史建筑单体的保护。此后法国的文化遗产保护法规体系得到了不断完善。1943年法国政府通过的《纪念物周边环境法》明确规定：一旦一座建筑根据《历史古迹法》列级或登录保护，保护的历史建筑周围500米以内任何建筑和环境方面的变革

[1] 秦静．建立与完善圆明园遗址保护展示体系的设想[EB/OB].（2010）[2022]. http：//www.yuanmingyuanpark.cn/ymyyj/yj020/201012/t20101226_229505.html.

必须在国家主管部门的同意下方可进行。这一规定在历史保护区制度诞生之前对文物古迹和历史建筑的保护均起到了重要作用。1962 年颁布的《马尔罗法》明确指出,“保护和利用历史文化遗产,文物建筑与其周围环境应一起加以保护,严格控制区域内的一切建设活动;保存围绕文物建筑的街道广场的空间特性(地面铺装、街道小品等);保护文物建筑周围的自然环境(树木、栽植等)。”1983 年和 1993 年分别颁布的《建筑和城市遗产保护法》与《风景法》在《马尔罗法》的基础上扩大了保护范围。目前有超过 350 多万公顷的土地被划入文物建筑的保护范围，约占法国国土面积的 6%，部分省份已达到了 16%，在有些历史名城甚至高达 50%。

2. 意大利——提高全民意识，增进公众对历史文化的了解

意大利的大遗址保护，是把考古遗迹的维护和文化、生态景观的建设与保护结合为一体。意大利拥有罗马、佛罗伦萨、那不勒斯、锡耶纳、维罗纳、斯普莱托等历史文化名城，拥有罗马市中心的著名“古罗马广场遗址”“庞贝及埃尔科拉诺考古区”“古奥斯蒂亚海港城市遗址”“玛特拉市的石头城”等保护利用文物古迹的典范。意大利人对旧城区文物古迹的保护通常不是个体保护，而是成片保护。法律规定必须保持“历史中心区”内文物古迹的原有格局和风貌，未经政府文物保护部门的批准，禁止以任何名义对文物古迹进行任何形式的拆除、移动、修复和破坏。“历史中心区”内所有建筑物的外部结构管理权属于国家，超过 100 年以上的建筑物，其内部装修改造亦须经过政府批准(图 2-2-2)。

自 1997 年起，意大利在每年 5 月的最后一周都会举办“文化遗产周”活动，向公众免费开放所有国家级文化和自然遗产，举办以历史和文化为主题的音乐会、研讨会等活动，增进公众对历史文化知识的了解，提高民众的艺术修养，使文物古迹的保护成为一种自觉和社会责任，民众甘愿牺牲居住和出行的便利。[1]

3. 德国——建立遗址公园和博物馆

德国保护大遗址的主要方法是建立公园和博物馆。德国通过建立公园和博物馆保护遗址，例如法兰克福将城墙遗址改造更新为绿色公共空间，绿地系统、慢行体系以及其他休息空间既对城墙遗址进行保护，同时又为人们提供了休憩和放松的场所。德国古建筑遗址在历史文化遗迹中所占的比例很大，保护这类遗址最有效的方法就是建立遗址公园、遗址博物馆、展览馆、微缩

[1]　冯烨，张密 . 保护文化遗产，意大利有何高招 [EB/OB].(2019)[2022]. https://sites.lynu.edu.cn/italy/info/1021/1051.htm.

景观，或者选择历史价值较高的遗址予以恢复重建。例如：在第二次世界大战中损坏严重的柏林夏洛滕堡宫博物馆 1945 年后在遗址原地进行了同比例的全面修整和恢复。

2.2.2 美国——将遗址环境纳入“国家公园”管理体系

在国际范围内，已知的最早将大型考古遗址作为“公园”方式进行管理的，是美国史前印第安人建筑群遗址——卡萨格兰遗址。美国在 1916 年通过立法成立国家公园管理局，首先于 1918 年将卡萨格兰遗址纳入美国国家公园管理体系。[1] 迄今为止，已有将近 7 万处古迹和遗址收入国家公园管理体系之中。[2] 美国国家公园的管理模式直接影响到其他国家建立遗址公园。

1978 年入选为世界文化遗产的美国梅萨维德国家公园（图 2-2-3），坐落于美国科罗拉多州西南部的沙漠和多峡谷的岩石地带，占地 2.01 万公顷。园内保存了北美洲印第安村落遗址，其中最集中的两大建筑群为绝壁宫殿和云杉树屋。梅萨维德国家公园的规划建设有以下特点值得借鉴。

1. 控制流量，降低干扰

梅萨维德国家公园严格监控承载能力和访客影响，制定限制影响措施。[3] 由导游带领游客根据游客量分批入场参观，减少同一时段大量游客量对遗址带来的影响。

2. 游览设施与环境协调

公园建设游览步道、观景台、遗址停车场排队等候棚等基础游览设施，做到风貌与环境协调。同时游客仅被允许行走在设计的游览步道上，防止对自然资源的破坏。

2.2.3 日本——重视遗址及其背景环境合理展示与利用

日本受到美国国家公园管理模式的影响，遗址公园的建造热潮开始于 20 世纪 60 年代中期。日本重视遗址及其背景环境的合理展示与利用，发展遗产旅游，增强群众和青少年的文化教育。目前日本已建成一大批环境风貌协调、各具特色的遗址公园，其中，在展示与利用方面具有代表性的是著名的吉野里

---

[1] 中国文化遗产研究院 . 国家考古遗址公园实用手册 [M]. 北京：文物出版社，2015.

[2] 孙悦 . 考古遗址公园的案例分析与展望 [D]. 济南：山东大学，2016：9.

[3] 王克岭 . 国家文化公园的理论探索与实践思考 [J]. 企业经济，2021，4：9.

图 2-2-1　巴黎凯旋门

图 2-2-2　意大利庞贝古城遗址

图 2-2-3　美国梅萨维德国家公园

遗址公园（图 2-2-4），吉野里遗址公园将遗址保护放在首要位置，同时注重历史文化的传播与科普教育，突出的休闲性、趣味性等公园属性使其成为日本最受欢迎的遗址公园之一。吉野里遗址公园的以下特色对我国国家考古遗址公园的规划建设有着重要的借鉴意义。

1. 整体保护，复原环境

将遗址本体与遗址周边环境结合起来整体保护，充分展示遗址历史文化价值以及人与自然的和谐关系。那些离开周边环境的出土文物展示厅，往往被安排在公园较为偏僻的地方。

2. 文化根植，旅游开发

根植于历史文化的活动开发，重视游客体验性，游客可亲身体验历史环境下的活动，如古代织布体验、古时乐器制作、钻木取火、建造勾玉等。此外，遗址公园还注重 IP 形象的打造，吉祥物的统一设计，使遗址公园更加亲切并深入游客的心里。

3. 创新互动，科普教育

遗址公园设立多种科普展示形式，包括现场展示、场馆展示、生活场景复原展示，并结合创新互动的多媒体放映等形式对遗址进行充分的科普展示。

图 2-2-4　日本著名的吉野里遗址公园

第3章

国家考古遗址公园
环境设计基本内容与要求

3.1

目标与任务

国家考古遗址公园的环境设计，应依据考古遗址公园的性质和社会需求，遵循 2005 年 8 月财政部和国家文物局下发的《大遗址保护专项经费管理办法》中提出的“中央主导、地方配合、统筹规划、确保重点、集中投入、规划先行、侧重本体、展示优先”方针，充分考虑考古遗址公园历史、当代、未来各个时间段的发展需求，因地制宜地处理好遗址保护与利用的关系。使考古遗址公园的人口容量、规划建设、项目配置等各项主要指标与考古遗址公园所在区域的社会、经济、技术发展水平、趋势相适应。

国家考古遗址公园环境设计的发展目标应根据考古遗址公园所在地的国民经济规划、相关地域的社会经济发展规划及城市规划和考古遗址公园自身的性质，依据包裹的本体价值和衍生价值，提出自身发展目标和社会作用目标两方面的内容。

国家考古遗址公园环境的自身发展目标可以归纳为三点：一是与大遗址的保护利用融于一体，使大遗址的本体价值与遗址环境的衍生价值和谐共生；二是具备与其规模功能相适应的基础设施和公共服务设施，吸引观众参观学习，具有时代活力和适应社会持续进步的能力；三是通过多种方式维持自我生存和发展的考古遗址公园环境。

国家考古遗址公园环境建设的社会性基本目标可以归纳为四点：一是完整保护国家重要大遗址，延续大遗址的历史文化精髓；二是完整展示大遗址的重大历史价值，为科学研究提供素材，引领观众参观学习；三是促进旅游发展，振兴地方经济；四是将遗址公园环境建设结合民生，让民众感受到考古遗址保护的好处，积极主动地参与保护考古遗址。

国家考古遗址公园的环境设计需根据工作所处的不同阶段，确定以上自身发展目标和社会发展目标的优先顺序和权重，并在此基础上建立工作阶段的目标框架。

3.2

方针与原则

国家考古遗址公园的环境建设应当做到科学论证、融合发展；保护第一，适当展示；因地制宜、突出特色；统筹兼顾、稳步推进；严格管理、合理运营。国家考古遗址公园的环境建设要有利于大遗址保护，有利于考古学进步，有利于城乡建设，有利于经济社会发展，有利于人民生活的改善。

3.2.1　科学论证、融合发展的原则

对国家考古遗址公园的环境做一个全面、科学、严密的科学论证，是搞好国家考古遗址公园环境建设的前提和基本保障。国家考古遗址公园的环境设计一定要在现状调查的基础上充分吸收考古、文保、环境、经济、社会等方面专家的意见，广泛听取当地政府和民众的意愿。国家考古遗址公园所依托的大遗址位于城市开发边界以内的，其环境设计应主动考虑与城市生态绿地、生态廊道、旅游廊道、城市休闲公园、观光农业等的有机结合，以合理分担城市功能，将环境设计的展示利用有机融入当地公民教育、旧城改造、新区发展、新农村建设、旅游发展和文化产业中，实现真正的融合发展。因此，国家考古遗址公园的环境设计要始终立足于科学论证、融合发展的原则。

3.2.2　保护第一、适当展示的原则

大遗址是中华民族的光辉文化遗产，是世界文化的宝贵财富。国家考古遗址公园不等同于一般的游乐场所或主题公园，它的建设目的在于弘扬大遗址的特色和精髓，实现遗址本体、背景环境与周边地带的和谐共生与可持续发展。因此，在国家考古遗址公园的建设过程中，要把大遗址的保护放在至高无上的地位，坚持“保护第一”的原则。国家考古遗址公园的环境不仅应该真实展示大遗址沧桑的历史风貌和丰富的文化内涵，而且要能促发游客的联想，使之真

切感受大遗址的总体环境氛围和昔日盛况，得到一种立体的、厚重而又愉悦的文化与休闲享受。因此，国家考古遗址公园的环境设计要始终立足于保护第一、适当展示的原则。

3.2.3 因地制宜、突出特色的原则

每个国家考古遗址公园及其所在的环境都有自身发展的肌理和独特的气质，保护和展示利用的方式也要因地制宜，整体环境突出遗址特色。著名的城市规划师及理论家凯文·林奇曾这样阐述："每个地方不但要延续过去，也应展望连接未来。每个场所都要持续发展，对其未来及目标负责"。国家考古遗址公园环境的规划设计应致力于反映环境的自我认同，在实践中创造性地摸索出合理的、能够适应当地要求的灵活的可持续性利用方式，通过对大遗址的地理区位、遗址特征、文化内涵等进行深入研究，对遗址进行综合定位，使之处于一种持续的、良性的动态发展进程。因此，国家考古遗址公园的环境设计要始终立足于因地制宜、突出特色的原则。

3.2.4 稳步推进、统筹兼顾的原则

国家考古遗址公园的环境建设是一个复杂而长期的事业，是多效益（文化效益、社会效益、经济效益、环境效益）、多利益群体（政府、居民、专业工作者）、多学科（考古学、社会学、城市规划学、建筑学、风景园林、经济学等学科）的平衡和完善。每一个国家考古遗址公园建设都是一个多重目标的复合，要在比较权衡中选择侧重点，在其他方面也达到平衡，实现综合效益的最大化，确保国家考古遗址公园建设沿着正确的道路稳步发展。

国家考古遗址公园的环境建设还要统筹兼顾地方综合资源保护，与地方历史文化名城、名村镇保护相结合，与国家风景区保护相结合，与地方生态保护目标相结合，与土地资源集约利用相结合，与城镇规划体系相结合，与地方城市化发展进程相结合，与农村经济结构调整相结合，与农业综合治理措施相结合，与提高农业综合生产能力相结合，与村镇基础设施改善相结合。总的来说，国家考古遗址公园的环境建设就是一项需要稳步推进、统筹兼顾的复杂的长期事业。因此，国家考古遗址公园的环境设计要始终立足于稳步推进、统筹兼顾的原则。

3.2.5　严格管理、合理运营的原则

随着国家考古遗址公园的发展，国家文物局先后颁布了《国家考古遗址公园管理办法（试行）》(2009)、《国家考古遗址公园评定细则（试行）》(2009)、《国家考古遗址公园评估导则（试行）》(2017)、《国家考古遗址公园创建及运行管理指南（试行）》(2017）等规章制度，国家考古遗址公园也在某些地方取得了可喜成绩，但就总体而言，国家考古遗址公园建设尚在初创阶段，仍需要不断完善国家考古遗址公园环境的顶层设计和法规政策体系，针对每处遗址的文物特性、资源禀赋、区位条件、保护压力以及所在地经济社会发展水平，逐渐形成覆盖可行性研究、规划、立项、创建、评定、开放运行、评估检查全过程的管理体系。探讨建立国家考古遗址公园完善的法治建设与管理机构建设对国家考古遗址公园的长久发展有积极的意义。因此，国家考古遗址公园的环境设计要始终立足于严格管理、合理运营的原则。

3.3

设计内容与要求

国家考古遗址公园的环境设计内容不限于一般公园所包含的工程，它涉及的工作更多、更广，同时也是一个动态的设计建设过程，与整个国家考古遗址公园创建的阶段及其对应的工作内容相互配合、相互成就。每一个国家考古遗址公园随着经济社会的发展和考古勘探工作的开展，在近期、中期、远期都有不同的定位和要求。其环境设计的内容和要求也随着时序的推进呈现循序渐进的工作阶段和不同的工作内容。

3.3.1 总体要求

根据《国家考古遗址公园创建及运行管理指南（试行）》，实施国家考古遗址公园环境建设的总体要求如下。

1. 坚持保护为主

国家考古遗址公园建设应坚持保护为主，确保遗址真实性与完整性得到最大程度的保护，在深入研究的基础上围绕遗址价值的科学阐释开展工作，重点突出遗址特色，注重通过合理的功能布局和恰当的景观设计，营造既符合遗址及其环境保护要求，又能充分阐释遗址价值的空间场景。各类设施应尽量弱化建筑形象设计，以满足合理、适当的功能需求为限，不宜铺张。

2. 坚持考古为基

国家考古遗址公园建设应坚持考古工作贯穿始终的基本原则。建设过程中涉及用地的项目，均应事先开展全面的考古调查、勘探以及必要的考古发掘工作。项目选址及建设等应根据考古工作结果和文物保护需要进行必要的优化和调整，确保文物安全。

3. 坚持动态管理

国家考古遗址公园建设是一个长期的过程。随着对遗址研究和认识的不断拓展与深化，国家考古遗址公园的展示体系、功能布局等都有可能面临着一定的调整和优化。因此，在充分尊重和严格执行国家考古遗址公园建设规划的同时，国家考古遗址公园建设应坚持动态管理的原则，避免机械执行规划设计，为后续工作留有余地和空间。

3.3.2　项目内容及要求

国家考古遗址公园环境建设是逐步落实保护规划及国家考古遗址公园规划的过程，旨在通过一系列保护、展示、环境整治以及配套服务设施、基础设施建设等项目的实施，使遗址本体及其环境得到有效保护。根据《国家考古遗址公园创建及运行管理指南（试行）》，各类项目设计内容及要求如下。

1. 保护项目设计内容与要求

保护项目的主要内容有遗址本体的抢险加固、回填保护、本体加固、保护性设施建设等内容。国家考古遗址公园环境设计主要涉及的保护类项目为保护性设施建设的内容，其具体相关要求如下：

遗址保护性设施建设应慎重。坚持形式服从内容，既不能混淆遗址本体保护和保护性设施建设的主次关系，也不宜割裂二者的联系。若确需建设，在确保遗址本体安全的前提下，还应考虑遗址本体后续保护的要求，以及设施后续运行维护的成本，避免盲目建设。同时，保护性设施建设应坚持功能为主，淡化建筑形象设计，建筑风格与遗址及其周边环境相协调，不得追求“高大上”和“新奇特”，不宜作为地标性建筑进行设计。

2. 展示项目设计内容与要求

展示项目主要包括遗址现场展示、遗址博物馆（陈列馆）、遗址展示中心、标识系统等。国家考古遗址公园环境设计主要涉及遗址现场展示、标识系统等，具体相关要求如下：

遗址展示是一个系统工程，应在专家充分论证的基础上，根据遗址性质和核心价值事先确定展示主题和目标，用以统筹后续的展示策划与设计。

遗址展示应注重价值阐释，通过文字、图片、音频、视频、模型、情景体验、数字体验、文化景观、雕塑小品、博物馆全面解读等方式，全面揭示遗址的历史、艺术、科学、文化、社会等多方面价值。

遗址展示应注重文化策划。国家考古遗址公园作为遗址展示和阐释的特定有限空间，应充分考虑围绕遗址价值和主题进行氛围营造及临时性的场景复原，通过活动策划和组织增强遗址展示的参与性、趣味性和吸引力，通过与观众互动增强观众对遗址的理解和认知。

标识系统是体现国家考古遗址公园内涵的重要因素。标识系统既可以广泛传播国家考古遗址公园形象，又能够为游客准确导向，并提供恰当信息。

3. 环境整治类项目设计内容与要求

环境整治项目主要包括：景观整治与绿化、道路调整改建、垃圾清运、基础设施改造、不协调建筑物（构筑物）的拆除或整饬等。国家考古遗址公园环境设计主要涉及景观整治与绿化、基础设施改造等，具体相关要求如下：

国家考古遗址公园的景观整治与绿化应与展示需求及展示布局相结合。环境设计语言的使用和环境氛围的营造应考虑历史环境与背景因素，避免单纯考虑景观效果，扰乱展示布局，冲淡展示主题。环境设计应突出历史环境修复，包括历史地层与地形地貌、与历史气候关联的植物品种等。

国家考古遗址公园内的环境整治应首先考虑遗址内容的有效表达和公园环境的有机协调，对于园内的现状交通建筑物（构筑物）应在充分论证的基础上决定拟采取的措施。

4. 配套服务设施及基础设施建设类项目设计内容与要求

国家考古遗址公园配套服务设施建设项目包括三类：第一类是辅助展示设施，包括游客服务中心、参观游步道、公共休息及公共卫生设施等；第二类是与国家考古遗址公园相关的管理用房、科研用房、后勤保障用房；第三类是与游客延伸诉求相关的餐饮、旅游、购物等相关配套设施。国家考古遗址公园环境设计包括以上所有内容，具体相关要求如下：

国家考古遗址公园内的所有设施应与遗址公园环境相融合。设置指示牌时，要限制在能够满足提示信息、警示和监管需要的最低要求之内，并避免造成混乱和视觉干扰；指示牌应当具有赏心悦目的统一外观；在条件允许的情况下，开展可持续性能源设计。同时，应注意公园基础设施建设与市政管网、道路的衔接。

国家考古遗址公园道路系统设计应注意体现特色，并以满足功能需求为主。道路建设不得影响遗址氛围及遗址整体风貌，须将对自然环境和考古遗址本体的影响降至最小，并合理凸显遗址格局，满足安全、舒适的游览体验要求。

基础配套设施要按照总体规划合理布局，外观尽量隐于周边环境中。综合设施、公共安全、办公管理设施的布设应相对集中，数量适当，既方便使用，又与遗址公园整体形象相协调。交通、导览、卫生等设施应注重外观与周边环境的整体和谐，布局、数量、设计体现便捷性、实用性。相关设施应避免破坏遗址，不得产生环境噪声、水光污染等因素，尽可能使用节能环保型能源。

3.3.3 设计文件编制

根据《国家考古遗址公园创建及运行管理指南（试行）》，按照时序国家考古遗址公园总体上可分为创建、运行两个阶段。其中创建阶段是指国家考古遗址公园设计工作重点参与的阶段，包括前期准备、立项申报、项目实施和评定申报四个阶段。涉及设计文件编制的主要在前期准备阶段和项目实施阶段。

1. 前期准备阶段

前期准备阶段包括可行性研究编制和国家考古遗址公园规划编制两部分内容。

开展可行性研究是创建国家考古遗址公园的首要工作，国家考古遗址公园的环境设计在本阶段的工作内容有：①遗址环境的资源条件与现状分析；②遗址环境展示、利用的适宜性分析；③初步规划设计构想；④环境保护；⑤实施进度建议；⑥相关的投资估算。这些内容需按照要求编制在可行性研究报告的相关章节内。

国家考古遗址公园规划是国家考古遗址公园创建与管理的技术性文件，按照《国家考古遗址公园规划编制要求（试行）》进行编制。国家考古遗址公园环境设计在本阶段主要涉及的工作内容包括部分设计说明和部分图纸内容，其中图纸内容有：

①总平面布局图；

②功能分区图；

③展示与标识系统设计图；

④设施分布图；

⑤景观空间布局图；

⑥建构筑物风貌控制图；

⑦公共环境景观示意图；

⑧节点设计；

⑨基础设施规划图、竖向规划图、综合防灾规划图等专项规划图纸。

以上内容需按照编制要求合理编入国家考古遗址公园规划文本中。

2. 项目实施阶段

项目实施阶段国家考古遗址公园的环境设计文件编制工作可分为方案设计、初步设计、施工图设计三个阶段。

1）方案设计

国家考古遗址公园的环境设计任务是根据国家考古遗址公园规划和实际现状条件，对考古遗址公园的建设提出具体的设计和项目安排，更加注重实施的技术经济条件，用以指导国家考古遗址公园的初步设计和施工图设计。

国家考古遗址公园环境设计的总体方案实施性较强，侧重于通过形象的方式表达国家考古遗址公园的空间与环境，并采用三维模型、透视图等形象的手段表达考古遗址公园范围内的道路、广场、绿地等物质空间构成要素，具有形象、直观的特点。

国家考古遗址公园环境的方案设计包含以下内容：

①国家考古遗址公园现状条件分析；

②国家考古遗址公园环境平面图；

③国家考古遗址公园竖向高程设计；

④国家考古遗址公园保护和展示具体措施的选择与布置；

⑤国家考古遗址公园植物种植设计；

⑥国家考古遗址公园水生态与海绵体系设计；

⑦国家考古遗址公园道路交通设计；

⑧国家考古遗址公园建构筑物设计；

⑨国家考古遗址公园服务设施设计；

⑩国家考古遗址公园标识体系设计；

⑪国家考古遗址公园工程估算。

2）初步设计

国家考古遗址公园环境的初步设计文件既要满足编制施工图设计文件的需要，又要满足编制工程概算的需要，还要平衡与协调各专业的设计关系，同时提供并申报有关部门审批的必要文件。国家考古遗址公园的初步设计文件相对于其他风景园林项目，有三点不同：第一是保护措施和展示措施的矢量化表达，以及展示标识系统和语音解说与背景音乐系统单独设计；第二是材料的选择，要求与遗址的历史环境相协调；第三是种植设计，种植设计以展示遗址格局与环境风貌为目的，要根据遗址历史环境，分析孢粉后选择适当的植物品种，并选择适宜的种植方式。

国家考古遗址公园环境的初步设计深度文件包含以下内容：

（1）设计说明（包括设计总说明和各专业设计说明。总说明包括设计依据；应遵循的国家主要现行规范、规程、规定和技术标准；简述工程规模和设计范围；阐述工程概况和工程特征；阐述设计指导思想、设计原则、设计构思或特点。

根据政府主管部门要求，设计说明可增加消防、环保、卫生、节能、安全防护和无障碍设计等技术专业篇，列出在初步设计文件审批时需解决和确定的问题；列出技术经济指标和一般用表）。

（2）设计图纸（CAD版，按设计专业汇编，其中有主要设备或材料表、苗木表）包括：

①总平面图（标明红线、紫线、蓝线、绿线、黄线和用地范围线的位置以及功能设置、技术经济指标、分区平面设计图等）；

②竖向设计图（包括排水意向图、土方图、表达竖向变化的剖立面图等）；

③绿化布置图（包括孢粉分析说明和植物配置说明书、苗木表、植物参考示意图等）；

④园路、地坪和景观小品布置图（根据园路、地坪和景观小品的各种不同类型，逐项分列进行设计，并概述其主要特点、材料名称和工程量等）；

⑤结构设计图（本阶段主要是设计说明，包括地质情况的描述、本工程结构设计所采用的主要规范、上部主体结构选型和基础选型、结构的安全等级和设计使用年限、抗设防等）；

⑥给水排水设计图（包括各给水系统的水源条件、列出各类用水标准和用水量、不可预计水量、总用水量、说明各类用水系统的划分及组合情况，分质分压供水的情况、说明浇灌系统的浇灌方式和控制方式；说明设计采用的排水制度和排水出路、说明各种管材、接口的选择及敷设方式等）；

⑦电气设计图（包括负荷计算、负荷等级、供电电源和电压等级，光源及灯具的选择、照明灯具的控制方式、控制设备安装位置、照明线路的选择和敷设方式等，防雷类别和防雷措施接地电阻的要求、电位设置要求等弱电系统，系统的种类及系统组成、线路选择与敷设方式等）。

（3）工程概算书（包括编制依据，使用的定额和各项费率、费用确定的依据，主要材料价格的依据，工程总投资及各部分费用的构成等）。

3）施工图设计

国家考古遗址公园环境的施工图设计文件在初步设计文件的基础上进行深化，并增加了工程所有的剖面详图和工程做法详图，既要满足施工、安装及植物种植的需要，还要满足施工材料采购、非标准设备制作和施工的需要。国家考古遗址公园环境的施工图设计文件相对于其他风景园林项目，有三点不同：第一是保护措施和展示措施的特殊设计；第二是各遗址点解说与标识的特殊设计；第三是基础的设计，要根据立地条件，以不破坏遗址为原则。施工图阶段较初步设计阶段更偏向于景观元素内部结构及地下基础结构的编制。施工图文件要经设计单位审核和加盖施工图图章后，才能作为正式设计文件交付使用。

国家考古遗址公园环境的施工图设计文件包含以下内容：

（1）设计说明（包括设计总说明和各专业设计说明。施工图的设计说明要在初步设计说明的基础上，重点阐述工程的各类技术难点以及解决办法，是整个项目的技术统一措施。内容包括设计依据；应遵循的国家主要现行规范、规程、规定和技术标准；简述工程规模和设计范围；阐述工程概况和工程特征；阐述图纸编制的顺序和内容；阐述工程的竖向标高、单位和尺寸标注原则；阐述工程放线定位及分区原则；阐述工程材料及做法和表面处理要求；阐述植物种植的各项技术要求；阐述水体、水景、灯具选择等各类技术参数要求；阐述工程与现状土建、管线等方面的交接关系。根据政府主管部门要求，设计说明可增加消防、环保、卫生、节能、安全防护和无障碍设计等技术专业篇，列出在施工图设计文件审批时需解决和确定的问题；列出技术经济指标、一般用表和选用的标准图集等）。

（2）设计图纸（CAD版，按设计专业汇编，其中有主要设备或材料表、苗木表）包括：

①总平面图（标明红线、紫线、蓝线、绿线、黄线和用地范围线的位置以及功能设置、主要控制尺寸和控制标高、技术经济指标、工程特点需求的其他设计内容等）、分区平面设计图（分区平面设计图是规划总平面的分区放大详图，要详细标注尺寸、材料、竖向、排水、灯位、重点造景树位置等内容）；

②竖向设计图（包括竖向平面布置图、土方施工图、排水组织图、表达竖向变化的详细剖面、立面图等）；

③绿化布置图（包括孢粉分析说明、植物配置说明书、植物参考示意图，并须标出保留的植物，标清植物的名称和数量，详细标明植物名称和规格的苗木表等）；

④园路、地坪和景观小品设计做法详图（做法详图设计应逐项分列，以单项为单位，分别组成设计文件。设计文件的内容包括施工图设计说明和设计图纸：施工图设计说明包括设计依据、设计要求、设计材料、引用通用图集和对施工的要求；设计图纸包括平、立、剖面图，节点处要有放大的平面图、剖面图和节点大样图，标注的尺寸、材料、高差等要满足施工选材和施工工艺要求）；

⑤结构设计图（包括结构计算书、设计说明和设计图纸。结构计算书是工程结构设计的依据；设计说明包括地质情况的描述、本工程结构设计所采用的主要标准和规范、设计荷载和结构抗震要求、不良地基处理的处理措施、上部主体结构选型和基础选型、结构的安全等级和设计使用年限、抗设防等；设计

图纸包括基础平面图、结构平面图、构件详图等）；

⑥给水排水设计图（包括设计说明、设计图纸和主要设备表。设计说明包括给水排水系统概况、主要技术指标、各种管材的选择及其敷设方式、其他特殊说明等；设计图纸包括给水排水总平面图，水泵房平面图、剖面图、系统图，各类水景配管及详图等；主要设备表包括设备、器具、仪表及管道附件配件的名称、型号、规格（参数）、数量、材质等）；

⑦电气设计图（包括设计说明、设计图纸、主要设备材料。设计说明包括各系统的施工要求和注意事项、设备订货要求、选用的标准图图集编号等；设计图纸包括电气干线总平面图、电气照明总平面图、配电系统图等；主要设备材料包括高低压开关柜、配电箱、电缆及桥架、灯具、插座、开关等，应标明型号规格、数量，简单的材料如导线、保护管等）。

（3）工程预算书（包括预算编制说明、单位工程预算书、总预算书等。预算编制说明包括编制依据、编制说明使用的预算定额、费用定额及材料价格的依据；单位工程预算书应由费率表、预算子目表、工料补差明细表、主要材料表等组成；总预算书由各单位工程预算书汇总而成）。

第 4 章

国家考古遗址公园环境资源现状调查与分析

4.1

现状环境资源调研

4.1.1 现状环境资源调研的意义

国家考古遗址公园环境设计的第一项工作就是开展现场环境基础资料的调研。基础资料包括立地自然条件、生态环境现状、遗址资源现状、遗址保护现状及安防措施、人文历史、经济发展现状、游览设施、基础工程建设现状与土地利用等方面的内容，它是科学、合理地制定国家考古遗址公园规划设计的基本保证。

在进行国家考古遗址公园环境设计时，要根据大遗址的立地条件和实际需要拟定调研提纲和指标体系，并据此实事求是地采集、筛选、存储、积累、整理资料、汇编统计。收集的基础资料包括文字资料、图纸资料和声像资料等；调查中运用的技术包括 GIS、问卷调查、实地调研、文献查阅、田野考察、资料搜集、访谈（部分访谈、质性访谈）等。翔实的调研与分析，为国家考古遗址公园规划提供了科学准确的依据，例如湖州昆山考古遗址公园调研资料（图 4-1-1、图 4-1-2）。

4.1.2 现状环境资源调研的内容

根据《国家考古遗址公园规划编制要求（试行）》，资源条件与现状分析主要包括文物资源、区位条件、社会条件、环境条件、考古和科研条件、管理条件，以及相关规划分析七项。在现状环境资源调查的同时，需要收集的相关专业图纸包括但不限于：航片、卫片、遥感影像图、地形图、考古测绘图、地下岩洞与河流测图、地下工程与管网等专业测图。环境设计虽然更加偏重遗址环境部分的调查，但遗址本体的调查研究才是展开环境设计的基础，下文将从遗址的整体调研出发，阐述调研过程。例如，设计团队对鸿山遗址区域进行的大量现场调研和影像收集（图 4-1-3）。

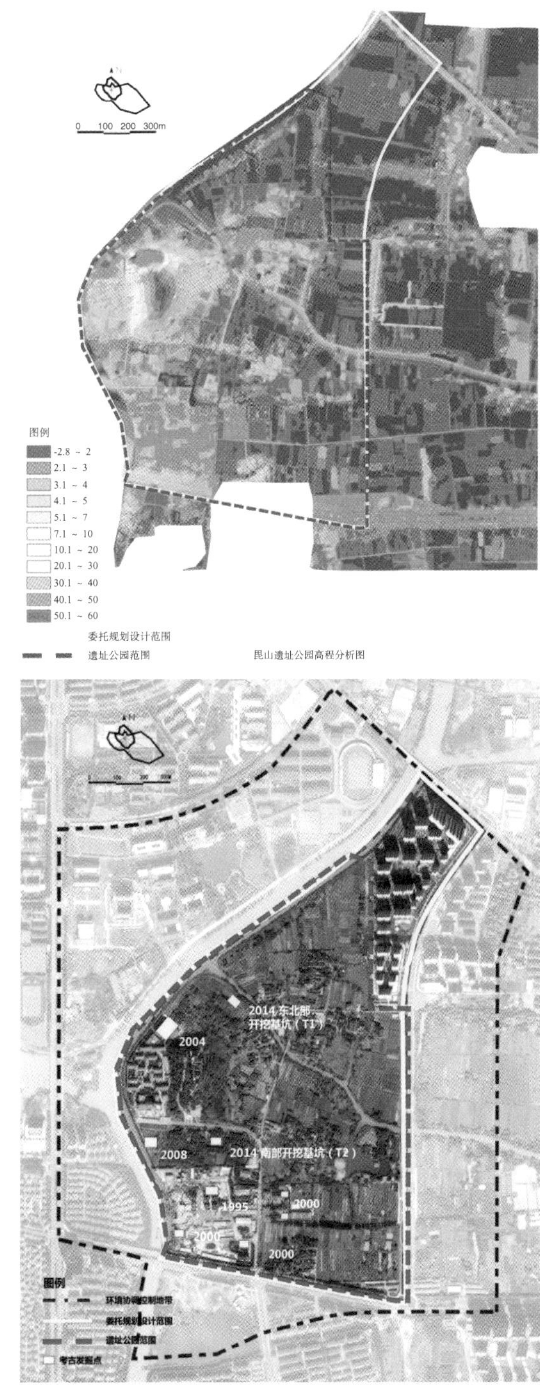

图 4-1-1　湖州昆山考古遗址公园规划（2016—2030）地形地貌图

（资料来源：《湖州昆山考古遗址公园规划（2016—2030）》地形地貌图，中国建筑设计院有限公司城市规划设计研究中心、中国建筑设计院有限公司环境艺术规划研究院、浙江省考古研究所）

图 4-1-2　湖州昆山考古遗址公园资源遗存分布图

（资料来源：《湖州昆山考古遗址公园规划（2016—2030）》遗存分布图，中国建筑设计院有限公司城市规划设计研究中心、中国建筑设计院有限公司环境艺术规划研究院、浙江省考古研究所）

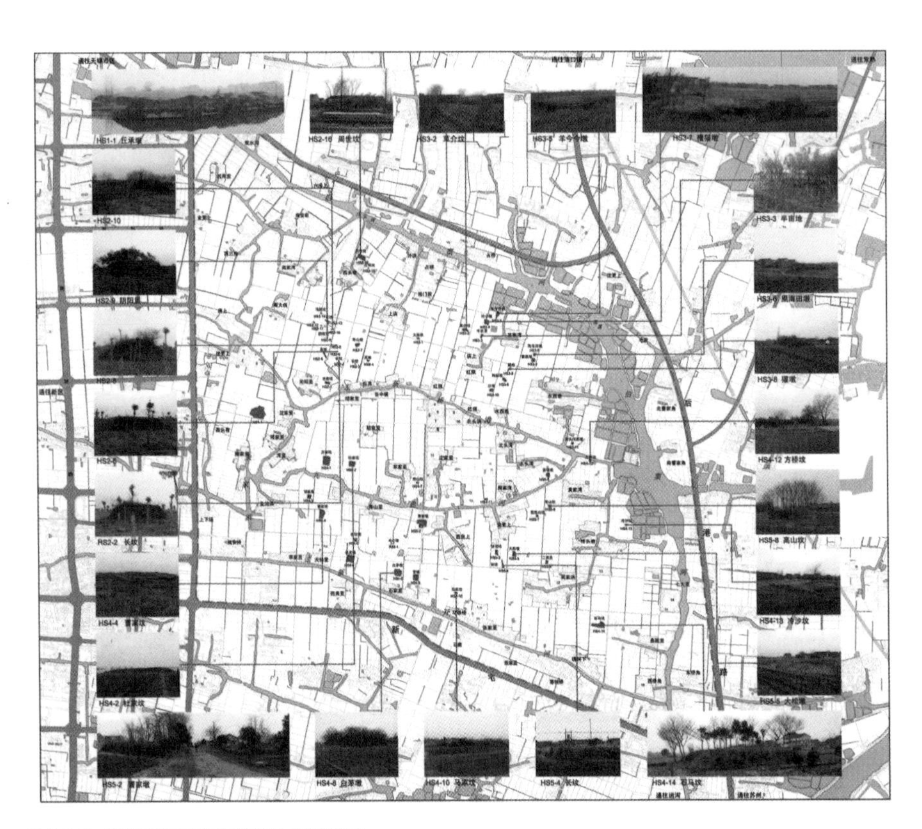

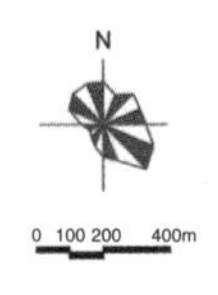

图 4-1-3　鸿山国家考古遗址公园遗存本体现状图
（资料来源：《鸿山国家考古遗址公园总体规划（2010—2025）》遗存本体现状图，中国建筑设计研究院环境艺术研究院、建筑历史研究所）

1. 文物资源

（1）遗址范围情况：遗址边界位置，有无紫线标注，与城市绿线有无重合的地方。

（2）遗址本体：明确遗址的价值与价值载体。

（3）遗址本体保护状况

①保存现状：遗址的物理构造或重要特征破坏情况如何，保存是否完好；

②保护科学性：保护规划对遗址是否采取最小干预，是否具有可逆和可识别性；

③保护全面性：保护工作覆盖面广，重要遗迹是否得到妥善保护；

④保护有效性：保护工程实施的质量与效果，各种因素对遗址的破坏是否得到较好的缓解和控制。

（4）遗址公园范围内其他文物资源。

2. 区位条件

（1）遗址公园与所在区域的城乡区位关系。

（2）交通条件：遗址区周边交通设施情况，是否可方便到达机场、火车站、公共汽车站、码头等交通枢纽，是否有旅游专线和相应的交通工具。

3. 社会条件

（1）社会经济条件：遗址所在地经济发展水平，能否有通过考古遗址公园的建设形成与地区经济良性互动发展的潜力。

（2）人文资源条件：社会本体的态度、观念、信仰系统、认知环境等。

（3）地方政策与资金支持条件

①政策扶持：地方政府对遗址区的管理是否给予稳定的政策扶持；

②资金支持：遗址的保护规划和考古遗址公园的建设、运营资金状况是否得到地方政府、企业、个人等的支持；

③公众参与：考古遗址公园的建设是否能得到相关专业机构、社会团体、地方社区、当地居民等的支持和协助。

（4）土地利用：土地利用现状以及遗址区内的土地权属是否清晰明确，是否有相应权属证明文件等，如鸿山国家考古遗址公园土地利用现状（图 4-1-4）。

4. 环境条件

（1）自然资源：遗址区有无属于或毗邻历史文化名城、世界遗产地、国家级风景名胜区、国家级旅游区等，是否能够形成规模效应。

（2）生态环境：气象、水文、地质等资料，空气、水、噪声等环境质量。

（3）景观风貌：遗址公园场地景观特点。

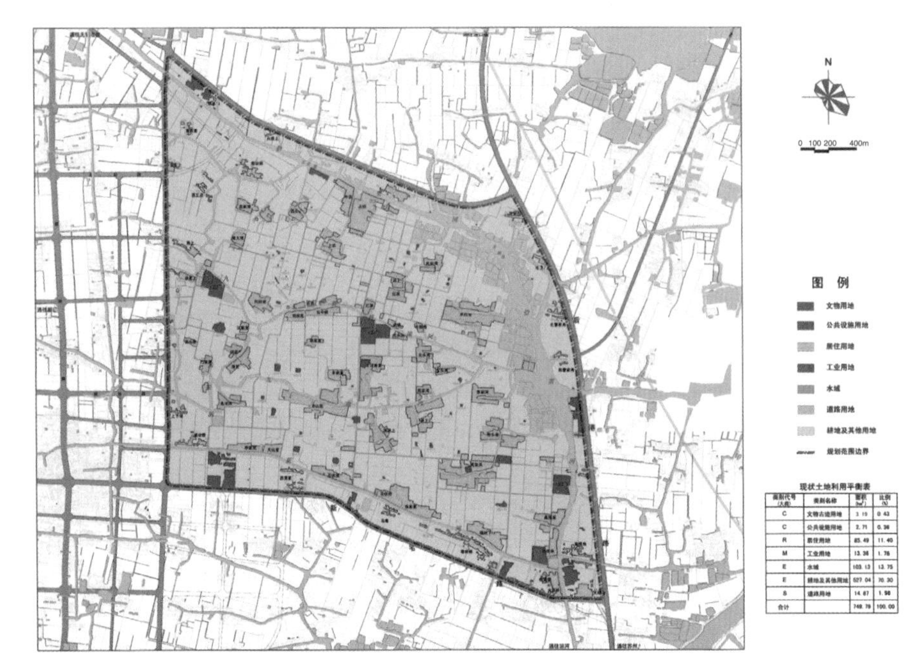

图 4-1-4　鸿山国家考古遗址公园土地利用现状图
（资料来源:《鸿山国家考古遗址公园总体规划（2010—2025）》土地利用现状图，
中国建筑设计研究院环境艺术设计研究所、建筑历史研究所）

（4）周边设施条件:遗址区周边的配套住宿、餐饮等服务设施是否与其规模、游客容量相匹配，基础设施条件与公共卫生状况。

（5）建设活动：目前遗址区的建设活动是否按照相应的保护规划要求实施，实施状况怎么样，是否有违法建设的情况。

例如，在规划设计工作中规划团队对鸿山遗址自然环境的梳理调查和相关资料整理（图 4-1-5）。

5. 考古和科研条件

（1）考古工作进展（遗址的考古调查、发掘、资料整理、研究工作等成果情况）。

（2）考古工作计划与遗址公园建设的关系。

6. 管理条件

（1）保护规划实施情况：遗址有无按照保护规划中的相关规定，逐步实施。

（2）周边环境保护状况

①自然环境：遗址周边自然环境情况，是否进行环境整治与保护，实现自然环境资源和文化历史资源的协同保护；

②历史环境：遗址的历史环境尚存的，是否结合遗址对其进行保护，并在遗址展示中向公众阐释和展示。

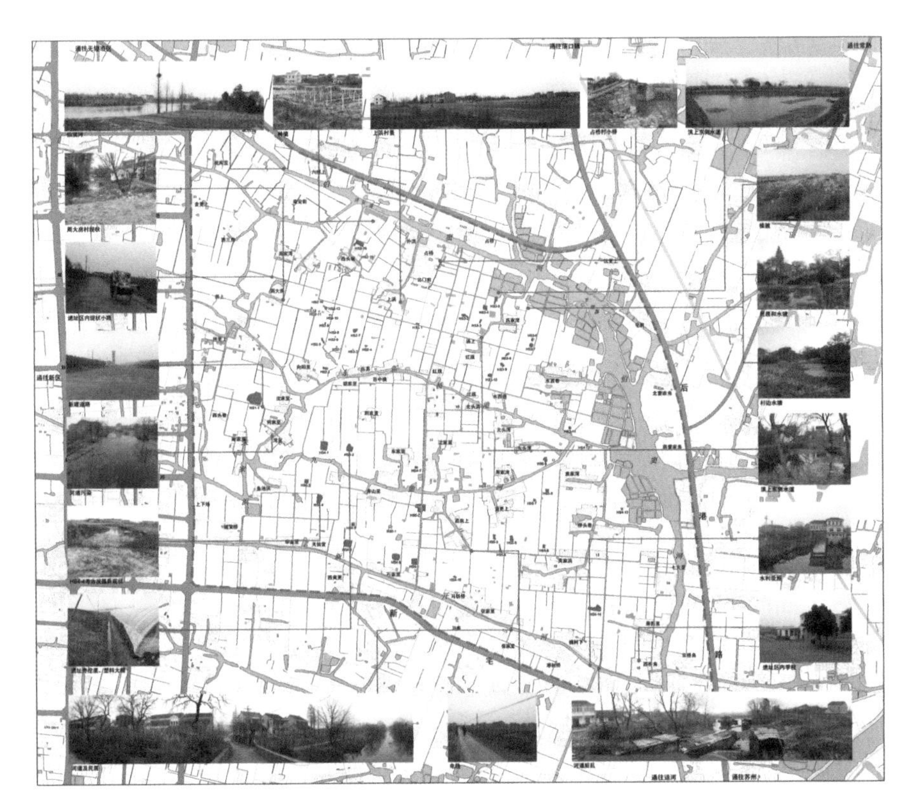

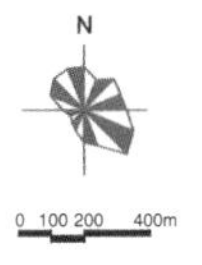

图 4-1-5　鸿山国家考古遗址公园环境资源遗存现状图
（资料来源：《鸿山国家考古遗址公园总体规划（2010—2025）》遗存环境现状图，
中国建筑设计研究院环境艺术设计研究院、建筑历史研究所）

（3）管理运营体制机制

• 日常维护和监测情况

①制度落实：遗址区的日常监测和维护制度，是否严格按制度要求落实各项工作；

②设备设施：是否具备对遗址进行检测和维护的基本设备，设备是否能够及时维护、定点放置、专人管理、随时提用；

③机构人员：遗址区是否设置专门的机构或人员，负责对遗址的日常监测和维护，相关人员是否具备相应的文物保护知识和技术；

④记录存档：遗址的日常监测和维护工作是否有专人管理，是否及时记录存档，随时查看；

⑤监测报告：遗址区是否围绕遗址日常监测和维护工作建立动态报告制度，随时发现和报告问题，并及时整改。

• 风险防范措施

①防范制度：遗址区建立的各项风险防范制度，包括安防、消防等，是否严格按制度要求落实各项工作；

②设施设备：遗址区的风险防范设备及物资储备情况；

③人员储备：遗址区相关工作是否储备了具有相关专业知识和技术的人员。

• 运营管理制度

①公共安全：遗址区是否认真执行国家主管部门和政府相关部门制定和颁发的安全法规条例，是否有应急预案。是否配备与遗址区及游客容量相匹配的安防、消防、逃生、医疗等物资、设备储备和工作人员；

②管理机构：遗址区内机构设置是否完善合理，各部门职能是否分工清晰明确；

③人员管理：工作人员数量及专业背景和技术能力与公园规模、工作要求是否相匹配。上岗人员的管理和培训是否达到规定的要求，制度是否明确，人员、经费是否落实；

④投诉反馈：游客意见征集制度是否完善，是否定期采取意见征集和调查反馈工作，对公众的投诉处理是否及时、妥善。

• 遗址宣传推广：活动举办、资料宣传、媒体展示、相关文化产业发展介绍等。

（4）相关保护与管理设施建设

①服务设施：游客服务设施是否根据遗址情况采取科学合理的布局，环境氛围是否协调，游客中心辐射选址是否科学合理；

②导览设施：遗址区是否配备高素质、稳定的讲解员队伍，讲解是否专业、

科学、生动；是否有专业的导览设备和专业人员提供咨询服务；

③交通设施：遗址区交通路线、游览路线布局是否合理、顺畅，出入口、停车场地布局是否合理；

④公共卫生：遗址区内公共厕所布局是否合理，建筑造型是否符合遗址环境，是否采用免水冲生态厕所，垃圾箱是否布局合理、造型是否与环境协调；

⑤餐饮休闲：餐饮场所是否布局合理、规模适度、设施齐全，建筑是否与周围景观环境相协调，购物场所是否布局合理、特色突出；

⑥无障碍设施：无障碍设施是否能够到达主要遗址展示设施和展示场地的主要区域；标识或解说系统以及主要服务设施是否考虑无障碍要求；

⑦遗址监测体系：环境监测成果，三废排放的数量和危害情况；垃圾、灾变和其他影响环境的有害因素的分布及危害情况；地方病及其他有害公民健康的环境状况等基础资料。

7. 开放展示与游客服务情况

（1）展陈体系

①实施状况：是否按照保护规划中展示规划的相关规定逐步实施；

②利用强度：展陈体系对遗址的利用强度是否在遗址的承受范围之内；

③布局流线：展示布局是否主旨明确、重点突出，具有系统性和全面性；展示流线是否清晰流畅；

④展示内容：遗址展示依据是否具有科学性，信息和相关数据是否来源可靠；遗址展示内容是否与遗址联系密切，是否能够全面、深入、丰富地展示遗址价值内涵与遗址的整体性；

⑤展示手段：是否以保护遗址为首要任务，通过认真研究论证，采取了最恰当的遗址展示方法。

（2）展示设施

①馆舍建设：遗址博物馆、陈列馆、体验中心等规模、布局、功能情况，是否与遗址及周边环境相协调，工程质量是否符合国家相关规范和标准；是否设置标本库、资料库、开放实验室等保护与研究设施，是否向观众酌情开放；

②标识系统建设：标识系统是否与遗址风貌相协调，布局是否合理，能否清晰明确地起到良好的标识阐释作用。

（3）公众参与（考古工地现场及考古设施向公众开放的程度）

①文化教育：相关部门是否积极策划、组织各种与遗址相关的遗产保护宣传教育科普活动，采用多种形式（教育项目、社会培训、公众讲座等），寓教于乐；

②社区活动：相关部门是否积极开展丰富的社区活动，服务不同社区群体，体现广泛性、参与性、层级性；

③观众流量：是否兼顾遗址保护和公众参观要求，在遗址的承受范围内对游客容量和实际参观人数进行控制。

8. 相关规划分析

分析遗址公园规划与文物保护规划的关系，分析遗址公园所在区域的国民经济与社会发展规划、土地利用总体规划、城市总体规划等涉及遗址公园规划范围的建设、管理要求和规定。

这些调查内容既是整个遗址规划工作的依据，也是环境设计息息相关的信息来源，整个环境设计都将依据这些调研信息进行梳理运用，指导环境设计的方方面面。

4.1.3 现状环境资源调研的步骤

考古遗址资源是考古遗址公园的核心资源，现状调研与分析也是围绕它开展的。考古遗址公园遗址资源调查分为几个步骤：在图纸上标注遗址分布；根据遗址分布情况恰当划分调查单元，并将各调查单元及各遗址做编号；对遗址公园规划范围内现存遗址的遗存情况进行调查（汇总成表）；对已发掘的遗址概况进行调查（汇总成表）；对考古遗址资源进行分类。这部分内容作为环境设计的基础知识，在此仅做简要陈述，具体可参考国家遗址公园规划相关内容的详细补充。

1. 考古遗址资源评价单元

考古遗址资源评价单元划分应以考古遗址公园中各遗址区和遗址点的现状分布图为基础，根据遗址规模、遗址分布等特征，合理划分若干遗址调查单元，将调查单元及各遗址做分区编号，为下面的调查记录做好准备。要在调查中记录各个调查单元的遗址数量、确切的分布位置以及分布情况说明。根据遗址资源评价单元的划分，可以把评价单元分为：重要遗址分布区、遗存密集分布区、遗存一般分布区。

以《鸿山国家考古遗址公园总体规划》[1]为例，鸿山墓群分布范围约 7.5 平方公里，初步确定属于春秋战国时期的大型土台、土墩遗址 51 座，呈群体分布状（图 4-1-6）。

根据鸿山遗址区内墓葬的位置分布和特点，规划将 51 处墓葬分为五个区。在这五个区中，除 HS1 区墓葬地位十分突出之外，其余墓葬大小均相差不多。

图 4-1-6　鸿山国家考古遗址公园遗存分布示意图
（资料来源：《鸿山国家考古遗址公园总体规划（2010—2025）》遗存分布示意图，中国建筑设计研究院环境艺术设计研究院、建筑历史研究所）

HS2 和 HS3 区是墓葬分布较密集的区域，其余地点的墓葬分布较为平均，详见表 4-1-1。

鸿山国家考古遗址公园总体规划规划分区情况　　表 4-1-1

分区	墓葬数	分布位置	说明
HS1	1	沈家里西约 150 米	丘承墩
HS2	16	向阳里、西头巷、周大房、上浜之间区域	遗址分布较密集
HS3	11	吕家湾、浜上、水西巷周围一带	遗址分布较密集
HS4	14	东新桥港与新桥港之间区域	遗址分布分散，其中 1 ~ 6 号墓葬已经考古发掘，基本无存
HS5	9	寿山里、东头湾、袁家湾、吴家浜之间区域	有待进一步确定历史年代

2. 遗址的遗存情况调查

根据考古遗址公园内的遗址分区，将各分区的遗址编号，测量其经纬坐标，将土地利用情况、占地面积等基础资料列入表格，以便后期规划查询参考，详见表 4-1-2。

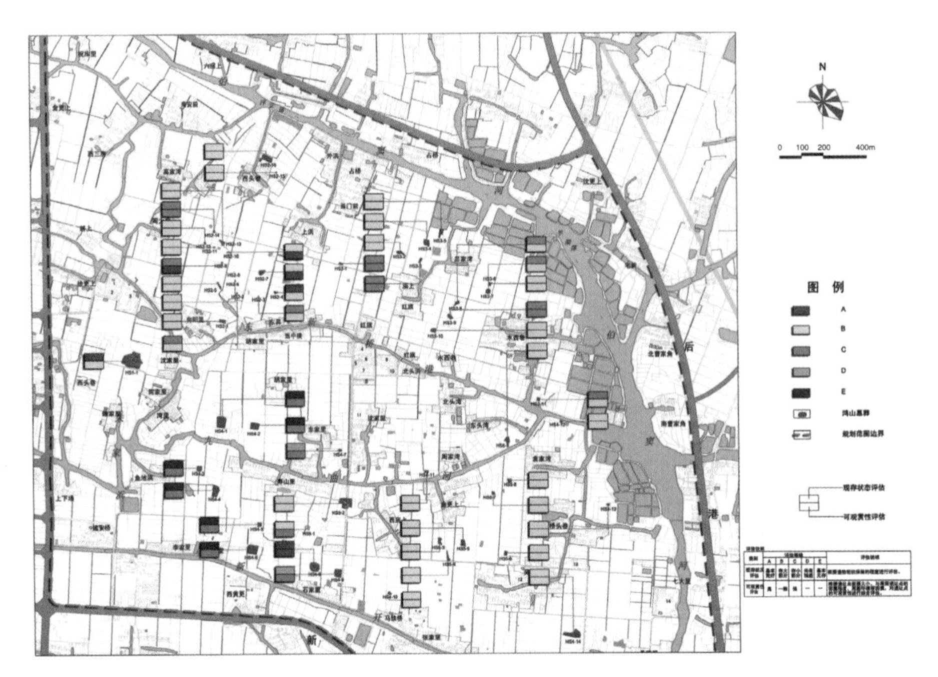

图 4-1-7　鸿山国家考古遗址公园现状综合评估图
（资料来源：《鸿山国家考古遗址公园总体规划（2010—2025）》现状综合评估图，
中国建筑设计研究院环境艺术设计研究院、建筑历史研究所）

鸿山国家考古遗址公园内墓群墓葬概况表（以丘承墩、老房坟为例）　表 4-1-2

编号	名称	所属村	经纬坐标	土地使用状况	形状	现存高度（米）	占地面积（平方米）
HS1-1	丘承墩	建新村	N：31° 29′ 38.6″ E：120° 30′ 16.8″	已发掘，荒地	长方形覆斗状	3.95	5045.7
HS2-1	老房坟	向阳里	N：31° 29′ 50.6″ E：120° 30′ 34.8″	耕地	长方形覆斗状	1 ~ 1.2	488.3

根据考古发掘报告，将已发掘的遗址特征情况对应相应的遗址编号整理列表，详见表 4-1-3。

鸿山国家考古遗址公园已发掘墓葬情况简表（以丘承墩为例）　表 4-1-3

规划编号	考古编号	墓葬名称	覆土形状	墓葬规模	封土情况	墓葬方式	随葬品	墓葬分类
HS1-1	D Ⅶ	丘承墩	长方形覆斗状	原封土东西向，长 68.2 米、宽 40.6 米、高 3.95 米	4 个盗洞均在墓室上方，开口于原封土	深坑墓，中字形	共计出土 1098 件，有青瓷器、陶器、玉器、琉璃器等	特大型墓

3. 遗存情况及观赏性评估

对遗址遗存情况及观赏性的评估包括三方面内容。

（1）遗址现存状态评估：遗址保存基本完好、遗址现存大部分、遗址现存少部分、遗址基本消失。

（2）遗址可观赏性评估：可观赏性强、可观赏性较高、可观赏性一般、可观赏性低、无观赏性。

（3）遗址环境景观评价：景观完好程度、遗址本体承载力、景观形象、自然环境形象评价。

观赏性评估具有一定的主观性，为了保证评估标准的客观性、一致性，可在现场调查前讨论并制定详细的评价标准，例如鸿山国家考古遗址公园现状综合评估图（图 4-1-7）。

4.2

现状环境资源分析

现状资源调研结束后，对资源的解读、分析至关重要。现状资源调研分析分为资源价值分析和环境条件价值分析。价值分析是在对事物了解认识的基础上，对事物附着的价值（不是其具体结构、形态，甚或属性，而是相较于现在所留存的客体自身所体现出来的）、实践改造客体后的意义、成果等进行的评价。考古遗址资源分析就是判别、筛选、研讨各类考古遗址资源的潜力，并给予有效、可靠、简便、恰当的评估。考古资源分析与评价实质上从基础资料调查阶段就已开始，边调查，边筛选，边补充；考古遗址资源评分与分级则进入了正式文字图表汇总处理阶段；而分析与评估结论是最后概括提炼阶段。考古遗址资源评价这三个阶段按步骤逐渐深入，同时又相互衔接，甚至相互穿插。

4.2.1 现状环境资源分析的意义

考古遗址是人类历史上通过实践所创造的智慧结晶，其价值是自身所固有的、客观的。考古遗址的本体资源分析是考古遗址公园价值评估的基础和根本，考古遗址需要在科学的考古发掘与文献资料以及实践调查的基础上，基于一定的科学理念和方法，对考古遗址本体价值进行客观研究和认识；考古遗址的衍生价值需要从不同群体需求出发，从不同时代背景出发，深入剖析和研究。

2000 年 5 月，在由美国盖蒂保护研究所和洛约拉马利蒙特（Loyola Marymount）大学联合主办的“考古遗址的管理规划”国际会议上，确立了“保护要以遗产价值为基础的理念，只有正确认识遗产的价值才能采取恰当的保护措施”。我国的《全国重点文物保护单位保护规划编制要求》第六条“专项评估编制内容”中也规定，价值评估（含文物价值与社会价值）是专项评估内容之一。正确合理的国家考古遗址公园遗址资源价值评估是国家考古遗址公园规划的核心工作之一，对决策合适的国家考古遗址公园的保护利用方式、真正实现国家考古遗址公园的价值和可持续发展具有重要意义。环境设计将围绕遗址资源本体进行服务，研究如何保护和展示利用这些资源。

不过，目前我国缺乏法定的大遗址现状资源分析与评估体系的参考标准，更多地流于形式，机械化地采用相关文物保护法规中提出的文物价值和社会价值，缺少对大遗址更加深入、细化的价值评估，不能体现出大遗址真正的价值特性。建立合理科学的考古遗址评价体系，对考古遗址公园的规划设计工作具有决定性的意义。国家考古遗址公园的设计急需系统的资源价值评估体系与评估方法，这些基础研究对环境设计的开展具有重要的基础信息价值。

4.2.2　现状环境资源价值分析与评估体系

国家考古遗址公园的意义是最大限度地保护遗址，在不影响遗址安全的情况下将大遗址展示给公众，使大遗址的价值代代相传，大遗址的保护成果全民共享。考古遗址价值评估体系应在客观性、真实性、独特性等原则指导下，对大遗址本体价值及衍生价值进行评价。

考古遗址价值主要从本体价值和衍生价值两个方面进行界定。本体价值是遗址自身最基础、最独特、不受外界影响的内在价值，包括历史价值、科学价值、艺术价值；考古遗址衍生价值是依托遗址本体价值产生的，在不同的社会发展时期可以满足社会发展需求和服务全民的价值，包括社会价值、经济价值、文化价值、生态景观价值。

1. 本体价值分析与评价体系

（1）大遗址的历史价值

大遗址的历史价值是考古遗址的核心和灵魂，是大遗址一切价值的基础。“历史价值指大遗址本身的历史沿革、发展演变及在此过程中发生、形成的事件、行动或物体所具有的客观存在”。[1] 大遗址作为历史的产物，是人类历史发展的见证，反映了一定历史时期内人类社会生产力、生产关系、经济基础和上层建筑的情况，同时反映了这些活动的历史背景、社会关系、文化传统、生活习俗等丰富信息。

大遗址的历史价值主要从遗址年代、规模级别、沿革演变、历史地位、价值典型、与历史重大事件和重要人物的关联性六个方面进行评价。

（2）大遗址的科学价值

大遗址的科学价值是指对大遗址的技术创新、实践方法的描述。考古遗址

[1]　刘卫红 . 大遗址保护规划中价值定性评价体系的构建 [J]. 西北大学学报（自然科学版），2011，41（005）：907-912.

是先民智慧的结晶，反映了当时社会条件下的生产力发展水平、科学技术水平和人类的创造能力。考古遗址的科学价值为科学技术或科学史的研究提供了丰富的资料，为现代科技的发展提供了重要的、有价值的信息与参考，同时还是历史发展、环境演变的忠实记录者。

大遗址的科学价值主要从遗址选址、规划思想、规划布局、工程技术四个方面进行评估。

（3）大遗址的艺术价值

大遗址的艺术价值是考古遗址内在与外在精神的结合，能够给人带来想象、思考、感受的意蕴表达，蕴藏着丰富的艺术内涵。大遗址自身的规模格局、建筑布局、造型工艺再现了当年的辉煌，陶冶人们的情操，给人以艺术的启迪，带给人精神和思想上的共鸣和升华。

大遗址艺术价值主要从象征价值、审美价值、联想价值三个方面进行评估。

2. 衍生价值分析与评价体系

（1）大遗址的社会价值

大遗址的社会价值反映了大遗址在现代社会背景下表现出来的满足物质需求和精神需求的作用或意义。大遗址是重要的物质文化遗产，承载着民族的精神品格和力量。大遗址通过有形的遗址表达无形的精神，为公众开启了解历史的窗口，为公众增加阅历、愉悦身心、提高修养提供了良好的途径和场所，为增强民众的民族自豪感和凝聚力发挥了重要作用。

大遗址的社会价值主要从大遗址的社会借鉴、文化情感认同、科普教育、旅游休闲、社区发展等方面进行评估。

（2）大遗址的经济价值

国际公认的文化遗产价值观认为，文化遗产的经济价值是其历史、艺术、科学价值的衍生物。这一属性并不因为社会制度的不同而有所区别，也不因为经济体制的改变而改变。大遗址通过促进相关产业（旅游产业、文化产业）的发展、提高土地溢价等方式产生了可用货币量化的价值，即其经济价值。大遗址的经济价值与考古遗址公园的保护利用需求相适应。

大遗址的经济价值主要通过提升城市内涵、带动相关产业和地区经济发展、增加就业机会和居民收入、改善居民生活质量等直接或间接经济效益的界定进行评估。

（3）大遗址的文化价值

大遗址的文化价值是指大遗址所具有的与社会发展相适应的，满足一定社会群体文化需要的文化形态属性。大遗址是民族历史文化的象征之一，反映了一个群体的文化史或一个地区的历史背景、社会关系、文化传统、生活习俗等价值多样性。

考古遗址文化价值主要从遗址本体所蕴含的价值特性，其属性对当今文化的影响、充实、完善、借鉴等角度进行评估。

（4）大遗址的生态景观价值

大遗址规模较大，其景观属性对区域生态景观产生了较大的影响。

国家考古遗址公园资源价值评价体系整理，详见表 4-2-1。

国家考古遗址公园资源价值评估体系表　　表 4-2-1

大类	中类	小类
本体价值	历史价值	遗址年代、沿革演变、历史地位、遗存状态（真实、完整、延续）、价值典型、与历史重大事件和人物关联
	科学价值	遗址选址、规划思想、规划布局、工程技术
	艺术价值	象征价值、可观赏性、审美价值、联想价值
衍生价值	社会价值	社会借鉴、文化情感认同、科普教育、旅游休闲、社区发展
	经济价值	直接经济价值、间接经济价值
	文化价值	文化独特性、文化多样性、文化适宜性
	生态价值	环境生态阈值、环境敏感度、环境适宜度

以《鸿山国家考古遗址公园总体规划》[1] 为例，通过现状调研与分析将鸿山墓群遗址的价值总结如下：

历史价值：无锡鸿山国家考古遗址公园中墓群遗址的发现，填补了环太湖地区的考古研究缺环，证明了无锡地区的人类活动具有 6000 余年的悠久历史，鸿山墓群使我们认识了吴越文化的起源。

科学价值：鸿山墓群已发掘墓葬出土的随葬品，在同类墓葬中规格较高、质量较好、种类较全。其中最高等级的随葬青瓷礼器、乐器和玉器均为首次发现，不仅填补了越文化研究上的多项空白，还为中国陶瓷史、玉器史、音乐史的研究提供了丰富的研究资料。遗址的土墩群分布对于深化吴越文化史研究和探讨一系列春秋战国时期的重要学术问题具有积极的推动作用，在中国考古史上占有重要地位，具有重要的科学价值。

艺术价值：已发掘鸿山墓群随葬各类器物器形复杂，大多为精美绝伦、成组成套的青瓷礼器、乐器和玉器，展示了迄今为止江浙一带所发现的最高等级的越国随葬品的风采；出土的大量青瓷和硬陶乐器堪称庞大的地下乐器库；玉器成双成对的“五璜佩”，当为春秋战国时期最高等级的佩饰；尤其是有特殊意义的玻璃釉盘蛇玲珑球形器，是研究玻璃起源与中外文化交流的珍贵资料。所有这些珍贵的文物均具有较高的艺术价值。

社会价值：鸿山墓群是江苏省无锡市重要的文化遗产，在弘扬中华民族优秀传统文化，加强爱国主义教育，促进无锡市乃至江苏省的文化传播以及带动当地文化遗产保护事业中起到重要的引领作用；鸿山墓群的发现，深化了无锡市的城市文化内涵，进一步树立了城市文明形象，为申报国家级历史文化名城提供了有效支撑；鸿山墓群的发现，成为无锡地区的重要文化资源，为无锡地区的文化、旅游、生态、农业结构调整、现代服务业发展等提供了契机，进而带动地方相关产业的发展，有效促进了地方和谐社会的建设；以鸿山墓群为主的无锡鸿山国家考古遗址公园建设将有效改善无锡新区乃至无锡城市的生态环境建设，有效提升无锡新区的文化功能建设（图 4-2-1）。

4.2.3 现状环境资源价值分析与评估要点

在进行国家考古遗址公园资源价值和环境价值分析评估时，应注重以下几个方面。

1. 客观真实

考古遗址的价值评估是一项科学性、系统性很强的工作。“原真性”是考古遗址的核心，要求评价者尽量避免个人主观判断，评价的过程和结果尽量客观。在考古遗址价值评估过程中，在现场调研、考古及文献资料研究、社会资料分析的基础上，应从实际出发，公正客观地运用科学合理的评价体系、评价知识和评价理论，对考古遗址本体价值和考古遗址外延环境价值作出客观真实的评估。

2. 定性分析与定量分析相结合

定性分析就是根据文献资料和实地调研情况，对遗址的遗存情况、可观赏性等做定性的描述，是一种经验性概括，具有整体思维的特征，利于总体把握考古遗址的价值特征，但评价者无意识的主观思维会对评价结果产生一定的影响。定量分析是在综合分析的基础上，构架指标体系，建立数学模型，确定影响因子与权重，模拟计算，评定结果分析等，其指标明确、结果客观，但较定性分析来说有一定的机械性，容易生搬硬套，因量化分析和加权不当而产生片面性。所以在考古遗址资源价值评估中应采取定性分析与定量分析相结合的方法，不少研究经验也证明了将两者结合的必要性与可行性。

图 4-2-1　鸿山国家考古遗址公园环境鸟瞰意向图
（资料来源：《鸿山国家考古遗址公园总体规划（2010—2025）》环境鸟瞰图，
中国建筑设计研究院环境艺术设计研究院、建筑历史研究所）

3. 系统综合

考古遗址价值评估是一个系统、完整、综合的评估体系。遗址价值的认识和评估是一个多方人士、多学科专家参与的过程。综合系统的考古遗址价值评价是大遗址得到合理保护利用、考古遗址公园成功规划并获得成效，以及考古遗址价值得以实现的重要保障。考古遗址价值评估应在历史、科学、艺术、社会、经济、文化、教育等方面将考古遗址自身价值与其衍生价值评价相结合，进行综合系统的评价，科学、准确、全面地反映国家考古遗址公园中遗址资源的价值。

4. 反映遗址价值的独特性

独特性是大遗址保护展示利用的灵魂。国家考古遗址公园大遗址资源评价种类十分丰富，因时代、所处地域及发生的历史事件不同，大遗址表现出不同的特征。在考古遗址公园遗址价值评估过程中，为了实事求是地反映公园内所分布遗址的价值、特征和级别，需要根据遗址的具体状况，恰当地选择评价指标。特别是环境价值，因遗址本体不同，所处地域环境不同，具有很强的独特性。一般来说，大遗址的差异越大，越独特，其价值就越强，发挥的社会、经济、文化效益也就越大。

5. 动态发展

国家考古遗址公园遗址资源价值评估应是动态发展的。随着科技的发展、考古技术的完善，人们对遗址本体价值的认识越来越深入，与此同时，也在不断深化和修正对它的评估。而随着社会经济的发展、利益相关者的逐步介入，遗址的衍生价值势必随着利益相关者的不同需求而更加多元化。所以，只有结合时代特征和多元化社会需求，动态科学地对大遗址价值作出评估，才能解决国家考古遗址公园建设的关键问题，使大遗址得到真正的保护利用。

4.3

环境设计范围划定

4.3.1 环境设计范围划定的意义

国家考古遗址公园的范围，就是国家考古遗址公园管理机构的职权范围。根据国家文物局公布的《中华人民共和国文物保护法》中“四有”（有保护范围、有保护标志、有记录档案、有保管机构）工作要求，各级文物保护单位都应划定保护范围。考古遗址公园对考古遗址的保护要通过公园范围的划定来确定，范围划定是考古遗址公园最基本、最核心、最重要的技术工作。“国家考古遗址公园的范围过大，不但增加了保护难度，还会制约城市的建设发展；而范围过小，又直接威胁到考古遗址的安全，失去了建设国家考古遗址公园的意义”。因此，如何适当把握国家考古遗址公园范围划分的度，让国家考古遗址公园的建设与城市建设良好结合，是国家考古遗址公园建设的主要难题和首要问题。国家考古遗址公园背景环境资源范围，就是国家考古遗址公园范围内除遗址本体外的环境范围，在空间上为遗址本体外至法定边界之间的区域，包含遗址本体周边和环境协调区范围。环境范围既是遗址保护的缓冲区，又是遗址展示的活动区，对遗址保护和展示具有重要意义。

4.3.2 环境设计范围划定的原则

考古遗址占地面积大、分布范围广，在划定国家考古遗址公园范围时，有时会与行政区划发生矛盾。随着城市化进程的加快，人均资源渐趋紧缺、考古遗址保护和利用的矛盾以及国家考古遗址公园所涉及的责权利关系等，使国家考古遗址公园的范围划定成了一个难点和重点。传统的考古遗址保护规划范围划定包括考古遗址保护范围和建设控制地带范围，而国家考古遗址公园由于其公园的性质，在这两个范围的基础上又增加了环境协调区范围。确定国家考古遗址公园规划范围及其周边环境协调区范围，应遵循以下原则：

1. 完整性原则

国家考古遗址公园范围划定不得因为划界不当而割裂现存考古遗址的分布范围、损害考古遗址资源特征及资源价值，必须保证国家考古遗址公园资源特征、价值及其周边环境的完整性。

2. 独立性原则

国家考古遗址公园范围划定应该保证地域单元的相对独立性。在与周边地域单元矛盾时，应强调考古遗址公园的相对独立性、考古遗址及周边环境的完整性，强调考古遗址公园与城市建设的和谐发展；保护区划与城市功能组团布局相结合，与国家历史文化名城保护相结合，与土地资源集约利用相结合，与城镇规划体系相结合，与地方社会人口调控和地方城市化计划相结合。[1]

3. 明确性原则

国家考古遗址公园范围划定应该以明确的地形标志物为依托，例如，以行政区界、河流、湖泊边界、山体分水岭等具有明显分界线的标志物为依托，既能在现场立桩标界，又方便在地形图上准确标出界标范围。

4. 可行性原则

由于考古遗址分布较广，有时国家考古遗址公园的范围划定会与行政区划发生矛盾，特别是分布于城市边缘、农村及原野的考古遗址，有时处在行政区划的边缘或数个行政区划的交接部位。如果国家考古遗址公园范围划分不当，容易使各行政区产生“有利时一哄而上，无利时互相推诿”的状态。为了合理有效地利用、科学管理，国家考古遗址公园的范围划定不应受到现有行政区划的限制，应该在国家相关行政主管部门的指导和协调下，成立专门的国家考古遗址公园管理部门，独立负责国家考古遗址公园的规划建设管理等相关工作，协调国家考古遗址公园周边各行政区的责权利关系，保证国家考古遗址公园保护、利用、管理的必要性与可行性，方便国家考古遗址公园的保护、利用、管理和运营。

4.3.3 环境设计范围划定的方法

我国考古遗址种类繁多，不同类型的考古遗址边界条件不同，划定范围的方法也有所区别。对于地上遗址或是已探明边界的遗址来说，遗址范围的划定相对比较容易。而对于未探明边界的遗址，考古发掘的遗址只是遗址整体的一

[1] 陈同滨 . 中国大遗址保护规划与技术创新简析 [J]. 东南文化，2009，2：23-28.

部分，还有其余尚属未知的遗址，其遗址范围的划定就比较困难了，具有极高的科学性与复杂性。如史前遗址泥河湾遗址群是我国以至世界上独具特色的旧石器考古研究基地，位于河北省阳原县境桑干河沿岸的泥河湾盆地和蔚县的壶溜河流域，是占地东西 82 公里、南北 27 公里的庞大的考古遗址群。自 1978 年我国考古工作者在泥河湾附近的小长梁东谷坨发现了大量旧石器和哺乳类动物化石以来，经过几十年的考古勘探，又陆续发现了数十处遗址。遗址群所在的泥河湾，原本只是一个依山傍水、景色诱人、只有几十户人家的小山村。随着考古工作的进行，以它命名的泥河湾盆地、泥河湾地层、泥河湾遗址群等，早已超出了这个普通自然村落的概念，成为闻名中外的古地质、古生物、古人类研究的圣地。2002 年河北省人民政府公布了共 14 个片区的泥河湾遗址群保护范围和建设控制地带。

国家考古遗址公园范围划分理论和技术创新需要凭借多学科知识的集成。我国目前采用的几种考古遗址保护范围的划定方法可以为考古遗址公园范围的划定提供很好的借鉴。

1. 考古勘探法

该种方法以考古勘探资料为依据，以已探明的考古遗址边界向外延伸若干米为保护范围，再向外延伸一定区域为建设控制地带，整个范围为国家考古遗址公园范围，这是目前进行国家考古遗址公园范围划定的主要方法。该方法的优点是：划定国家考古遗址公园范围的依据充分、有说服力。但由于欠缺考古经费，考古遗址工作细致缓慢，决定了考古遗址工作相对国家考古遗址公园的建设通常较为滞后。加之国家考古遗址公园建设本身也是为了划定一定的范围，采取将未探明的考古遗址保护起来以待发掘的措施，所以不能完全依照考古勘探来确定国家考古遗址公园的范围。采用考古勘探法对于范围较小的考古遗址公园具有一定的意义，但对于占地较广的国家考古遗址公园则有一定的局限性。例如，临淄齐国故城遗址考古勘探对范围划定的影响（图 4-3-1）。

2. 水平投影法

水平投影法是指在划定文物建筑重点保护范围时，保护范围从建筑的外边界向外水平延伸至不少于建筑基底的范围。该方法适用于有明显边界且裸露于地表以上的遗址建筑群或城池遗址，不适用于地面上仅有少量遗存或埋藏于地表之下的考古遗址。

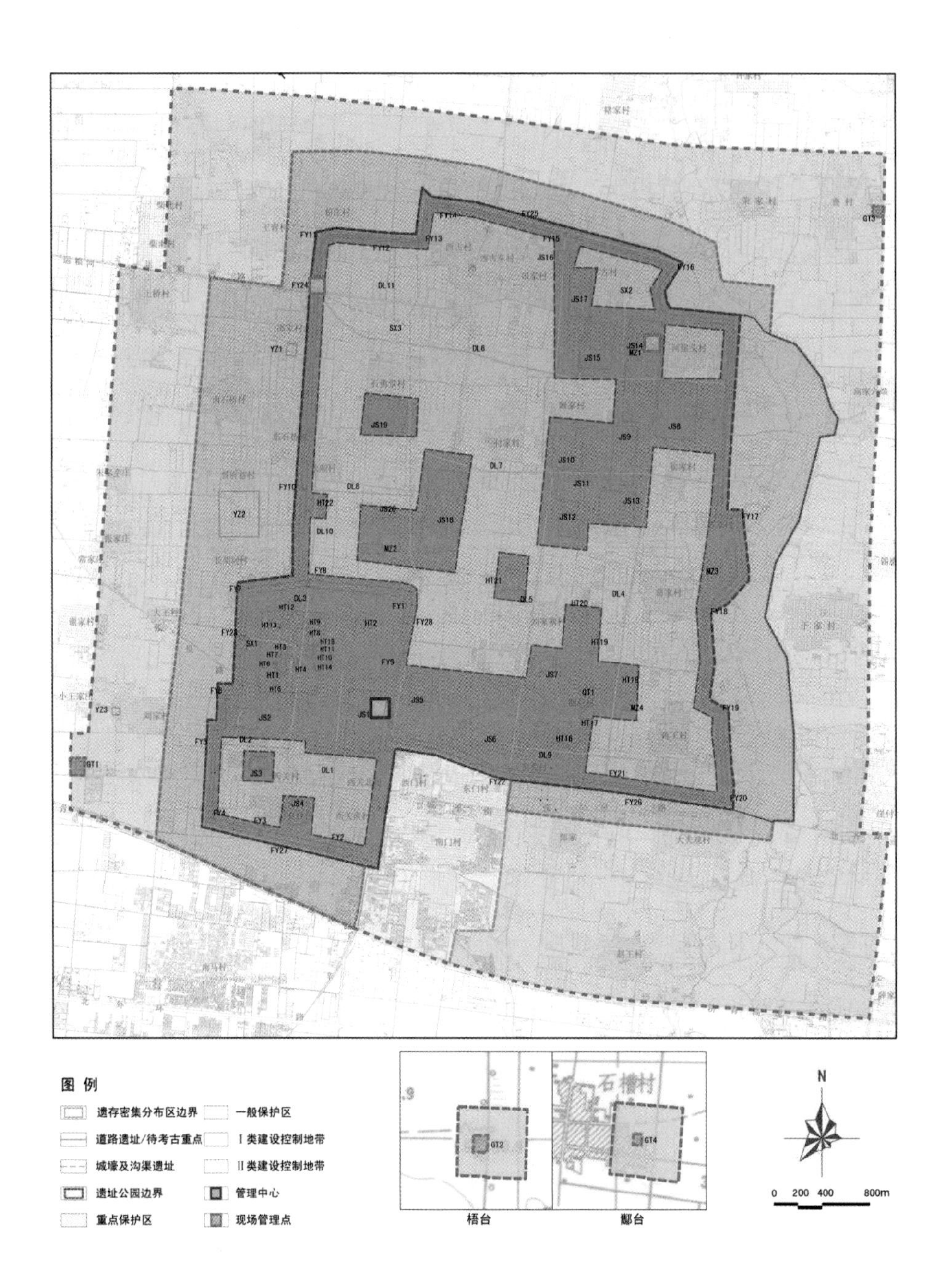

图 4-3-1 临淄齐国故城考古遗址公园规划范围图
（资料来源：《临淄齐国故城考古遗址公园规划（2013—2025）》管理条件分析图，中国建筑设计研究院建筑历史研究所、环境艺术设计研究院）

3. 遗址区域分析法

遗址区域分析（Site Catchment Analysis）是考古学中测定遗址位置的一种方法，维他·芬韧和希格斯把遗址区域分析定义为“对存在于技术和单个遗址经济范围自然资源之间相互关系的研究”。它将人与地的关系放在首位，着重考虑供给的可得性、富裕度、间距、植物动物的季节性以及矿藏资源等因素。它要估测这些资源在遗址周围划定地区内的含量，即把古人选择遗址的目标设想为强调依赖经济活动的地区。多纳·C. 罗珀（Donna C.Roper）认为，人们以居住地为圆心，向外活动半径越大，获取资源所需的精力越大，因此人们往往在离居住地较近的地方进行活动，直至居住地周边开发的区域日渐稀少，最终因缺乏可开发区域而不得不向外扩张土地或寻找新的居住地。部分遗址区域分析的考古学家认为“人通常不会离开他们的宿营地 6 英里（10 公里）以外的地方获取资源，农民也不会到这个里程以外的地方经营土地”。活动范围必然大于个体的活动。根据遗址区域分析理论得到的这个范围运用于考古遗址公园的范围划定，便能得出较为科学的考古遗址保护范围。例如，义乌桥头遗址公园现场明显的遗迹较少，采用遗址区域分析法划定规划保护范围。在此保护范围外结合相关资料和遗址周边情况划定建设控制地带和环境协调区，即可得到考古遗址公园的范围。运用这个方法划定的重点保护区域，随着新的考古遗址的发掘，其边界随之调整，符合前文提出的动态规划的理念，如昆山大遗址公园遗址区域分析与范围划定（图 4-3-2）。

4. 航拍技术与地理学

航拍技术与地理学是一种新科技手法。基于考古遗址分布范围的分析，引入 GIS 技术和地形地貌分析，大幅拓展了对遗存分布范围的认知，结合考古探查结论的支持，能够确保遗址得到完整保护，采用航拍技术与地理学法划定考古遗址公园范围比较科学全面（图 4-3-3）。

综合上述几种方法，在划定不同国家考古遗址公园的环境范围时，应综合考虑各方面的因素，既要考虑历史因素、环境因素、生态因素、相关地域内人们的生活发展要求，又要考虑当前的城市建设情况、经济发展状况和可持续发展因素等，还应针对不同的情况采用不同的方法，将主观的、定性的划定方法与客观的、定量的划定方法相结合。随着考古工作的进展，划定国家考古遗址公园的保护范围、建设控制地带、环境协调区具有一定的灵活性，要尽量在国家考古遗址公园建设和城市建设之间寻求最佳结合点，使国家考古遗址公园与城市建设相互协调。例如，2004 年经过考古部门勘测，初步确定了唐大明宫遗

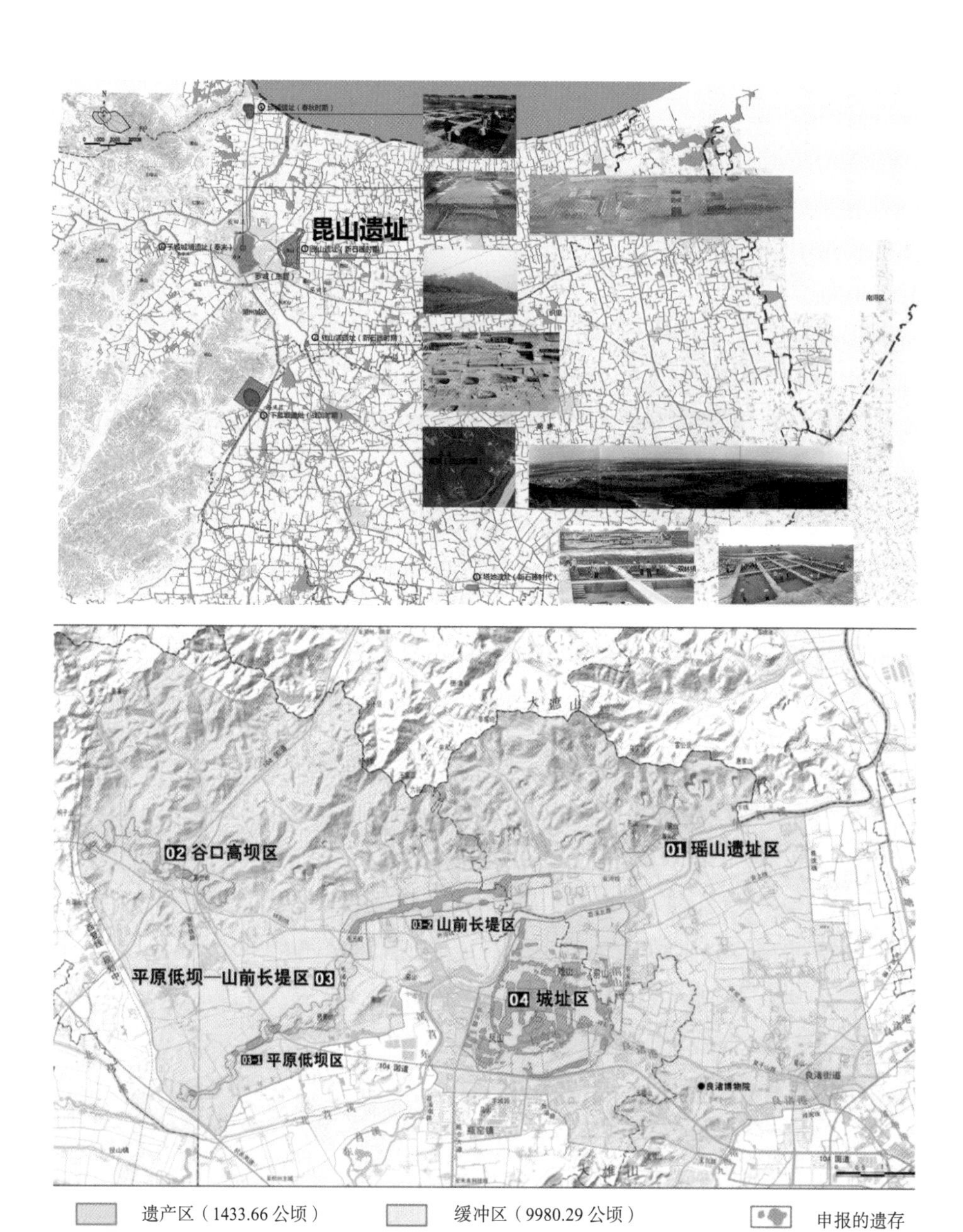

图 4-3-2 昆山大遗址公园遗址区域分析与范围划定关系图
（资料来源：《湖州历史文化名城保护规划》城址变迁及早期聚落遗址分布图，
中国城市规划设计研究院、湖州城市规划设计研究院）

图 4-3-3 良渚古城遗址的遗产区、缓冲区图
（资料来源：陈同滨 . 世界文化遗产“良渚古城遗址”突出普遍价值研究 [J]. 中国文化遗产，2019，4：55-72）

址面积为 3.2 平方公里，但随着后期考古工作的进行，又根据新发掘的遗址适当扩大了范围，将面积增加到 3.5 平方公里。国家考古遗址公园的范围划定是一项专业性很强的工作，应该建立健全相关机制，鼓励和加强考古遗址保护等相关领域的科研工作，尽快建立起适合我国国情的国家考古遗址公园建设的理论体系，为国家考古遗址公园建设提供依据。

4.4

环境设计分类分区

国家考古遗址公园的环境分类分区，是为了使公园内众多的考古遗存及环境对象相互区别，针对不同性质和类型的考古遗址及其历史环境的属性、价值、特征进行完整、合理、真实的保护和展示，并根据各分区的不同，采用恰当的保护方式、建设强度和管理制度。

考古遗址的用地规模差异很大，面积跨度由几十公顷到几十平方公里。因而，国家考古遗址公园规划与城市总体规划、土地利用总体规划等各项规划密切相关，甚至交错穿插或相互覆盖，这就需要国家考古遗址公园环境设计在时间、空间和内容上和其他规划相互协调、互补发展。在定性方面主要是资源利用的多重性所引发的课题；在定量方面主要是用地规模、人口规模、开发利用强度所带来的矛盾；在定质方面主要是相关设施等级标准在配置上的众多因素；在经营管理上主要是责、权、利相关的土地管理权限或管理体制等难题；在政策与法规上主要是接点部位的诸多问题。上述协调因素在不同的规划工作中有不同的重点和表现形式，而常见和有效的方式是在用地分区中相互协调。

4.4.1 环境设计分类分区的原则

1. 保护优先原则

国家考古遗址公园的环境分类分区首先应从整体保护控制着手，从考古遗产分布的总体范围入手，根据各个遗址分布区中遗址的主要特点和保护要求，在保护区划内划分出不同的分区等级与类型，制定相应的保护规定与管理要求。在保护区划外划分出不同的功能空间，满足游人的使用和建设要求。

2. 尺度适宜原则

国家考古遗址公园的环境分类分区应与公园的规模、尺度和规划设计的深度相适宜。公园的规模尺度与规划深度将影响规划分区的大小、精细程度与功能特点。规模尺度越小、规划阶段越深，则分区越精细，分区规模越小，分区的特点越鲜明，各分区之间的分隔、过渡、联络等关系的处理也越明确。

3. 完整性原则

国家考古遗址公园的环境分类分区应该维护原有的自然单元、人文单元及其他地物单元的相对完整性。各类分区都应该突出各自的区划特点，同时控制各个分区的适宜规模，提出相应的规划措施，并解决好各个分区间的分隔、过渡与联络关系。

4.4.2　环境设计分类分区的类型

1. 环境设计分类分区的分类策略

要实现遗址的整体保护，环境设计分区分类的范围划定应能满足遗址本体及其环境保护的安全性、完整性，适当考虑遗址地理环境上的相对独立性，并协调遗址环境和立地景观风貌之间的和谐。

国家考古遗址公园的环境设计分区分类要把遗址保护和生态环境建设、经济发展结合起来，合理协调遗址保护与遗址展示利用、遗址保护与考古遗址公园旅游发展等的关系，探讨大遗址、土地和自然环境等综合资源的保护和利用，切实保障保护区划既对遗址进行有效保护，又使设计具有实际管理的可操作性，满足实时保护措施的有效性要求。

2. 环境设计分类分区的分类依据

国家考古遗址公园的环境设计分区分类要依据以下法律法规，以保证其有效性:《中华人民共和国文物保护法》《中华人民共和国城乡规划法》《城市规划编制办法》《中华人民共和国文物保护法实施条例》《文物保护工程管理办法》《全国重点文物保护单位保护规划编制要求》等。

3. 环境设计分类分区的分类类型

根据《中华人民共和国文物保护法实施条例》中的规定，对文物保护单位的保护分区可以分为保护范围、建设控制地带两个部分。但为了保证遗址本体及相关环境的完整性和协调性，在考古遗址公园和城镇建设区之间的过渡地带划定一定的范围作为环境协调区，纳入考古遗址公园的分区建设范围。考古遗址公园环境分区延用文保区划，分为保护范围周边环境建设区、建设控制地带周边环境建设区和环境协调区三个层次，详见表 4-4-1。其中保护范围分为重点保护区和一般保护区，通常建设控制地带划分为 3 类，环境协调区划分为 3 类。根据不同考古遗址公园的具体要求，建设控制地带和环境协调区亦可以划分为 4 类甚至 5 类，本书仅以常规的 3 类为例进行讨论（图 4-4-1、图 4-4-2）。

区划名称	面 积(公顷)		比例(%)
保护范围(BH)	60.74		8.10
一类建设控制地带(JK1)	310.48	353.69	41.41
二类建设控制地带(JK2)	43.20		5.76
一类环境协调区(HX1)	62.47	335.35	8.33
二类环境协调区(HX2)	131.17		17.50
三类环境协调区(HX3)	141.71		18.90
总 计	749.78		100

图 4–4–1 昆山大遗址遗址保护环境分类图

（资料来源：《湖州昆山遗址保护规划》保护区划调整图，浙江省古建筑设计研究院）

图 4–4–2 鸿山遗址环境保护分类图

（资料来源：《鸿山国家考古遗址公园总体规划（2010—2025）》保护区划图，中国建筑设计研究院艺术设计研究院、建筑历史研究所）

国家考古遗址公园环境分区　　表 4–4–1

分区名称	涵盖范围	与遗址距离	保护管理方式	保护管理目标	环境设计原则
保护范围周边环境建设区	遗址本体和周边环境	周围	保护	长久保护遗址本体的真实性、完整性	以突出遗址本体，展示遗址格局为目标
建设控制地带周边环境建设区	遗址历史环境	稍近	控制	长久保护遗址环境的真实性、完整性	以展现遗址风貌、营造遗址历史环境为目标
环境协调区	遗址所处现实环境	稍远	调控	保持遗址周边景观环境风貌	以保持遗址周边景观环境风貌、综合提升环境景观为目标

（1）保护范围

《中华人民共和国文物保护法实施条例》[1] 对文物保护范围进行了说明:“文物保护单位的保护范围，是指对文物保护单位本体及周围一定范围实施重点保护的区域”。“文物保护单位的保护范围应当根据文物保护单位的类别、规模、内容以及周围环境的历史和现实情况合理划定，并在文物保护单位本体之外保持一定的安全距离，确保文物保护单位的真实性和完整性”。

《中华人民共和国文物保护法》[2] 第十五条规定:“各级文物保护单位，分别由省、自治区、直辖市人民政府和市、县级人民政府划定必要的保护范围，做出标志说明，建立记录档案，并区别情况分别设置专门机构或者专人负责管理。全国重点文物保护单位的保护范围和记录档案，由省、自治区、直辖市人民政府文物行政部门报国务院文物行政部门备案”。

保护范围可根据文物价值和分布状况进一步划分为重点保护区和一般保护区。

①重点保护区

一般划定已探明的遗址周边一定区域内为重点保护区。重点保护区内遗址实施原址保护，不得在原址重建；不得进行可能影响遗址本体及其环境安全性和完整性的任何活动；不得进行除保护工程以外的任何建设工程或者爆破、钻探、挖掘等作业；要拆除直接危害遗址本体安全性的建筑物和构筑物；重点保护区内土地使用性质必须严格按照“文物古迹用地”控制，城镇建设用地不得占用。

[1] 《中华人民共和国文物保护法实施条例》（国务院令第 377 号），根据《中华人民共和国文物保护法》制定。国务院文物行政主管部门和省、自治区、直辖市人民政府文物行政主管部门，应当制定文物保护的科学技术研究规划，采取有效措施，促进文物保护科技成果的推广和应用，提高文物保护的科学技术水平，本条例自 2003 年 7 月 1 日起施行。

[2] 《中华人民共和国文物保护法》（2017 年修正）（中华人民共和国主席令第八十一号），2017 年 11 月 5 日起实施。

②一般保护区

重点保护区之外的环境空间保护范围内用地均属一般保护区。一般保护区内一般不得进行除保护遗址必要建设的工程或者爆破、钻探、挖掘等作业；因特殊情况需要进行其他建设工程或者爆破、钻探、挖掘等作业的，必须在充分保障遗址安全性的前提下，报经各级相关部门批准；要整治危害遗址环境历史风貌的建筑物、构筑物和相关过境交通等设施；不得建设污染遗址及其环境的设施，对已有的污染设施，应当限期治理；保护区范围内进行的任何工程活动的土层干扰深度不得超过考古文化层埋深，包括植物种类的根系埋深、固土功能等；恢复遗址历史环境景观的建设必须符合遗址保护要求。

（2）建设控制地带

《中华人民共和国文物保护法实施条例》对建设控制地带的定义如下："文物保护单位的建设控制地带，是指在文物保护单位的保护范围外，为保护文物保护单位的安全、环境、历史风貌对建设项目加以限制的区域"。文物保护单位的建设控制地带，应当根据文物保护单位的类别、规模、内容以及周围环境的历史和现实情况合理划定。

《中华人民共和国文物保护法》第十八条规定："根据保护文物的实际需要，经省、自治区、直辖市人民政府批准，可以在文物保护单位的范围划出一定的建设控制地带，并予以公布。在文物保护单位的建设控制地带内进行建设工程，不得破坏文物保护单位的历史风貌；工程设计方案应当根据文物保护单位的级别，经相应的文物行政部门同意后，报城乡建设规划部门批准"。

建设控制地带根据控制力度和内容可分为：一类建设控制地带、二类建设控制地带和三类建设控制地带。

①一类建设控制地带

一类建设控制地带属于禁建区，规划目标为保护遗址环境，除遗址保护、展示、管理所必需的基础设施和环境修复工程外，不得进行其他任何建设活动。应拆除区域内现有建筑，搬迁人口。控制区内人口容量为0。周边环境的复原和修复按照考古依据和当地生态环境保护要求实施。

土地使用性质应限定为文物古迹用地，在本范围内不应建设对遗址本体及其周边环境的安全性和景观风貌有威胁的设施，不得进行可能影响遗址安全及其环境的活动。一类建设控制地带内的建设工程项目要严格控制开发强度，建设项目的功能性质、高度、体量、色彩等必须符合遗址保护要求和遗址环境景观的和谐要求，不得破坏遗址的景观风貌；遗址周边环境生态景观的保护应与国家生态保护措施相结合，保护和修复遗址周边环境，严禁开展一切破坏自然地形地貌和历史环境的活动。

②二类建设控制地带

二类建设控制地带属于限建区。规划目标是为遗址保护、管理、展示与服务提供必要的经营场所，不得修建与遗址及其历史环境无关的建设项目。与遗址保护、展示、利用相关的设施应该按照遗址展示利用规划的要求建设。建筑的风格样式应与遗址背景环境相协调，色彩宜采用古朴色调。建筑可以修建保护管理服务用房、遗址博物馆、服务中心和管理中心等。

③三类建设控制地带

三类建设控制地带亦属于限建区，规划目标是不得修建破坏遗址及其历史环境的建设项目。建筑的风格与样式宜与遗址背景环境相协调。用地功能为旅游发展或文化用地，其余地块禁止建设工业项目，逐步转型和搬迁现有工业厂房。

（3）环境协调区

《中华人民共和国文物保护法》和《中华人民共和国文物保护法实施条例》中对“环境协调区”并无相关规定，可参照《历史文化名城保护规划规范》中的相关定义：“环境协调区，是在建设控制地带之外划定的以保护自然地形地貌为主要内容的区域”。环境协调区管理要求居民生产生活的各项建设都应当与景观相协调，不得建设破坏景观、污染环境的设施；本区域生态环境承载力应在规划层面予以控制，避免土地资源的过度开发与垦殖。这部分主要是游赏规划区域，可做详细的景观设计，相邻城镇建设用地的发展方向应据此作出相应调整。环境协调区可分为以下三类：

①一类环境协调区：属限建区，重点景观协调，可控制为绿地或农业用地；

②二类环境协调区：属限建区，可建设高档服务旅游设施；

③三类环境协调区：属一般景观协调区，可建设与遗址相关的文化产业园区。

国家考古遗址公园的保护区划是基于遗址保护区划进行划定的。值得注意的是，对于分散布局的遗址群，出于现实可行性考虑，考古遗址公园建设时设计范围往往不能一次性包含整个遗址群规划范围，将分为几片区域分别加以保护，或分近远期实施。此时需要注意明确二者的关系。

以《阖闾城遗址考古遗址公园规划》为例加以说明。

中国建筑设计研究院建筑历史研究所 2010 年编制的《阖闾城遗址保护总体规划》对阖闾城遗址保护区划面积和分区区划设置进行了说明，详见表 4-4-2 和表 4-4-3。

阖闾城遗址保护区划 表 4-4-2

区划名称		面积（公顷）		比例（%）	
保护范围	重点保护区	176.24	442.48	9.3	23.36
	一般保护区	266.24		14.06	
建设控制地带	一类建设控制地带	348.07	633.37	18.37	33.43
	二类建设控制地带	24.40		1.29	
	三类建设控制地带	260.9		13.77	
环境控制区	一类环境协调区	429.54	818.59	22.68	43.21
	二类环境协调区	78.40		4.14	
	三类环境协调区	67.33		3.55	
	四类环境协调区	243.32		12.84	
总计		1894.44		100	

阖闾城遗址保护规划分区说明 表 4-4-3

地块编号	区划名称	使用功能	形象定位	保护与控制措施
BH	保护范围	保护用地	遗址	征地
JK1	一类建设控制地带	遗址背景环境	古胥湖环境模拟复原区	历史环境修复，湿地景观修复，生物群落重建
			山林复原区	禁止建设，封山育林，防火
JK2	二类建设控制地带	遗址博物馆游客服务中心	现代遗址博物馆	保护出土文物
		综合功能区	历史村落景观	控制建筑风格、高度、功能
JK3	三类建设控制地带	旅游休闲建设控制区	旅游休闲建筑	控制建设强度，限定使用功能
		城镇建设控制区	居住建筑	控制建设强度，限定使用功能
HX1	一类环境协调区	文化产业园区	符合遗产价值的文化产业用地或园艺用地	控制景观风貌，控制建设强度，限定使用功能
HX2	二类环境协调区	旅游发展用地	新农村社区	控制景观风貌，控制建设强度，限定使用功能
HX3	三类环境协调区	绿地、农田	绿地	控制景观风貌，限定功能
HX4	四类环境协调区	水域	水域	控制景观风貌，限定功能

在编制的《阖闾城遗址考古遗址公园规划》[2] 中，遗址公园的规划范围为《阖闾城遗址保护总体规划》中所确定的近期开放展示范围，包括大城、小城、已发掘的龙山石室土墩和古胥湖、胥山一带，规模为 411.9 公顷（图 4-4-3）。从图中可以看出阖闾城遗址保护范围跨无锡与武进的行政区划边界。而遗址公园规划范围仅包含部分保护范围与建设控制地带。在《安吉古城考古遗址公园规划》[3] 中也是类似的情况（图 4-4-4）。

4.4.3　环境设计分类分区的功能

国家考古遗址公园环境设计分区就是将各功能部分的特性和其他部分的关系进行深入、细致、合理、有效的分析，最终将考古遗址保护、展示、利用与生态环境保护、农业发展、旅游休闲、新农村建设等有机结合，以促进地方经济、社会、文化的和谐发展。

1. 环境设计功能分区原则

国家考古遗址公园的环境功能分区应突出各区的特点，控制各分区的规模，并提出相应的规划措施和技术要求。各个功能分区之间的分隔、过渡与联系应制定相应的原则标准和措施要求。在功能分区时应重点维护遗址本体和遗址周边环境的自然单元、人文单元、线状单元的相对完整性。国家考古遗址公园的功能分区遵循以下原则。

（1）先进性原则

国家考古遗址公园的环境功能分区应在保护区划要求的基础上进行，适当继承和革新中国传统园林的造园艺术并吸收国外考古遗址公园的先进经验，既要满足基本功能需要，适应地方特色，又要融合时代精神，创造符合时代需求和中国大遗址保护使命的新型考古遗址公园。

（2）游憩性原则

国家考古遗址公园的环境功能分区在保护区划要求的基础上，要兼顾公园的游憩功能，为不同年龄段、不同类型的游客与市民创造多重休闲游憩条件和优美的环境。

（3）因地制宜原则

国家考古遗址公园的环境功能分区在保护区划要求的基础上，应充分尊重现状自然地形与地物边界条件，因地制宜地有机组合分区形态，便于分期建设和日常管理。

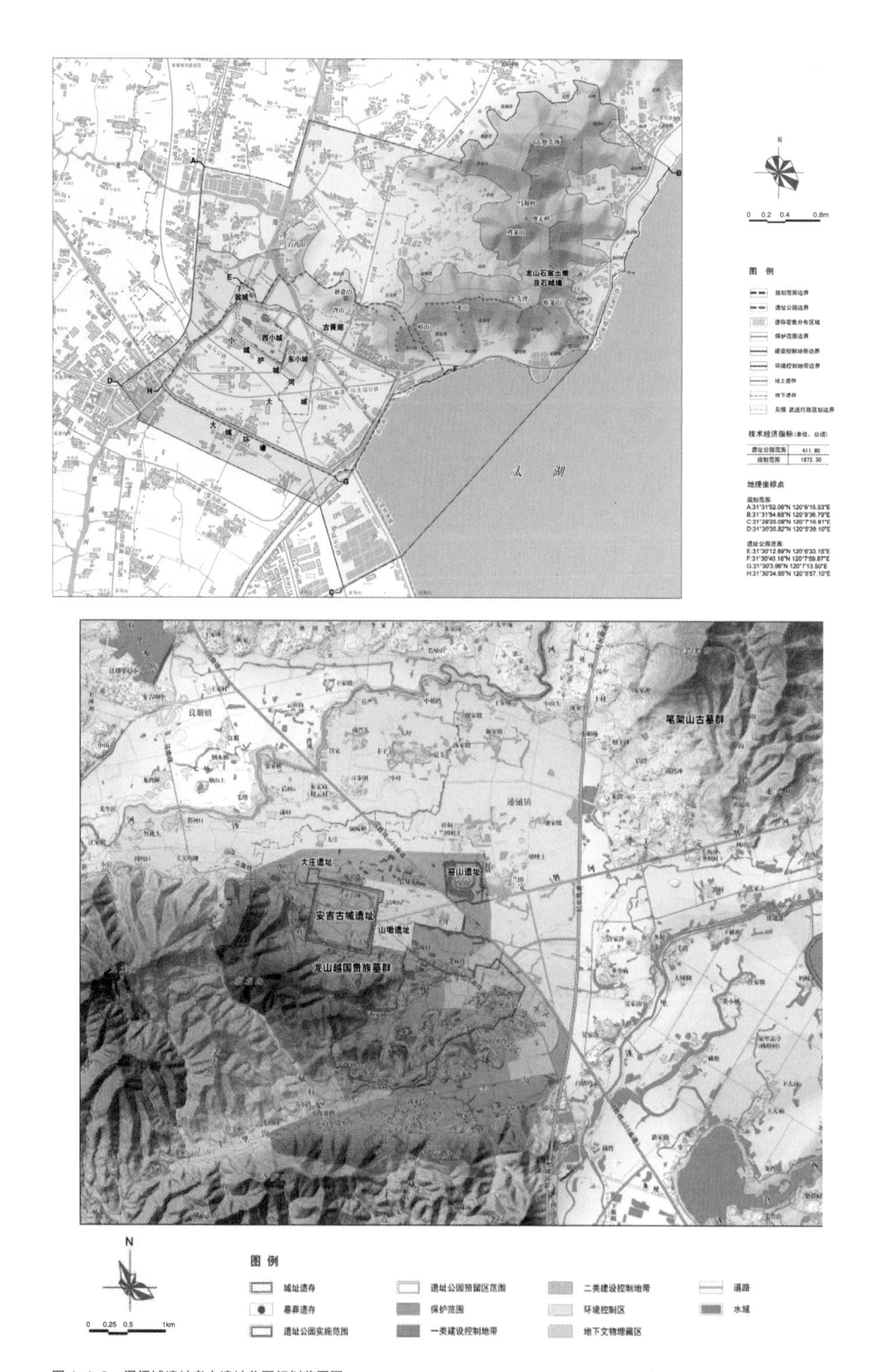

图 4-4-3　阖闾城遗址考古遗址公园规划范围图
（资料来源：《阖闾城遗址考古遗址公园规划（2013-2025）》遗址公园范围图，中国建筑设计研究院建筑历史研究所、环境艺术设计研究院）

图 4-4-4　安吉古城考古遗址公园规划保护环境资源现状图
（资料来源：《安吉古城考古遗址公园规划（2017—2025）》保护区划现状图，中国建筑设计研究院建筑历史研究所、环境艺术设计研究院）

（4）综合性原则

国家考古遗址公园的环境功能分区应在保护区划要求的基础上，协调保护与利用的关系，处理近期规划和远景规划的关系，以及社会效益、环境效益、经济效益的综合协调关系。

2. 环境设计功能分区的内容

根据功能类型，《国家考古遗址公园规划编制要求（试行）》中明确功能分区一般应包括遗址展示区、管理服务区、预留区等，并可酌情细化。

（1）遗址展示区

遗址展示区是以遗址展示为主要功能的区域，仅限于空间位置、形制和内涵基本明确的遗迹分布区域。一般位于遗址保护范围内，是划定用于展示遗址本体节点、历史文化信息与可移动文物等内容的区域。遗址展示区一般包括博物馆展示区、遗址现场展示区、遗址模拟展示区等。

①遗址博物馆展示区

根据在遗址公园内的位置不同，遗址博物馆展示区一般有以下四种选址模式：建在大遗址本体上方、建在国家考古遗址公园保护范围内、建在国家考古遗址公园建设控制范围内、建在国家考古遗址公园环境协调区内。博物馆室外展示区主要分为入口集散广场区、博物馆周边环境协调区、外围景观游览区、停车场等功能区。由于遗址立地区域条件不同，也可分为其他不同的功能景观区。作为遗址展示的重要组成部分，往往也兼顾了管理服务功能。例如，鸿山国家考古遗址公园博物馆区与其他区域的布局关系（图 4-4-5）。

②遗址现场展示区

遗址现场展示区一般位于遗址保护范围内，主要用于展示地面遗址及地下遗址的发掘过程或遗址片段实物。

③遗址模拟展示区

遗址模拟展示区一般位于遗址保护范围、一类建设控制地带和二类建设控制地带内。遗址模拟展示区根据遗址类型可分为遗址原址平面模拟展示、遗址原址体量模拟展示、遗址原址规模模拟展示、遗址原址修复展示、遗址复原展示等。为了避免对遗址可能存在的区域造成潜在威胁，遗址复原展示应选择二类建设控制地带或环境协调区，例如鸿山国家考古遗址公园遗址现场展示区（图 4-4-6）。

（2）管理服务区

管理服务区是集中建设以管理运营、公共服务等设施为主的区域，一般应置于遗址保护范围之外。主要位于二类建设控制地带和环境协调区内，是考古

图 4-4-5　鸿山国家考古遗址公园遗址博物馆环境效果意向
（资料来源:《鸿山国家考古遗址公园总体规划（2010—2025）》遗址博物馆环境展示规划效果图，中国建筑设计研究院环境艺术设计研究院、建筑历史研究所）

图 4-4-6　鸿山国家考古遗址公园遗址现场展示区环境效果意向
（资料来源:《鸿山国家考古遗址公园总体规划（2010—2025）》遗址博物馆展示 I 区环境规划效果图，中国建筑设计研究院环境艺术设计研究院、建筑历史研究所）

图 4-4-7　鸿山国家考古遗址公园功能服务区环境效果意向
（资料来源：《鸿山国家考古遗址公园总体规划（2010—2025）》遗址博物馆区环境展示规划效果图，中国建筑设计研究院环境艺术设计研究院、建筑历史研究所）

遗址公园的配套服务项目所在区域。功能服务区分为公园入口广场及售票管理区、停车场区、餐饮服务区、茶室服务区、旅游纪念品服务区、非物质文化遗产体验区、休闲活动区等。管理服务区通常利用现状建筑控制高度，改造立面和内部结构，将其转化为功能性建筑，一般设置在公园主次入口周边及博物馆展示区附近。功能服务区要与公园主要环路或主要展示路线有机连接，适当均衡地布局在公园周边，为游客提供便利服务。在公园遗址展示区内部或展示路线结合休闲活动场地处适当布置导游咨询点，饮料、饮水及小商品售卖店，旅游纪念品出售点等。这些服务点需要根据其服务半径均匀地布置在公园内部，作为管理服务区的有力补充，满足游客游览时的基本要求（图 4-4-7）。

（3）预留区

预留区是考古工作不充分或暂不具备展示条件的区域。预留区内以原状保护为主，不得开展干扰遗址本体及景观环境的建设项目。

除此之外，规划区域内具有重要的自然、人文社会资源的，可划定专门的相关资源展示区。相关资源展示区应符合相关行业规划保护要求，并与遗址展示区相协调。还可根据遗址条件设立历史环境展示区，用于展示遗址周边历史环境与立地自然风貌。历史环境展示区主要位于建设控制地带和环境协调区内，历史环境展示区根据遗址类型和立地自然条件，可以分为考古遗址历史环境修复展示区、野外模拟考古展示区、生态环境展示区、特色地形地貌展示区和生态农业展示区等。在《阖闾城遗址考古遗址公园规划》[2] 编制过程中就合理地预留了大面积的保护区域（图 4-4-8）。

《汉长安城国家考古遗址公园未央宫片区详细规划》[4] 依据空间的使用要求和考古工作现状，将规划范围划分为遗址现场展示区、考古工作现场区、边界区、空间联系区、空间过渡区、空间隔离区和入口服务区 7 大功能区（图 4-4-9）。各区的规划特征和面积指标详列如表 4-4-4 所示。

汉长安城考古遗址公园未央宫片区环境功能分区 **表 4-4-4**

分区	内容	功能	面积（公顷）	比例（%）
遗址现场展示区	遗存格局较为清晰、遗存信息较为丰富、经过系统考古勘探和发掘工作的区域，是遗产价值展示和诠释的重点区域	遗产价值展示	318.3	37.1
考古工作现场区	建筑占压的重要遗存可能分布区，未来通过深入的考古工作可完善或纠正对遗产价值的认识，并逐步转换为遗址现场展示区	即预留区	277.9	32.4
边界区	由直城门大街、安门大街、南城墙和西城墙四条具有明确边界示意和一定宽度的线性遗存组成的区域	边界示意	62.6	7.3
空间联系区	边界区和宫墙所夹的去除考古工作现场区和武库遗址区的剩余区域	未央宫内、外空间形态差别的重要联系	67.0	7.8
空间过渡区	空间隔离区与边界区之间所夹区域	提示游客即将进入遗址空间	52.7	6.1
空间隔离区	由迁移杨树林组成的空间隔离带	阻断城市空间和遗址空间	74.6	8.7
入口服务区	西安门、直城门和章城门外的三个入口服务区，其中西安门外入口服务区含遗址博物馆	综合管理服务	5.28	0.6

（资料来源：《汉长安城遗址国家考古遗址公园未央宫片区详细规划（2012—2018）》，中国建筑设计研究院建筑历史研究所、北京北林地景园林规划设计院、中元工程设计顾问有限公司）

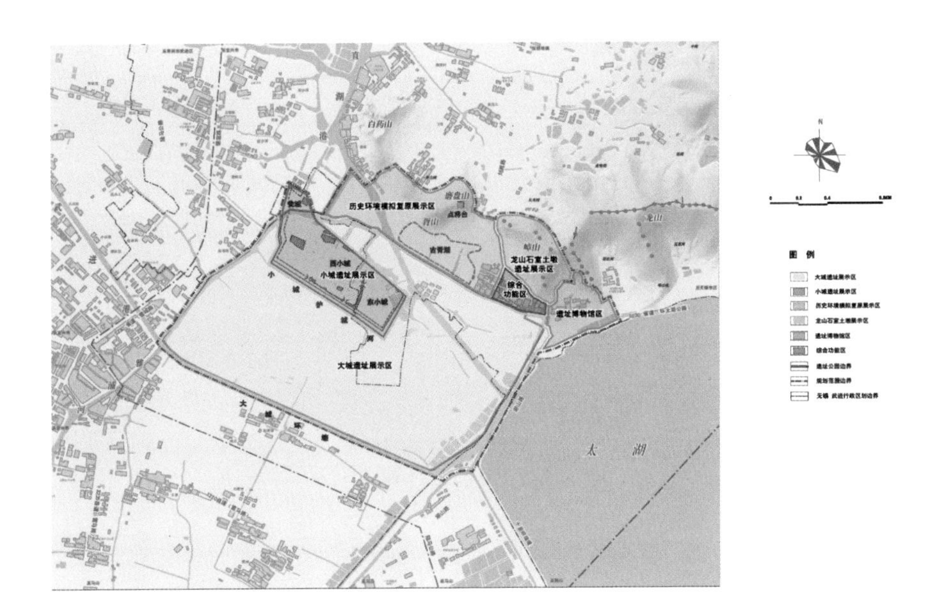

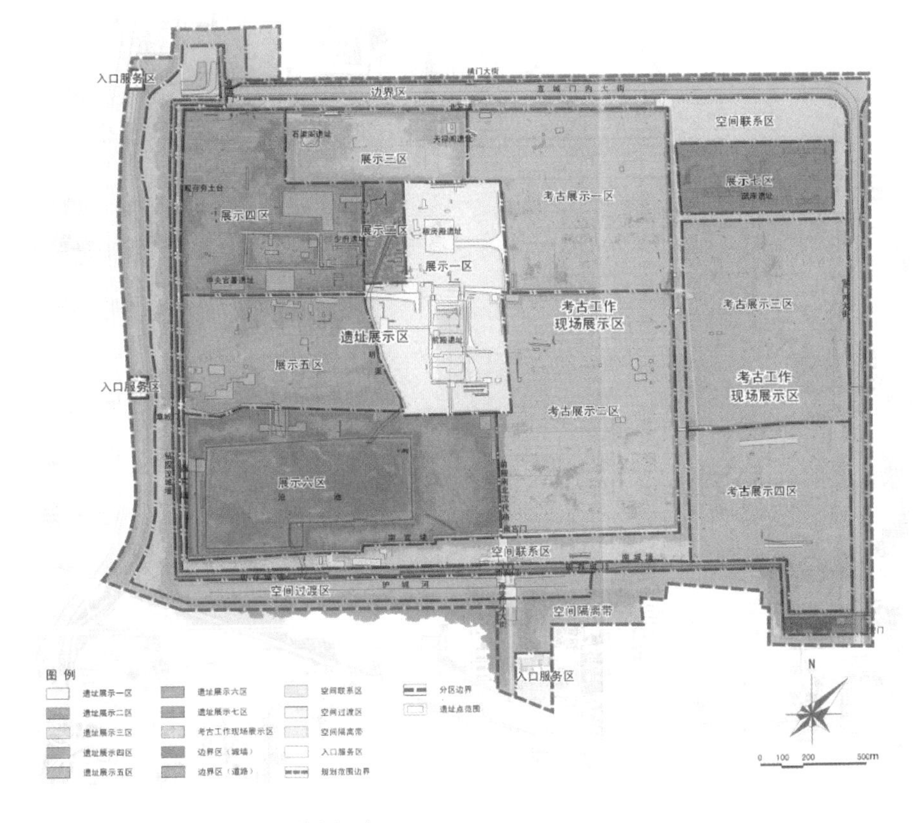

图 4-4-8　阖闾城遗址公园功能分区环境方案设计
（资料来源：《阖闾城遗址考古遗址公园规划（2013—2025）》功能分区规划图，中国建筑设计研究院建筑历史研究所、环境艺术设计研究院）

图 4-4-9　汉长安城考古遗址公园未央宫片区功能分区图
（资料来源：《汉长安城遗址国家考古遗址公园未央宫片区详细规划（2012—2018）》展示分区规划图，中国建筑设计研究院建筑历史研究所、北京北林地景园林规划设计院、中元工程设计顾问有限公司）

第 5 章

“大拙至美”
——国家考古遗址公园人文环境保护设计

5.1

国家考古遗址公园人文环境的内涵、意义与要素

5.1.1 人文环境的内涵

人文环境与自然环境的概念相对，专指由于人类活动不断演变的社会大环境，是人为因素造成的、社会性的，而非自然形成的。人文环境是体现文化多样性不可替代的资源，大遗址人文环境的独特性和不可再生性，决定了对人文环境必须进行严格的保护，以实现国家考古遗址公园的可持续发展。

中国的大遗址多数遗存较少，观赏价值不高，近一半没有进行有效的保护展示，在保护展示的大遗址中，仅有 7% 的方式和内容满足社会和公众的需求。“国家考古遗址公园”把大遗址的保护展示提高到了前所未有的地位。保护展示规划是国家考古遗址公园规划建设中重要性和科学性极强的核心工作，是最具有特色和价值的部分。可以说，考古遗址公园和考古遗址保护规划的最大区别之一就在于“展示”二字上，能最大限度地实现大遗址保护利用成果的“全民共享”。大遗址保护应跳出文物保护单位保护理念的局限，将视野放至大遗址所存在的区域范畴，从人文景观的核心价值观念出发，将其与周边环境视为一个整体，从宏观角度审视，其中的每一个物质要素（包含文物、遗址、村落、农田、树林、道路、构筑物等）和非物质要素都是大遗址人文环境的构成。

国家考古遗址公园的保护展示以遗址本体及周边环境的客观性和真实性为前提，以传递大遗址的历史、文化、科学、教育等价值为目的，引领观众认知历史、感受历史、增强民族凝聚力和自豪感，使公众积极参与到保护大遗址的工作中来，有助于实现中国大遗址保护从政府到公众自上而下的保护体系。

国家考古遗址公园的保护展示应将保护工作放在第一位，通过谨慎研究，选择那些具有展示条件和展示价值的遗址进行适当展示。由于大遗址的特征性质、平面布局、遗存形态、材料类型、保护现状、周边环境等客观条件不同，考古遗址公园的保护展示是一项科学性和针对性很强的专题研究工作。

国家考古遗址公园的保护展示应体现“大美无言”的内敛、沉稳的哲学

思想，采取严谨科学的态度，集思广益，通过深入分析、谨慎研究、反复酝酿，最终形成既符合遗址保护要求，又满足展示需要的独具特色的国家考古遗址公园保护展示体系。

从系统和整体的视角看待大遗址问题，更有助于打破传统静态保护的限制或过于强调开发利用的误区，协调大遗址内部与周边地区的可持续发展，引导和管理大遗址区域的动态演变过程，促进其价值与特色的彰显。因此，作为历史遗址区域的重要组成部分，大遗址人文环境的保护与营建方式对于系统的整体价值有着至关重要的意义。

5.1.2 人文环境的意义

1. 是体现大遗址真实性的重要方面

《威尼斯宪章》确立了遗产保护的基本原则，即真实性（Authenticity）与完整性（Integrity），也是验证世界文化遗产的重要原则。

尤嘎・尤基莱托（Jukka Jokilehto）与赫伯・斯托弗（Herb Stovel）在挪威卑尔根（Bergen）国际古迹遗址理事会（ICOMOS）会议的讨论中提出：“真实性可以存在于一个基地与其环境之间有形或无形的重要关系能被界定的程度中，这些关系可以有几种形式——一个特定的基地与其紧邻的周边（或环境）的关系，基地与形成周边环境特性的使用模式之间的关系，以及基地与更大范围环境的场所精神之间的关系”。大遗址周边在不同历史时期的人工建设与生产经营改变了其所依托的历史环境，但也是环境真实性的组成部分，应该在评估对目前城乡发展的适应性以及是否对文物造成破坏的基础上，给予它们适当的尊重与合理保护。

2. 是突出城市文化特征的重要途径

中国建城年代较早、历时较长的古都，在城市规划的过程中保留下来一些较大型的文化遗址，通过城市规划的手段将遗址保护与城市发展布局相结合，从而在城市中形成国家考古遗址公园带，提升城市的生态环境和文化品位。国家考古遗址公园整体文化内涵的揭示还可以使城市文化内涵的建设取得突破性进展，把最负盛名、最令人难忘的遗址进行妥善的保护与合理的展示，将产生震撼人心的景观，展示出其他城市所不具有的独特文化特色。文化影响力是城市在区域竞争中的“软实力”，而大遗址拥有独特的文化资源，规划好、保护好、利用好、展示好这些文化资源，对于摆脱当下“千城一面”的城市规划形态、丰富城市文化内涵、满足居民精神文化需求具有重要作用。

5.1.3 人文环境的要素

“人文”是一个动态的概念。《辞海》中这样写道：“人文指人类社会的各种文化现象”。人文环境的要素也可以理解为文化的要素。在《中国大百科全书·社会学》中，文化的概念泛指“人类所创造的一切物质产品和非物质产品的总和”。文化的要素主要包括精神要素、语言和符号、规范体系、社会关系与社会组织，以及物质产品。

1. 精神要素。即精神文化，“主要指哲学和其他具体科学、宗教、艺术、伦理道德以及价值观念等”；其中尤以价值观念最为重要，是精神文化的核心。精神文化是文化要素中最有活力的部分，是人类创造活动的动力。

2. 语言和符号。二者具有相同的性质即表意性，在人类的交往活动中，二者都起着沟通作用。语言和符号还是文化积淀和贮存的手段。人类只有借助语言和符号才能沟通，只有沟通和互动才能创造文化。而文化的各个方面也只有通过语言和符号才能反映和传授。能够使用语言和符号从事生产和社会活动，创造出丰富多彩的文化，是人类特有的属性。

3. 规范体系。规范是人们行为的准则，有约定俗成的（如风俗等），也有明文规定的（如法律条文、群体组织的规章制度等）。各种规范之间互相联系，互相渗透，互为补充，共同调整着人们的各种社会关系。规范体系具有外显性，了解一个社会或群体的文化，往往是先从认识规范开始的。

4. 社会关系和社会组织。社会关系是上述各文化要素产生的基础。社会关系的确定，要有组织保障。社会组织是实现社会关系的实体。社会关系和社会组织紧密相连，成为文化的一个重要组成部分。

5. 物质产品。“经过人类改造的自然环境和由人创造出来的一切物品，如工具、器皿、服饰、建筑物、水坝、公园等，都是文化的有形部分”。

5.2

国家考古遗址公园人文环境保护设计的意义与内容

5.2.1 人文环境保护设计的意义

1. 扭转遗址人文环境的消退局面

一方面，国家考古遗址公园的原生人文环境非常脆弱，经过历朝历代战争的破坏和近些年快速城镇化的影响，多数早已破坏殆尽。传统的遗址保护理念侧重遗址本身的保护而轻视遗址人文环境的保护，致使很多地方在区域的经济建设浪潮中，能够保护遗址本身已属不易，遑论人文环境的保护。

另一方面，一些地方政府为缓解遗址保护与利用之间的矛盾，弥补遗址保护经费亏缺，将遗址作为一种资源平台，大力发展旅游业，但传统的设计理念和对遗址保护的局限认识所打造的遗址旅游与真实的人文环境相差甚远，破坏了遗址的真实性，致使大遗址历史环境在社会的前进中逐渐消退。

人文环境保护规划需要从源头扭转大遗址人文环境消退的局面，提高国家考古遗址公园的内涵。

2. 提升国家考古遗址公园保护的完整性

国家考古遗址公园的建设过程，是实现遗址整体保护的过程，大遗址的保护，绝不仅是指对大遗址本体的保护，而是通过规划等各种有效手段保护和管理周边环境，追求大遗址自身与周围景观的和谐一致；大遗址的保护绝不是分散的保护，必须通过整体保护，揭示文化内涵，全面展示其完整的文化意义。

2003 年联合国教科文组织通过《保护非物质文化遗产公约》，基于对无形文化遗产重要性的考虑，强调将“被各社区、群体，有时是个人，视为其文化遗产组成部分的各种社会实践、观念表述、表现形式、知识、技能以及相关的工具、实物、手工艺品和文化场所”作为非物质文化遗产，与物质文化遗产一同进行保护。

2005 年通过的《西安宣言》中指出，“除了实体和视觉方面的含义之外，周边环境还包括与自然环境之间的相互关系；所有过去和现在的人类社会和精神实践、习俗、传统的认知或活动、创造并形成了周边环境空间的其他形式的非物质文化遗产，以及当前活跃发展的文化、社会、经济氛围”。

由此可见，针对大遗址环境的保护理念已经由过去的单一自然环境的保护上升到自然环境、人文环境的双重保护，提升了大遗址保护的完整性。

5.2.2 人文环境保护设计的要点及类型

1. 人文环境保护设计的要点

（1）保护与展示的和谐统一

国家考古遗址公园的保护展示以遗址本体及周边环境的保护为前提，确保保护与展示的和谐统一，实现遗址可持续发展。要保证保护展示的依据可靠、方法合理、结构清晰。良好的遗址保护展示还依赖于考古遗址公园范围内的环境整治，整治危害遗址安全、破坏遗址历史风貌的建筑物、构筑物，改善国家考古遗址公园内的生态自然环境、历史环境和人文环境，最大限度地为考古遗址公园的建设提供良好的规划基础。

（2）真实客观地反映遗址价值

国家考古遗址公园保护展示方式和内容的选择，要建立在充分勘察研究的基础上，最大限度地尊重历史、客观真实地反映遗址价值。基于我国大遗址的多样性，大遗址的保护与展示方式手段也必然存在差异性，需要细化论证和分类研究，避免考古遗址公园单一化、同质化的倾向。

例如广州南越国宫署遗址，通过考古勘探发现了 5 米深的文化层中叠压了自秦汉到民国 12 个朝代的遗迹和遗物，这些承载了丰富内涵的遗址遗物是广州 2000 多年发展史的实物见证。专家认为每一个朝代的叠压地层都承载着属于那个朝代的文化信息，遵守“真实客观地反应遗址价值”的原则，不应该将保护展示的目标停留在其中某一地层上，“不能只保留‘单页’，而必须保留‘整部’历史。”[1] 这样才能最大限度地保持遗址原状及其承载的历史信息。

（3）多学科、多手段结合

随着科技的进步，人们对大遗址日益重视，认识的深度和广度都有了较大幅度的提高，国家考古遗址公园的保护展示不再局限于单一的学科，而是多学科、多专业、多部门的合作，极大地扩展了大遗址的保护展示方式，并成为未来国家考古遗址公园保护展示的发展趋势。保护展示的目标人群从面向专业工作者扩展到公众的广泛需求，包括普通观众、有一定知识背景和特殊兴趣的观

[1] 单霁翔 . 实现考古遗址保护与展示的遗址博物馆 [J]. 博物馆研究，2011，1：3-26.

众以及残疾人士等各类人士的特殊需求；保护展示内容从单纯的文物展示延伸到遗址本体与周边环境保护展示、遗址博物馆展示、非物质文化遗产与物质文化遗产保护相结合的保护展示等；保护展示方式也从最初的“原地回埋、地下封存”扩展到露天保护展示、回填保护展示、覆盖保护展示、遗址重建、遗址模型复原等多种方式。

（4）注重对遗址工艺和材料的研究

采取各类手段对遗址进行保护展示，要建立在对大遗址材料的选择、加工、制作、砌筑、粘接等各种工艺问题的深入研究上，这样才能保证保护展示过程中的正确归安、恰当补做、适度复原。相应的，在遗址博物馆的外部空间设计方面也要注重对遗址材料的研究。

（5）保护展示留有余地

大遗址保护性展示所采用的方式和手段都是基于目前的认知和技术水平，但国家考古遗址公园的建设是一个长期的动态过程，对大遗址的认知深度、技术水平、社会需求必然随着时间的推移而产生新的变化。因此遗址保护展示要留有余地，尽可能采取可逆、可还原的方法，以方便未来采用更新、更科学的技术手段。

2. 人文环境保护设计的类型

国家考古遗址公园的保护设计类型大致分为遗址本体保护展示（包括就地展示和迁移展示）、遗址周边环境保护展示（包括自然环境展示和非物质文化遗产展示）、遗址博物馆保护展示、考古工作保护展示四类。同一个遗址可以具有不同的保护展示方式，任何方法都有正反两面性，究竟什么样的方式是最恰当的，需要规划设计单位与国家主管部门、有关专家的反复探讨、斟酌。

2011 年 11 月，被誉为“价值堪比马王堆汉墓现”的长沙潮宗街古城墙在长沙万达公馆工地被发现，一场关于如何保护这段古城墙的讨论在全国展开。湖南省文物局、长沙市政府先后召开过 5 次专题会议、4 次专家论证会进行探讨，提出“原址保护”“原址抬升保护”和“回填保护”三个备选保护方案，并于 2012 年 2 月中旬报送国家文物局，最终的保护方案是“选取历史文化信息最为丰富的一段 23 米长的古城墙进行原址保护,其余则进行异地迁移保护”。这是目前基于文物保护、地质结构、汛期防洪与附近地下工程的关联、开发商经济投入等多种因素考虑权衡的结果。在这次保护古城墙的过程中，民众看到了政府、企业、文保人士所做的种种努力，但最终的结果仍反映出我国城市大遗址保护与展示方式的困境。

我们对考古遗址的保护展示有很长的路要走，尽管现在的遗址保护展示方法受到各方面的争议，但我们要承认的是，大多数参与遗址保护展示的主管部门和专家的出发点是好的，他们毕竟在自己的认知上尽最大的努力参与大遗址的保护展示工作。考古遗址本体的保护展示需要全民共同参与，有争议是一个可喜的现象，说明大遗址保护和考古遗址公园的建设正引起全社会的高度关注。从这方面来看，大遗址和考古遗址公园的未来之路是一个艰辛而又充满希望的过程。

5.2.3 人文环境保护设计的主要内容

1. 遗址本体保护展示

遗址本体保护展示指遗址自身及其所承载的历史文化信息的保护性展示，包括露天保护展示、回填保护展示、覆盖保护展示、修复保护展示、遗址重建展示、遗址模型复原展示、异地搬迁保护展示等多种方式。

1）露天保护展示

露天保护展示即将遗址本体置于露天条件下，按其原样不采取任何人工遮蔽保护手段，直接面向公众展示的一种方式。采用露天保护展示的通常是规模宏大、材质构造抗自然破坏力强、与周围环境融为一体才能更好地反映价值的遗址，在遗址所在地缺乏保护经费的情况亦采用这种方式。城墙、宫殿、寺庙、石窟、陵墓、大型工程类遗址多采用露天保护展示的方式。露天保护展示分为设施维护、现状加固、修缮维护、废墟展示四种方式，如阿房宫台基遗址的露天栏杆保护（图 5-2-1）。

2）回填保护展示

回填保护展示是指在遗址考古发掘后，采用恰当的材料和方式回填覆盖，加以保护和展示。回填保护展示多用于考古发掘技术、遗址保护技术以及财政投入有限制的情况。需要注意的是，在遗址本体和回填的材料中间应采用对遗址本体无破坏作用的细砂或特殊材质的薄膜分开，等再次发掘清理遗址时，才能够很容易地把遗址的原貌揭露出来。目前，回填保护对夯土、土坯遗址来说是最有效的一种办法，例如，殷墟遗址在发掘后大部分都采用了回填保护的模式。回填后的保护展示分为示意保护展示、模拟保护展示两种方式。

（1）示意保护展示

示意保护展示，即在回填保护的遗址表层采用绿化标识或碎石标识的方法标示出地下遗址的分布范围和简单格局。

图 5-2-1　石质栏杆围护阿房宫台基遗址

①绿化标识方法

在遗址回填表层采用种植浅根系灌木地被或铺设草皮的方法，使地下遗址范围和格局一目了然。殷墟王陵遗址采取的就是典型的绿化标识法。殷代国王构筑的“亞”字形大墓椁室，形制比较复杂，相对于一般的方形、中字形、甲字形陵墓较为少见，专家认为这种“亞”字形墓室象征着贵族社会的礼制建筑。在回填后，采用种植灌木的方式在地表勾勒出“亞”字形墓室的轮廓，从中可以窥见殷代王陵的基本形制（图 5-2-2）。

②碎石标识方法

在遗址回填表层采用不同颜色的碎石标记遗址的范围和形状，让人们清晰地看到遗址在地下的分布和形制。汉长安城未央宫中央官署遗址即为回填后通过不同颜色的砾石标识建筑、连廊与庭院等空间，展示遗址格局（图 5-2-3）。

（2）模拟复原保护展示

基于对考古资料和文献资料的充分研究，在回填后的遗址表层按遗址原貌进行复原的一种方法，因遗址而异。考古与文献证据较多、研究较充分的遗址可完整模拟复原全貌，其余遗址可局部模拟复原，模拟复原应是可逆的。

被称为“汉长安城宫殿遗址最重大发掘成果”的桂宫二号遗址，就采用模拟复原的方法展示遗址。专业人员对已发掘的遗址进行了详细测量，包括大小、深度、布局乃至每一个铺地砖、每一个石块的位置。遗址回填保护后，在原遗址上覆盖了 1.5 米厚的土层，按照 1∶1 的比例予以科学复原。复原后的遗迹面积约 6000 多平方米，四周以栅栏墙围护，长约 80 米、宽约 60 米的大殿台基突兀于地面之上，200 多个柱础洞分布在四周。宫殿的台阶，水井，渗井，水道都按照原物进行了模拟布置。台基下还以卵石或石片砌成了檐下散水，廊道铺有仿汉花砖，清晰地反映出当时宫殿的建筑布局和风格（图 5-2-4）。

3）覆盖保护展示

覆盖保护展示即在遗址上方修建封闭或半封闭的建筑物或构筑物，最大限度地保护遗址不受外界自然环境的威胁，同时方便在室内采用各种高科技手段对遗址进行有效保护展示的一种方式，覆盖保护展示是目前最常见的遗址保护方式之一。在建筑物或构筑物的建设过程中要谨慎研究，避免建设活动对遗址本体的破坏，可尝试参考国外做轻型玻璃展示结构。覆盖保护展示包括封闭覆盖保护展示、半封闭覆盖保护展示和洞穴覆盖保护展示。

（1）封闭式覆盖保护展示

封闭式覆盖保护展示即在遗址之上修建博物馆或展示厅等封闭建筑或构筑物，以保护遗址不受自然风雨侵蚀，为遗址保护展示创造良好的人工环境，为

图 5-2-2　殷墟王陵遗址绿化标识示意

图 5-2-3　汉长安城未央宫中央官署遗址碎石标识示意
（资料来源：中国建筑设计研究院建筑历史研究所、陕西省文物遗产研究院）

图 5-2-4　汉长安城桂宫二号遗址模拟复原展示
（资料来源：陕西古建园林规划设计研究院）

观众提供全天候服务的遗址保护展示方法。

遗址博物馆、秦始皇陵兵马俑遗址博物馆、阳陵遗址博物馆等直接建在遗址上的博物馆都采用了封闭的保护展示方式。西安大明宫丹凤门（唐大明宫中唯一建厅保护建筑）即是一例，专家在丹凤门遗址上方采用轻钢结构复原丹凤门形象，作为丹凤门遗址的保护罩，以确保遗址不受破坏（图 5-2-5）。

经过考古发掘，最终选择了 5 处意义典型、可视性好、有益于进一步研究和探讨的汉阳陵宗庙遗址作为保留区。将遗址局部复制上移，并采用金属支架和透明钢化玻璃覆盖的方式，形成半封闭的玻璃厅舍，让游客领略到西汉宗庙建筑的宏大气势，使这一珍贵遗址得到有效保护（图 5-2-6）。

长期以来，四川省广元市的千佛崖遭受雨水和风蚀损害相当严重，2008 年的汶川大地震更使其保存状况变得雪上加霜。广元市政府对比广泛采纳意见，在国家文物局和专家的指导下，决定依山就势建设一座半封闭的保护建筑，将千佛崖覆盖起来。该保护建筑力求在覆盖佛龛的同时，与整个摩崖融为一体。保护设施采用轻质的钢结构悬臂体系获得结构的稳定性，与崖体完全脱开，不碰触摩崖造像本体，以实现文物保护措施“可逆”和“最小干预”的原则。“保护罩”外表采用了半封闭的瓦幕体系，确保在为摩崖造像遮风挡雨的同时，仍具有良好的通风性能，外立面上以窗洞模拟佛龛的形态，反映出主要洞窟的分布（图 5-2-7）。

此外，为了保护正在发掘的遗址，同时进行考古工作现场展示，经常采用半封闭式覆盖展示。

（2）洞穴覆盖保护展示

地穴展示非人力后期所为，而是自然岩洞遗址或者陵墓类遗址自身存在的方式，例如，唐永泰公主墓和清十三陵地宫遗址。

4）修复保护展示

修复保护展示，即以考古发掘研究的科学资料为依据，在最大限度地保证遗址原真性的情况下，将倒塌、散落、破碎的遗址归整回原位或将其修补复原到一定程度的方式。修复保护的目的是最大限度地保护历史肌理、历史信息和保护实物的原状。常见的有陶瓷修复、书画修复、古籍修复等，在遗址保护中常用于城墙、古建筑等。修复保护为公众再现了一个形象的感官认识，是一种对普通观众来说比较直观的保护展示方式，采用修复保护展示方式时要遵循真实性原则，防止以假乱真和不负责任的现象。

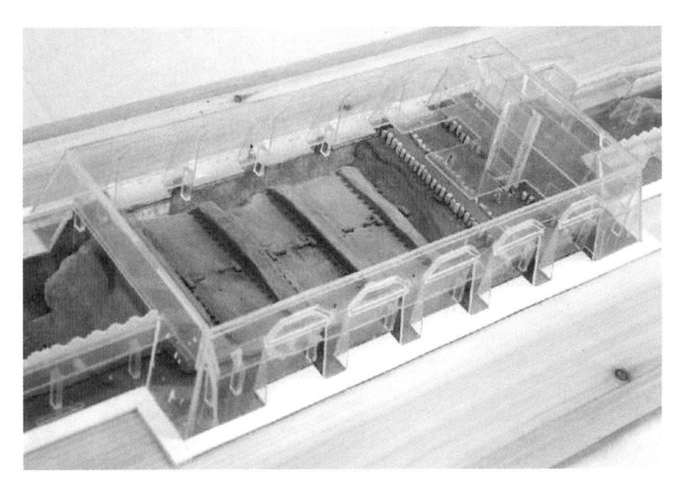

图 5-2-5 西安大明宫丹凤门复原内部空间模型
（资料来源：国际古迹遗址理事会西安国际保护中心）

图 5-2-6 汉阳陵宗庙遗址采用玻璃钢覆盖
（资料来源：圆明园管理处）

图 5-2-7 广元千佛崖保护建筑

图 5-2-8　圆明园二宫门复原模拟图
（资料来源：清华大学数字遗产团队成果数字圆明园）

5）遗址重建展示

遗址重建更多是针对单体或小规模组群的建筑物或构筑物采取的一种保护展示方式，即根据考古资料在遗址原址或异地进行复原重建。同修复保护展示方式一样，重建也必须慎之又慎，相关研究要充分。重建分为建筑部分复原重建、建筑整体复原重建和异地重建三种方式。

（1）建筑部分复原重建

建筑部分复原重建是指在原址复原建筑的一部分，比如，单体建筑结构或整个建筑群的一部分建筑，重建的部分与遗址形成强烈对比，给人以深刻的印象。例如，由于国家文物局禁止在西安大明宫紫宸殿遗址上重建，所以在地面做了隔离层后，其上覆盖土层种植树木，修剪植物形成紫宸殿的意象，通过轻钢和原木勾勒出宫殿轮廓，形象非常丰富。这种轻钢与树木结合的展示设计富含回归自然的意义，在遗址保护展示历史上也很少见。

（2）建筑整体复原重建

建筑整体复原重建是指采取一定的原址保护措施，在原址上按照考古资料和文献资料重新恢复建筑外观的保护展示方法。整体复原重建能给人清晰完整的意向，方便人们了解遗址及其建筑的内部空间结构。

圆明园二宫门景区的重建就是典型的建筑整体复原重建。圆明园二宫门（即长春园宫门）是乾隆皇帝曾经御用的等级最高的皇家园林宫门，于 1986 年毁于英法联军入侵的浩劫中。历经三年考古勘探后，2006 年国家文物局批准二宫门重建，在充分研究档案资料，并参考颐和园、故宫、承德避暑山庄等现存同类建筑的结构图案、整体形象等特点的情况下，对二宫门进行了重建（图 5-2-8、图 5-2-9）。

图 5-2-9　复建的圆明园二宫门

（3）异地重建

异地重建是指遗址建筑或构筑物原基址具有较高的艺术成就和历史意义，需要完整地保存展示，同时建筑或构筑物本身具有重大的研究价值和历史意义，需要整体复原。这种情况下，应先选择合适位置，经钻探确认下面没有遗迹，再对建筑物（构筑物）进行重建。

唐大明宫麟德殿位于大明宫内廷，是迄今所见最复杂的唐代建筑组群。麟德殿殿基遗址保存完好，具有较高的研究价值。目前遗址封闭在砖石砌体内，隔绝了人为和自然力的影响，实现了有效保护；同时采用复原模拟遗址整体布局，通过展示窗揭露局部遗迹（图 5-2-10）。现有的展示方式能够使游客感受到遗址的宏大，但却无法详细了解建筑本身的价值，因而近年来人们不断研究异地重建的展示方式，未来也许真的会有一座异地重建的麟德殿供游客观赏（图 5-2-11）。

图 5-2-10 唐大明宫麟德殿遗址

图 5-2-11 唐大明宫麟德殿模型

6）遗址模型复原展示

遗址模型复原展示包括在遗址附近选择下方经勘查不存在遗址的地方进行整体风貌的微缩模型建设，以及通过声、光、电等科技手段复原数字模型。依据文献和考古勘探资料复原搭建模型，便于人们从宏观整体把握遗址的博大气势，多用于宫殿群、城址等特大型遗址。

西安大明宫遗址为了全面展示唐代大明宫的规制格局，根据史料记载、考古勘探和中国文化遗产研究院科学复原成果，在考古遗址公园内建设了一个 1∶15 比例的全景大明宫微缩模型，充分展示了唐大明宫的历史规模格局和环境地貌全景（图 5-2-12）。

圆明园的“数字圆明园”工程也是遗址整体模型复原的典型案例。根据史

图 5-2-12　唐大明宫微缩模型

料考证，将圆明园当年胜景通过计算机数字模型建立起来，再通过各种光学显示，将这些数字模型叠加到现存的废墟上，用立体显示技术真实地再现圆明园当年的华丽面貌，精致地还原每一个景点及细节，让现代人都能领略“万园之园”的风采。高科技复原遗址是一种全新的遗址保护展示手段，目前已越来越多地应用于遗址展示（图 5-2-13）。

7）异地搬迁保护展示

当遗址在原处保存展示困难时，必要的条件下，就需要对遗址进行异地搬迁保护展示。

殷墟遗址西部边缘处发掘的大型车马坑是迄今为止出土的中国商代葬车最多的车马坑，包括 5 辆商代马车和 10 具马匹，对研究殷墟的车制、车的用途和整个车马制度都非常珍贵。这批车马坑位于安钢厂区内，四周都是车间，不利于保护。经国家、省、市文物部门会同国内权威专家论证，最终对殷墟大型车马坑实行异地迁移保护（图 5-2-14）。

8）遗址博物馆保护展示

遗址博物馆是一种全新的博物馆形式，除博物馆普遍具有的“搜集、保存、修护、研究、展览、教育、娱乐”七大功能外，更重要的是对遗址的保护与展示，以及为考古工作者的发掘研究工作提供良好的工作场所。遗址博物馆从建筑选址、建筑形制与规模、展示内容、保护对策和要求都不能等同于一般博物馆的建设，要充分考虑遗址格局、遗存情况以及与之相关联的环境的融合等多方面问题。“保护”是遗址博物馆的第一要义，不能让遗址博物馆的建设影响到遗址安全，不能让遗址博物馆的形式喧宾夺主地影响遗址的周边环境。因此在遗址考古发掘工作进行的同时，就应认真考虑是否需要建设遗址博物馆、如何建设、如何管理、如何使其具有生存延续的可行性等，如雅典卫城博物馆和西安半坡遗址博物馆（图 5-2-15、图 5-2-16）。

2. 构建大遗址文化保护安全格局

人文景观（即文化景观）作为人类文化与地理环境相互作用的产物，是一定历史时期经济、政治和社会发展的结晶。美国地理学大家塞尔（Carl Ortwin Sauer）在 20 世纪 20 年代创立了著名的文化景观学派——伯克莱学派，认为文化景观是自然和人文因素复合作用于某地产生的，随人类的行为而不断变化。通过将一定空间范围内具有历史、文化、科学与审美价值的关键性节点、联系通道等文化资源串联在一起，构成对人文环境的保护具有重要作用的文化安全格局。一定区域范围内强调广阔的空间和时间尺度，在空间上并不局限于某一地段，在时间上并不局限于某一历史时期；格局中的要素应具有一定的等级结

图 5-2-13　数字圆明园
（资料来源：清华大学数字遗产团队成果数字圆明园）

图 5-2-14　殷墟车马坑异地搬迁保护
（资料来源：桂娟．安阳拟对殷墟车马坑进行集中保护展示，新华网，2006，12）

图 5-2-15　飘在遗址上的建筑
（资料来源：李坚．雅典卫城博物馆 [J]. 世界建筑，1993，3）

图 5-2-16　西安半坡遗址博物馆内景
（资料来源：西安半坡遗址博物馆）

构，其中价值更重要、保护意义更关键的要素等级更高。

3. 构建大遗址文化遗产廊道

“遗产廊道”（Heritage Corridor）是大面积、区域性前提下的遗产保护理念，根据环境质量、历史事件、文化活动把散状分布的资源点通过某种关联要素转化为线、面状资源集合，具体是把遗产个体串联成具有保护开发价值的遗产大区域。该理念始于美国 20 世纪 80 年代初，基于“绿道”概念和遗产区域化保护趋势发展而来，为跨时空、大尺度和动态化的线性遗产资源保护提供了新方法，拓展了传统点对点单一模式的保护理念。具体是集休憩游览、历史价值传承与生态修复于一体，并将保护范围扩展至跨区域和省市，典型特点是遗产保护的区域化。通常，遗产廊道具有稳定均一的依托形态，是一个大范围、涉及复杂空间的各要素结合体，运河、环湖带、山脉和道路等都是其重要表现。它将生态和遗产全面考量的思想是资源整合的表现，既能维持生态平衡，又能带动旅游业的发展。嘉峪关世界文化遗产保护与展示工程就规划出了一条连接核心展示区和长城第一墩展示区的廊道。

遗产廊道理念对于具有丰富遗产资源但未挖掘开发的欠发达地区尤为重要，可以通过遗产资源梳理、旅游产业的开发等促进当地就业，改善产业结构，提高收入水平，同时遗产廊道的建立也为沿线居民提供了了解历史，吸纳传统文化的平台。

遗产廊道是跨区域的历史地理现象，是历史剖面不断叠加和地理空间延伸的产物，景观的时空演替是遗产廊道的核心，具有以下特点：

（1）遗产廊道是一个覆盖多区域的线性空间，具有弹性范围，分布空间层次广泛，有国土区域范围、市域、城市等多个层次。既可以限于某一地域的遗产线性状态，如历史文化街区，也可以达到类似于大运河横跨多省的遗产线性状态。

（2）遗产廊道具有多功能性。不仅具有遗产资源保护传承功能，还具有休闲游憩、改善环境、保护生物多样性等功能，是一个综合性设施体。它集生态、遗产、文化于一体，其文化传承是首要功能，同时又注重发展与生态保护的协调。

遗产廊道的特点决定了其识别标准，标准包括历史重要性、建筑或工程上的重要性、自然对文化资源的重要性，以及经济重要性。

（1）历史重要性

遗产廊道内的遗产单元要能对历史的特定时间和空间形态进行反映，该线性空间是否符合遗产廊道的定义范畴，需看其内部遗产单元要素对当地的社会经济、民俗生产方式、宗教信仰等是否产生有效影响。

（2）建筑或工程上的重要性

廊道内古建、古遗迹等遗产单元的外观、技法和结构形式极具研究意义，要对内部建筑或构筑物的地域特色和所反映的历史文化普遍性进行识别。例如，大运河的开凿和后续使用充分展示了古代劳动人民的智慧，蕴含了大量的工程技法、科学研究方面的价值。

（3）自然对文化资源的重要性

自然生态是廊道所依托的背景，也是廊道可持续的保证。其重要性主要体现在以下两方面：①自然要素对其空间范围内所有要素的生态守护；②自然要素对其场地内发生的人类活动的人文守护。

（4）经济重要性

提前预估对划定遗产廊道区域的开发可否形成有效的产业循环利用，可否促进旅游、就业和环境保护等相关产业的发展。

以往文化遗产保护的研究更多集中在文物意义上实物的保护。现代遗产运动已经发展到对文化景观、文化线路和遗产体验的关注（俞孔坚等），大遗址保护需要站在区域的视角，融入区域大格局，构建连续、完整的体验系统，在保护遗址的同时，发挥文化遗址的价值，如嘉峪关世界文化遗产保护与展示工程遗址廊道（图5-2-17）。

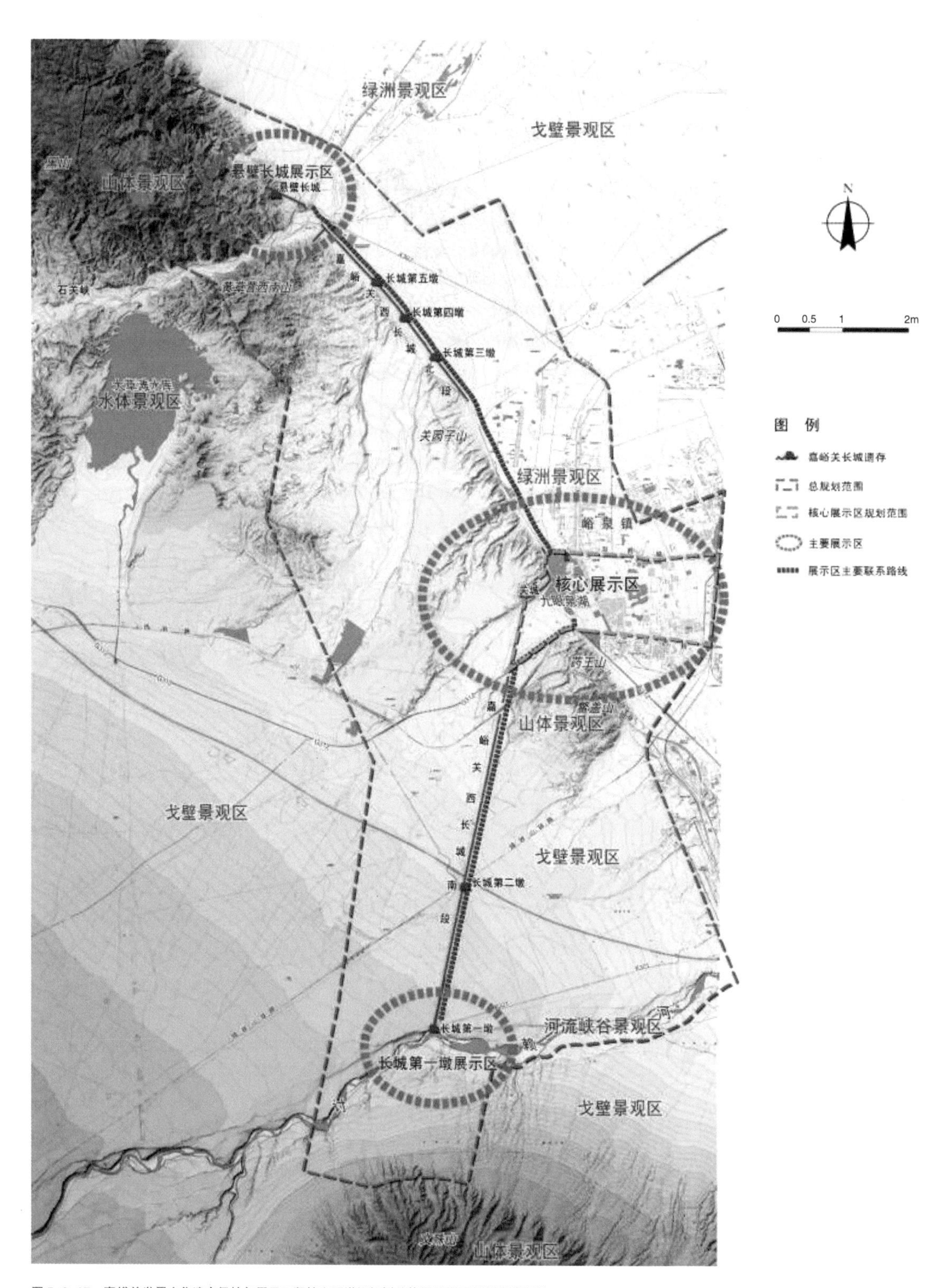

图 5-2-17　嘉峪关世界文化遗产保护与展示工程核心区详细规划总体展示利用规划方案设计
（资料来源：《嘉峪关世界文化遗产保护与展示工程核心区详细规划（2012—2025）》总体展示利用规划图，中国建筑设计研究院建筑历史研究所、环境艺术设计研究院、建筑专业设计研究院）

5.3

国家考古遗址公园人文环境保护与再现设计

5.3.1 人文环境保护与再现设计的意义

将具有历史文化的遗产资源与周围环境相结合，通过各种物质与非物质的要素、综合实体空间和文化特质，反映历史时期的文化、政治、军事、经济以及科技等状况，展现给游客一个地区的发展史或历史群体的文化史等相关内容，突出体现历史文化遗产与周围环境的整合性与复杂性，全面展现历史文化遗产的价值。

1. 展现历史价值

历史文化遗产及其周围环境所包含的历史价值有地区建筑史、文化史、民俗风情史、政治军事史、经济史、科学技术史等多方面的内容，是地区技术与艺术的综合体现，充分反映了地区历史文明的发展进程。历史文化遗产不能脱离周边环境而存在，如果没有区域的环境条件，就无法创造、保留和延续历史文化遗产。历史文化遗产是在特定的历史时期以及特定的环境条件下产生的，它与周围环境的整合性和复杂性反映了，必须较为完整地保留历史文化遗产和周围环境所构成的综合体，才能够充分展现历史价值的全面性，才能够反映出创造了历史文化遗产的那个时代或历史时段的社会特点以及动态变化特征。

城市的历史文化具有一定的情感象征价值，它的形成是长久的社会文化底蕴和区域内的习俗习惯所决定的，具有相对的地域性和稳定性，是一定区域内的人群对历史和文化的认同以及同一价值观念的与生俱来。遗址人文环境的保护与再现能够使人产生一种记忆深处的追忆或者情怀，从而加深对历史价值的理解。

2. 展现艺术价值

历史文化遗产与周边环境形成的综合体所展现的艺术价值，亦称为审美价值，指的是历史文化遗产与周边环境通过造型、材质、纹饰、色彩等物质载体，反映了当时的审美情趣、美学研究和文化背景。艺术价值不仅体现在遗产核心本体的艺术成就上，还包括历史文化遗产在不断成形的过程中所形成的各种生活习俗、民风礼仪、建造技术以及审美趣味等多方面物质与非物质内容，反映了遗产本体与周边历史环境的综合性与复杂性，因此不能只通过历史遗产本身来表达。如果没有周边环境整体氛围的烘托，历史遗产本身的艺术就是欠缺的，其所传达的艺术价值也是逊色和不完美的，甚至会丧失本来的高标准价值。而要让游客体会并欣赏历史遗产的艺术价值，更应注重周围环境对于历史文化氛围的烘托和营造，让人们更好地体会与品悟历史遗产的艺术价值。因此，必须把周边环境与历史遗产本体作为一个综合体进行整体的艺术价值评估与判断，再结合遗址人文环境的保护与再现，我们才能获得全面而真实的历史文化遗产艺术价值的评估结果，从而达到促进历史文化传递与延续的目的。

3. 展现科学价值

历史文化遗产本体与周边环境相互结合，才是对历史文化以及环境较为真实的反映。任何一个历史文化遗产的背后，都有着相应的历史、社会、环境的影响。遗产本体与周边环境所组成的综合体，经过自然环境以及各个时代社会生活的相互影响，承载着众多的历史烙印，见证了社会变迁和历史发展过程。历史上诸多科学技术成果通过构成历史文化遗产的多种复杂要素而流传至今。历史文化遗产及其周边环境所构成的综合体代表着整体遗产环境，是研究科学技术发展史的重要实体物质资料。历史文化遗产本体与周边的环境在不断发展的过程中是相辅相成的，在发展过程中，任何一点历史记忆均在历史文化遗产本身及其周边环境中留下痕迹，只是对于不同的对象而言，这些痕迹所产生的影响力不同，而正是这些历史痕迹反映了在遗产产生、存在、发展的不同历史时段科学技术的发展水平以及相关知识的价值。这些由遗产本体及其周边环境组成的综合体所反映的历史见证，能更科学、更全面地反映历史的真实性。

在历史文化遗产本体与周边环境所组成的综合体中，既有存在于历史文化遗产本体的历史和文化记忆珍品，也有存在于周边环境中的普通民众的价值观念，而后者只是普通民众司空见惯的生活方式和传统认知。正是通过这些文化价值不等、形式各异、物质与非物质相互结合的众多历史文化构成要素，历史信息的传达才具有多样性和真实性。因此，只有把历史文化遗产本体与周边环境作为一个综合体，才能够较为真实全面地体现历史遗产的科学价值。

4. 展现文化价值

在《巴拉宪章》中，提出了和历史遗产文化价值同义的概念“文化意义”，指的是不同时代的人们所具有的历史、社会、美学、科学和人类精神方面的价值。这种价值体现在相关地点和实物以及周边环境之中，说明了历史文化遗产及其周边环境所构成的共同体是历史文化发展的长期沉淀，并通过物质空间向人们传达其所承载着的历史文化内涵。任何文化形式或载体都不可能孤立存在，历史遗产本体与周边环境作为一个综合体，通过实体空间以及相关的物质与非物质要素，综合地反映出其内在的文化含义。这种综合性的文化价值必须通过遗产本体与周边环境共同完成，才能表达出文化含义的复杂完整性。通过历史遗产本体与周边环境构成的综合体所反映的文化意义，增加了历史遗产的趣味，提高了文化品质，是地域文化价值的充分展现。

5. 展现社会价值

历史文化遗产本体与周边环境所构成的综合体的保存与发展，具有很高的直接经济价值。如果得到合理开发和利用，还能够带来不菲的间接经济价值。所以，历史文化综合体是当地社会重要的文化财富。

今天，人们可以通过历史文化遗产综合体获取丰富的历史文化信息，了解前人的生活以及自身的历史渊源，从而理解历史文化的内涵。这些对历史记忆保护的努力，应该受到足够的重视。

如果把历史遗产本体作为一个孤立的存在，它往往只能供人们参观。而如果把历史遗产本体与周边环境作为一个综合体，则可以规划设计多种形式的文化活动场所。这种具有参与性与协调性的人文环境，能够较为完整地展现历史文化遗产环境。历史文化遗产本体和周边环境所构成的综合体，在经过保护、规划和设计后，不仅可以让人们了解遗址，而且可以促使人们从遗产文化的积累中获取文化养分，从而进一步激发想象力与创造力。

历史文化遗产本体及其周边环境所构成的综合体已经成为地域文化的象征。该综合体通过自身的历史文化展示，吸引公众的参与，从而为社会创造巨大的文化价值和经济价值。历史文化遗产本体与周边环境所构成的综合体是促进地方文化事业、振兴地方文化旅游的重要文化资产。它具有较高的社会价值和发展潜力，能够提高地方的综合竞争力，带来新的经济增长点，是诸多地方未来发展的重要资源。

6. 展现情感价值

历史文化遗产本体与周边环境是人与自然环境、社会环境相互作用的结果，它们不仅是物质实体的空间环境，而且也是精神活动的象征和体现。通过概括、提炼和升华可以使其成为地区的文化符号，带给人们强烈的情感价值。

经过不断发展变迁，留存下来的历史文化遗产往往是人们心中认可的精神文化象征，而其周边环境又是人们世代生活栖息的场所，是具有精神意义的空间，是人们世代拥有的共同的集体记忆，这些记忆甚至已经转换成为地区特殊的生活习俗或者独特的传统意识。它们共同反映了一个地区或一个族群的文化认同感、精神归属感以及历史文化延续感，它们既是个人与集体文化记忆的物质空间载体，又是人们与地区自然环境、历史、文化等精神联系的情感基础。

历史文化遗产本体往往由于历史价值突出，作为区域的核心，相比于周边地区总是处于一个高高在上的位置，与周围的普通民众有着一定的时空距离与情感距离。而周边的环境则与普通民众一起经历了众多的风风雨雨，与普通民众之间有着更加深厚的文化与情感联系。美国著名的后现代主义建筑家布伦特•布罗林曾写道："古老的建筑及其周围环境，是在都市与城镇中生活的人们的一个熟悉背景，是他们在这个瞬息万变世界里的一个依靠。"所以，历史文化遗产本体与周边环境作为一个综合体，共同营造出的整体环境是一个文化层次丰富、空间肌理复杂的整体，是人们探寻历史文化、找寻记忆根源的带有情感的环境。

5.3.2 人文环境保护与再现设计的原则

1. 原真性原则

原真性由英文的"Authenticity"翻译而来，指的是真实和原本。历史文化遗产的原真性，是用来衡量外在表现形式以及内在文化内涵的统一程度。联合国教科文组织对于世界遗产原真性的保护标准是原封不动地保护，在修复残缺的历史古建筑时应该遵循"修存其真，整修如故"的原则。而著名的《威尼斯宪章》提出了两条修复原则：一、要从整体上把握修复或补缺，使得修复或补缺的部分与原有部分以及周围景观保持和谐统一，在修复的过程中，应避免因为过分修补造成历史遗产的历史价值、文化价值、艺术价值以及科研价值等降低；二、为了保护历史文化遗产的真实性，新填修补的部分应该与原有的部分有所区分，不混淆人们对历史文化遗产的理解，并尽可能减少加固与维修的部分。而对于已经完全毁灭的历史建筑，应当根据重要性及其所具有的文化和纪念意义，在条件允许的情况下慎重重建。除了耗资巨大，还应当考虑到在重建的过程中对地区历史的真实性以及原有遗址的影响和损害。重建的规划设计方案要经过有关专家的研究论证才可实行。虽然历史建筑的重建工作意义重大，但是在很多情况下，保留历史遗迹更有价值。

2. 积极性原则

历史文化遗产及其周边地区不可能完全原封不动地保存，应该在尊重历史文化遗产原真性的基础上，尽可能地使其融入人们的现实生活，因此，历史文化遗产的保护应当遵循积极性原则，充分调动原住民与外来游客的主观能动性，使民众在感受历史文化遗产不可再生性与脆弱性的同时，积极配合保护和修复工作，甚至参与到遗产保护的细微环节中。

3. 整体性原则

对那些基于原始自然景观与古老人文景观的历史文化遗产来说，保护的整体性原则尤为重要。不管是物质化的实体存在，还是精神上的直觉感知，都应当遵循历史文化遗产保护的整体性原则。整体性原则要求的保护，不只是原封不动的保护，还应通过各种修复弥补手段，还原整合损毁建筑或景观的文化内涵，保持历史文化遗产的完整性。物质空间形态的历史遗址实体与非物质形态的历史文化、价值观念同等重要，都是历史文化遗产综合体的重要组成部分。如果物质空间形态是历史遗产的骨架，那么深厚的历史文化、价值观念、艺术科技就是其血肉，只有两者互相交融，历史遗产的生命才能够不断传承与延续。

4. 可持续原则

可持续性原则要求历史遗产与旅游开发处于相互促进、共同发展的和谐关系中。合理的旅游开发使历史遗产自身得以维持与生存，并促进地区经济力量的提升。而历史文化遗产的质量也决定了旅游开发的价值。必须在基本发展战略的前提下，对历史文化遗产进行正确保护及合理利用。在开发的过程中，应当以保护为首任，并调整其在不断变化的社会背景下的功能与角色，从而带动地区的全面发展。

5. 合理补偿原则

国家考古遗址公园人文环境对土地的使用必须建立合理的居民、企事业单位搬迁制度和补偿制度，避免社会矛盾。应该引导淘汰型产业的劳动力合理转向，利用国家考古遗址公园建设的契机，带动周边产业向绿色可持续的第三产业升级转型；通过制定优惠政策和长期有效的补偿机制，促进原遗址区内搬迁企业和搬迁居民的长远发展。

5.3.3 现存人文环境的保护设计方法

1. 调控居民社会

居民与企事业单位搬迁，对位于国家考古遗址公园范围内的居民点要采取分类处理的原则：保护范围内，特别是重点保护区内的全部居民属于搬迁型，必须搬迁至公园环境协调区或公园红线外的新社区和新农村；一般保护区或建设控制地带范围内的全部居民属于控制型和缩小型，在控制其现状规模的基础上，逐渐缩小并全部迁出；环境协调区内的居民点属于聚居型，可在现状村落的基础上合并新迁入的居民组成新农村或新社区。

搬迁居民与企事业单位的安置暨新社区与社会主义新农村的规划建设，在重视考古遗址公园保护和建设的同时，必须关注公园内居民搬迁居住问题的解决。要达到规划的理想目标，必须全面推动国家考古遗址公园保护范围外的新社区和社会主义新农村建设，并建立和完善相关的保障机制。新社区与社会主义新农村建设要坚持统一规划、集约利用土地的原则，并严格控制社区规模，积极推动规划范围内村庄整合及分散农居点的拆迁、合并安置工作。同时相关部门对新社区和新农村的基础设施、公共卫生、公共服务、信息化平台等方面的建设要加大投入力度，使新社区和新农村成为具有地方传统特色、环境优美、布局合理、基础设施和公共服务设施完善的现代化新社区。

居民产业结构调整因搬迁所涉及的失地农民，其经济来源与生产方式要纳入考古遗址公园可行性策划中，制订有关居民产业结构调整的可行性研究报告和相关计划，并在保护规划中编制相应内容。

将国家考古遗址公园作为遗址地居民的经济结构调整平台，设置与农民利益相关的服务生产项目，并及时对失地农民进行劳动技能教育，提高素质、增强从业能力。切实解决和改善失地农民的生活水平问题，激发其对保护考古遗址的主动性和积极性。大力发展与考古遗址密切相关的文化产业，推动旅游业的发展。总结国内外遗址公园保护发展的实践，可以发现：旅游业引导农民由农业生产的单一产业结构，逐渐调整到特色餐饮、农家旅馆、特色旅游产品和特色农产品生产等第三产业上来，推动农旅业一体化发展。

2. 延续传统人文空间肌理

空间肌理指的是构成要素在空间上的形态特征，同时反映了人们对空间构成的抽象性认知。历史文化遗产的空间肌理是历史文化遗产通过内在系统的秩序形成的外在表现特征，主要由实体要素及其组合形成的空间构成：实体要素包括建筑物以及其他用于生产与生活的构筑物，而空间就是各种实体要素所围合成的院落、街巷、广场等。历史文化遗产的空间肌理在形成上主要受到自上而下及自下而上两大方面因素的影响：自上而下的因素包括政治、军事、经济、主流思想文化以及地理环境等；自下而上的因素则包括民众根据自己的需求，采用不同的建造方式形成不同的建筑单元、建筑组团、院落空间等。对于不同的历史文化遗产，其空间肌理形成的主导因素亦有所不同，有的主要受到宗族思想的影响，有的则更多源于独特的自然地理环境。

例如，在《安吉古城考古遗址公园规划》[3]中，将规划区分为入口区、遗址博物馆、古城展示区、墓葬展示区、生态农业园区、游客休闲服务区等功能区，其中生态农业园区在满足农耕活动需求的同时，兼顾民俗文化展示的功能。在节点布局上，充分利用现状民居的肌理进行设计。该节点为遗址公园一处展示场景，重点展示地域景观特征中的农田、水乡和民俗要素。通过民居与民居之间的组合，形成不同的功能布局，为游客提供体验农业耕作和了解传统手工业技艺的机会，提升文化结合度和游客参与度。在农田中设置多条田埂小径，既满足游客通行的需要，又为游客创造了与农田近距离接触的可能，提供了多种样式的游览感受（图 5-3-1、图 5-3-2）。

3. 延续传统文化生活氛围

传统的生活氛围与文化气息也是历史文化遗产保护中不可忽视的内容。地方居民所进行的各种生产、休闲以及交流等活动，需要具有“场所精神”的空间促使活动或事件的发生。它不仅是明确的物质层面的建筑或空间，更应该强调文化生活的氛围。而传统的院落、街巷、广场等对活动场景的营造与传统文化氛围的延续具有重要的作用。

例如，《安吉古城考古遗址公园规划》[3] 中的古城展示区包括三处节点设计：两处为复原历史河道旁的游船码头，一处为位于山顶的古城观景点。

两处码头分别位于安吉古城遗址的城外和城内河道旁。城外码头除了提供电瓶车和游船换乘以外，还设置了亲水场所，便于游客理解江南水乡的地域景观特征。城内码头则为游客提供了除水路之外步行游览的多重选择。古城观景点位于古城南侧山顶，可以俯瞰安吉古城遗址，有助于游客更清晰地理解古城的选址特点、规模尺度和格局特征等（图 5-3-3）。

4. 延续传统建筑形式

传统建筑是根植于特定的地域环境、与人们的生产生活方式紧密相连的建筑，传达着原住民传统的栖居理念与文化习俗。随着现代社会的发展，原住民的居住方式与生活方式均在改变，历史文化遗产周边地区出现了风格多样、形式不一的现代化建筑。这种新的建筑形式不仅是对传统文化信心丧失的表现，而且也给历史文化遗产的保护和发展带来诸多不利的影响。通过对传统建筑进行改造、更新以重新利用或者设计与整个地区历史风貌相符的建筑来适应社会的发展，是历史文化遗址周边地区延续传统建筑特色、传承历史文化的有效途径。对传统旧建筑的改造涉及的问题复杂多样，常见的改造方法包括功能转换、扩建加建、结构改造、空间重构等。

例如，在《安吉古城考古遗址公园规划》[3] 中，游客休闲服务区建筑即延续当地传统建筑形式设计，营造静谧的江南院落环境氛围。

5. 延续传统建造材料

传统建筑的建造材料受到当地自然地理环境和气候条件的影响，其地区的特质性是地区传统文化价值与情感表达的重要手段。土、砖、木材、石材以及

图 5-3-1　安吉古城考古遗址公园生态农业园区

（资料来源：《安吉古城考古遗址公园规划（2017—2025）》生态农业园区景观节点意向图，中国建筑设计院有限公司建筑历史研究所、环境艺术设计研究院）

图 5-3-2　安吉古城考古遗址公园总体鸟瞰意向

（资料来源：《安吉古城考古遗址公园规划（2017—2025）》总鸟瞰图，中国建筑设计院有限公司建筑历史研究所、环境艺术设计研究院）

图 5-3-3　安吉古城考古遗址公园古城展示区
（资料来源：《安吉古城考古遗址公园规划（2017—2025）》安吉古城遗址展示区平面图、景观节点设计图（一），中国建筑设计院有限公司建筑历史研究所、环境艺术设计研究院）

图 5-3-4　安吉古城考古遗址公园游客休闲服务区
（资料来源：《安吉古城考古遗址公园规划（2017—2025）》游客休闲服务区平面图、景观节点意向图，中国建筑设计院有限公司建筑历史研究所、环境艺术设计研究院）

配景植物等具有地方特色的建造材料折射出了历史社会发展的印记，是许多现代建造材料所无法比拟的。在历史文化遗产保护的规划与设计中，将传统的建造材料与现代的技艺相融合，不但保护和延续了传统文化，而且为传统的建造材料增添了新的生命力。

例如，老司城遗址博物馆及其周边景观就延续了传统。卵石是老司城遗址和当地的重要建筑材料，遗址博物馆、景观铺地、墙体等构筑均将卵石作为本底材料，生态自然（图 5-3-5）。

5.3.4 历史人文环境的再现设计方法

1. 模拟再现

模拟再现指的是，模拟曾经在地区历史上存在过的，与历史文化遗产保护和延续有密切关系的建筑形态或者历史建筑空间环境。通过与现代的技艺相结合，模拟再现仿照传统建筑或空间样式，展示历史文化遗产曾经的真实面貌。如日本京都市嵯峨野鸟居本，采用的就是模拟再现的方法，进行整体街巷空间的保护与规划设计。

在国内，如湖州昆山考古遗址公园规划中，田园耕作文化区为大钱港东岸、遗址公园北部区域，属于历史环境重点展示区，集中展示桑基圩田的文化内涵，丰富游赏体验，并对现状存在的山东头村、庄后头村、何家村、曹家汇等村落的绝大部分建筑进行拆除后复绿。

根据调研情况，部分建筑质量较好的村庄建筑进行风貌整饬，部分风貌较古朴的村庄建筑进行结构加固，部分村庄建筑在拆除原地面建筑后，在建筑基础上建造适量的轻型建筑，用于遗址展示与公共服务，同时兼顾市民日常休闲游憩等民生功能（图 5-3-6）。

2. 历史演绎

历史演绎是指以保护历史文化遗产本体为前提，根据对历史文化遗产的历史记载，结合科学考古结论，在历史文化遗产周边地区选取合适的地点，利用历史演绎的理念进行历史文化遗产周边环境与氛围的营建。

这种方式往往具有旅游开发与商业娱乐的性质，但是可以为历史文化遗产本体以及相应的地域文化提供展示的舞台，如西安市曲江唐历史文化区的大唐芙蓉园以及陕北马头山景区周边环境中的先秦历史文化遗产博物馆和竞技场就属于该设计理念指导下的实例。

《湖州昆山考古遗址公园规划》[5] 中，城市活力游憩区位于基地南部，主要

图 5-3-5 老司城遗址博物馆实景照片

图 5-3-6 田园耕作文化区方案设计

（资料来源：《湖州毘山考古遗址公园规划（2016—2030）》田园耕作文化区平面图，中国建筑设计院有限公司城市规划设计研究中心、中国建筑设计院有限公司环境艺术设计研究院、湖州市城市规划研究院、浙江省考古研究所）

景观为大片景观开敞草坪与时空长廊，对曾经的开挖基坑通过景观化手法进行展示，并设置休闲步道与休憩节点。根据村庄调研情况，部分建筑质量较好的村庄建筑进行风貌整饬，部分风貌较古朴的村庄建筑进行结构加固，部分村庄建筑在拆除原地面建筑后，在建筑基础上建造适量的轻型建筑，用于遗址展示与公共服务，同时兼顾市民日常休闲游憩等民生功能（图 5-3-7）。

3. 文化表达

文化表达不仅强调外在的手法、形象、空间形式，更应注重内在精神与深层的文化内涵意义，包括历史文化、价值观念、思维方式、艺术审美、建造思想等的综合体现。

文化表达是在历史文化遗产本体以及周边环境形成与不断改变的过程中，将物质要素或载体（如建筑、空间环境以及装饰细节等）和非物质要素（如历史人物、民间传说等）的精神文化内涵浓缩与提炼，并通过对物质空间的规划设计，将精神文化内涵表达为可以被感知的多种空间环境。通过对历史文化遗产与其周边环境中的历史文化、民间传说等进行提炼，将其精神文化内涵运用到建筑空间的设计、构思以及实现中，用空间表达与体现传统文化与建筑的精髓，使得历史文化遗产周边地区所出现的新的空间也能够具有传统的文化内涵，进而形成一种整体的历史文化氛围与意境。在具体的设计中，往往通过结合建筑、装饰、雕塑以及景观小品形成整体的环境氛围，使整个地区具有较为强烈的历史文化氛围。

例如，《南昌汉代海昏侯国考古遗址公园概念规划》[6] 中的遗址博物馆及游客服务中心的设计，主要通过海昏元素、豫章特色、江西韵味、大汉气势、中华文明等设计理念进行文化表达。

（1）海昏元素

遗址博物馆及游客服务中心立足以海昏侯墓墓主刘贺帝王侯的离奇人生，以及西汉当年的文化特征、建筑风格、大量采用海昏侯墓出土的文物纹样作为设计构思来源和设计立足点，从细节到全局全方位突出海昏元素的特点。

（2）豫章特色

项目周边大量的湿地资源带有明显的豫章（南昌）特色，建筑选址充分考虑到湿地资源的景观价值和环境特点，游客服务次中心大量采用底层架空及临水的建筑结构，拉近游客与湿地资源的距离，底层局部架空的建筑手法也利于隔绝场地潮气，改善了建筑内部环境。

（3）江西韵味

稻作农耕的自然景观是江西最具代表性的环境特征，为了保持用地区域内

图 5-3-7 城市活力游憩区方案设计

（资料来源：《湖州昆山大遗址公园景观设计方案》活动策划，中国建筑设计研究院有限公司）

环境的延续性，遗址博物馆建筑采用了覆土方式，一方面消隐了庞大的建筑体量对环境的破坏和压迫性，另一方面有利于建设活动完成后对现有农田景观原貌恢复。

（4）大汉气势

海昏侯墓作为国内结构布局最为完整的西汉列侯陵寝，出土了数量惊人、种类繁多的精美文物，从各个方面展示着汉代文化、社会、艺术的高度。建筑设计亦特别注重空间尺度感，着力渲染历史氛围，重点刻画大汉气势，使观众产生对大汉文化的场景代入感。

（5）中华文明

作为统一的华夏王朝，西汉的社会文化、制度结构、建筑布局、生活理念等方方面面都影响、确定了中华文明的走向。游客服务中心和遗址博物馆的规划布局形式，空间结构特点，都体现了“天圆地方”“以中为尊”“大象无形”等中华文化的核心特点，也是中华文明有别于其他文明的最显著特征。

在文化体现上，遵照汉代始兴的阴阳五行说，以东、南、西、北的方位选取木、火、金、水为院落空间的展示主题，从刘贺墓出土文物中提取青龙、朱雀、白虎、玄武的神兽图样，作为其相对应的空间庭院的造型元素。并在外立面采用了多种出土文物的纹样作为装饰，以展现遗址深厚的文化底蕴（图 5-3-8）。

4. 气韵塑造

气韵指的是神形兼备的艺术境界。气韵塑造式的设计理念与文脉主义和地方主义理念相关联，要求通过时间与空间两个维度，将延续与发展历史文化遗产的历史文脉与地方特色的地域文脉作为规划设计的指导思想，通过营造整体环境的历史精神文化内涵表达传统文化的内在含义与精神价值。

通过深入挖掘历史文化遗产本体与周边环境的历史文化资源的内涵，从物质文化、行为文化和精神文化三个层面发掘可以作为设计原型的环境要素，通过传统文化与现代技艺创新性地结合而非完全的模仿，形成与历史文化内涵与本质相关联的空间环境，而这种空间环境能够达到与历史文脉、地域文脉神形兼备的艺术境界。

例如，《湖州昆山考古遗址公园规划》[5] 中的昆山文化风雅水街位于基地西南部，属于《湖州昆山遗址保护规划》中规定的建设控制地带，在《湖州市城市总体规划（2003—2020）》中，用地性质属于 C2 商业金融用地。此片区作为湖州昆山考古遗址公园的主入口，设置停车场、游客服务中心、园区管理中心、特色商业街区等公共服务设施，未来可在内策划丰富的文化体验活动，提升整

图 5-3-8 博物馆方案设计
（资料来源：《南昌汉代海昏侯国考古遗址公园概念规划》遗址博物馆建筑材料分析（投标方案），中国建筑设计研究院有限公司、上海中森建筑与工程设计顾问有限公司）

个公园的旅游体验。

规划方案在昆山文化风雅水街中，通过一个折线式轴线的打造，作为湖州昆山考古遗址公园的主入口空间，在轴线的引导下，游客穿越各种特色商业与文化馆，来到原孙家墩处开阔的水面，顿觉别有洞天，豁然开朗。在昆山文化风雅水街内，设置有静心茶舍、船码头、昆山名人馆、文人客栈、畅和园、书画轩、畅和嘉园等商业与文化设施（图 5-3-9）。

图 5-3-9 文化风雅水街效果意向
（资料来源：《湖州昆山大遗址公园景观设计方案》风雅水街，中国建筑设计研究院有限公司）

第 6 章

“大美无言”
——国家考古遗址公园生态环境保护设计

6.1

国家考古遗址公园生态环境要素及影响

6.1.1 水环境要素及其影响

1. 水环境要素的重要性

（1）水系是国家考古遗址公园的重要组成部分

我国不同时期、不同地区的古遗址在具体分布地段上都有着高度相似的特点，即靠近河流水系。择水而居是华夏民族乃至世界人类选择居住环境的基本依据，依水而兴也是我国大部分城市的基本特征，因此我国多数古遗址皆靠近河湖水系。例如，阖闾城遗址位于太湖西北的低山丘陵地带，系长江、太湖流域水系的范围，城址东邻太湖，北接闾江，直湖港由遗址北部穿城汇入太湖，遗址周边水网密布，河流湖泊众多，“水”是阖闾城国家考古遗址公园的重要组成部分（图 6-1-1）。

（2）潮湿环境影响大遗址保护与修复

潮湿环境对大遗址的保护、展示与修复极为不利，水融、水蚀等水害轻则损坏大遗址的结构或外表，重则对大遗址产生毁灭性的破坏。我国南北不同区域气候差异较大，导致不同区域的古遗址保护所面临的潮湿问题也大不一样，如南方的广东、广西主要面临雨量丰富、极度潮湿环境的遗址保护问题，而西北地区则面临着水土流失等问题。总之，如何在潮湿环境中对古遗址进行更为妥善的保护与修复是一个重大的课题。

2. 水环境要素对国家考古遗址公园的影响机制

（1）降雨径流

降雨径流尤其是暴雨径流过程是国家考古遗址公园保护的重大挑战，暴雨的淋洗、冲刷极易损害遗址本体，而极端暴雨产生的洪水则会不同程度地破坏、冲毁甚至淹没大遗址。随着城市开发建设导致的天然水系破坏与不透水面增加，大遗址遭受暴雨影响的概率较古代更大。如 2012 年北京“7·21”特大暴雨使

图 6-1-1 阖闾城国家考古遗址公园总体规划方案设计
（资料来源：《阖闾城遗址考古遗址公园规划（2013—2025）》鸟瞰图二，
中国建筑设计研究院建筑历史研究所、环境艺术设计研究院）

周口店猿人遗址保护区遗址本体受到不同程度的损坏，部分化石地点出现岩体脱落；又如 2016 年 6 月 20 日，以出土大批秦简闻名于世的湖南省湘西州龙山县里耶镇遭受暴雨袭击，位于该镇的里耶战国古城考古遗址部分被淹，造成较大损失。

（2）水融、水蚀

首先，是地下水的影响。地下水是引起遗址各种病害如腐蚀霉变、围岩变形破坏等的直接因素，直接受控于遗址区地形地貌、地层岩性及降雨等条件。潮湿环境中，地下水的埋深相对较浅，且蒸发量小，会浸泡遗址，导致软化、坍塌等病害，对地下大遗址的保护造成严重的困扰。

其次，是降水的影响。由于潮湿环境下降水充沛，一方面会冲击遗址表面，引起冲沟破坏，同时降落到地面汇集的雨水对遗址底部造成掏蚀破坏；另一方面，当前生态环境污染日益严重，多数城市空气污染严重，降雨成分复杂，若降水中含有酸性成分，形成酸雨，直接降在大遗址表面，会严重腐蚀大遗址表皮。

最后，遗址表面的水分由于温度骤变影响快速冷凝挥发过程，会造成遗址表面出现裂纹、裂缝等破坏现象。

6.1.2 土壤环境要素及其影响

1. 土壤环境要素的重要性

（1）土是大遗址的主要建造材料

中国古代较早掌握了夯土技术的应用，早在春秋战国时期就已经出现了较为大型的夯土台，如龙台；至秦、汉时期，大量使用的高台建筑便是夯土技术发展成熟的标志；早期遗址多数以夯土形式存在，目前我国 80% 以上的遗址是夯土或者土坯遗址，即土遗址。因此，土壤作为大遗址最基本、最重要的建造材料之一，是大遗址保护与修复不可避免的问题。晋北的土长城就采用了大量的夯土城墙结构（图 6-1-2）。

（2）土壤是大遗址保护与修复不可或缺的外界环境

土壤具有人类文明信息记忆块和考古文物储存库的功能。在《英国土壤保护实施规划（2004—2006）》中，土壤被认为是景观和自然遗产的重要组成部分，是完整景观的组成和历史环境的扩展。1998 年德国《联邦土壤保护法令》明确表明，土壤具有自然和历史文化档案功能。2003 年，欧盟《欧洲土壤宪章》修订版中指出，土壤具有文化遗产功能，保存了大量的自然和人类历史信息如古生物、人类历史遗迹。在漫长的人类文明中，古人耕作、生活的文化遗存或多

图 6-1-2 赵邯郸故城土城墙遗址（人工模拟土墙）

或少地保存在遗址区土壤之中。土壤中蕴藏丰富的古环境和古人类活动信息，而未来对大遗址的保护与修复，土壤仍然是不可或缺的外界环境。

2. 土壤环境要素对国家考古遗址公园的影响机制

（1）土壤盐析

盐析现象是由于土壤溶液中溶解的无机盐类随着水分的迁移，转移到遗址的表面，在外界环境的变化过程中，无机物晶体在遗址表面层析出，进而对遗址造成破坏的现象。出现这种现象原因有二：一是长期过于干旱，土壤湿度降低，使得无机盐类物质结晶；二是土壤中的含碱量高，因同离子效应使无机盐的溶解度降低而析出。盐晶体的成长对孔壁产生推动是造成破坏的主要机理。盐溶液反复溶解收缩、结晶膨胀所产生的机械压力使土体结构不断疏松，再经过外力地质作用，土遗址会发生不同程度的病害。

此外，可溶盐在土遗址表面析出形成堆积，进一步形成硬壳状，不但造成遗址的泛白现象，影响遗址的美观，更为严重的是产生风化破坏作用，逐渐造成遗址出现大量宽度不一的裂隙、土质沙化、土质酥粉等病害，甚至造成遗址塌落。

（2）土壤冻融

土壤冻融作用是高纬度和高海拔地带性土壤热量动态的一种表现形式。[1]主要是由气温变化所导致的土壤的冻结和融化，土壤冻融会破坏土壤的结构。气温与降雨是土壤发生冻融作用不可或缺的两个因素。温度低于0℃的时间足够长，致使土壤中的水体完全凝结成冰；温度高于0℃的时间足够长，致使土壤中的水体完全消融。降雨是土壤发生冻融作用的主要驱动力。

比如在我国黄土高原春季的解冻期，一方面受土壤冻融作用的影响，白天温度升高致使土壤冰冻层融化，晚间温度降低致使土壤冻结，在反复冻融过程中，土壤自身理化性质发生了改变，土壤稳定性下降、抗侵蚀能力减弱，当遇到降雨或者积雪融化时，由于土层下部仍然处于冻结状态，导致在冻结土体中存在不透水层，地表径流不能正常渗入而加剧冲刷作用。所以对于夯土、土坯遗址来说，土壤冻融也能产生严重的威胁和破坏。

6.1.3 大气环境要素及其影响

1. 大气环境要素的重要性

（1）气候特征影响大遗址保护

目前，国内针对西北干旱区遗址保护的研究相对较为丰富，西北地区因受地理条件、社会经济条件、气候条件的限制，多数遗址以“露天”的形式得以保存，如长城、土塔及陵墓等以“土”为主要材料的古遗址。

（2）气候环境影响大遗址病害发育

西北地区干旱少雨，温差大，春季风沙强劲，夏季日照强烈，位于该区域的遗址容易受到风蚀的影响和破坏，尤其是土遗址出现墙体表面剥蚀严重，墙体开裂、塌方、冲沟发育等病害。

2. 大气环境要素对国家考古遗址公园的影响机制

（1）风蚀

风蚀是以风力为主导引起的水土流失类型，是造成大遗址破坏的重要因素。由于长期持续的风蚀，遗址往往遭受较强的剥蚀作用并逐渐形成向里凹的形态，造成遗址上部的结构比较松散，在重力作用下容易垮塌形成陡壁。特别是西北干旱地区，降雨少且蒸发量大，大遗址的根部很快形成盐分聚集的盐渍带，在反复的盐膨胀作用下，盐渍带的结构和强度受到破坏，加之西

[1] 孙辉，秦纪洪，吴杨 . 土壤冻融交替生态效应研究进展 [J]. 土壤，2008，40（004）：505-509.

北常见的挟沙风的侵蚀，容易发生损耗，导致大遗址整体变形或者局部坍塌（图 6-1-3）。

（2）温差

温度变化对大遗址的破坏主要体现在两个方面：一是温差变化所产生的直接破坏作用，频繁的温差变化，会导致大遗址热胀冷缩，造成遗址开裂、表层脱落的现象；二是温差变化所产生的间接破坏作用，温差变化引起环境湿度变化，造成土遗址中水分的迁移，进而影响盐分的变化，加剧大遗址盐害。由于泥土的比热容大，大遗址中的夯土、土坯遗址受温差的影响破坏更加明显。

6.1.4 生物环境要素及其影响

1. 生物环境要素的重要性

（1）生物病害影响大遗址保护

潮湿的环境温度、湿度容易诱发大遗址的生物病害，其中苔藓侵蚀是潮湿环境中遗址最常见的病害之一。苔藓生长需要水分、营养、空气和光线等重要的外界因素。苔藓的大面积生长不仅影响遗址原始风貌，而且还分泌一些酸性物质改变遗址的生存环境，不利于潮湿环境中遗址的保存与保护。

（2）微生物降解作用破坏大遗址的保护与修复

微生物中一些细菌和霉菌可以产生有机酸，直接分解土壤中的有机质和无机质，破坏土壤的结构，使大遗址产生酥粉、剥落等现象。同时，不同的霉菌可以分泌不同的色素，附着在遗址表面，影响大遗址的观赏性。

2. 生物环境要素对国家考古遗址公园保护的影响机制

生物问题是指生物作用对大遗址造成的破坏。主要包括动物因素、植物要素以及霉菌等微生物对遗址造成的破坏。

（1）微生物损坏

微生物损坏主要是指微生物群体在大遗址表面长期生长，造成大遗址表面变色或者风化的现象。由于很多文物遗迹中含有有机物和无机物，如石窟遗迹、壁画等均由棉、麻、纸、木、竹及有机胶质、颜料等构成，这些天然的有机物质都是微生物可利用的碳源，微生物在其表面长期滋生会损害文物表面。有些微生物（如铁细菌、硫细菌等）可使金属等无机物锈蚀破坏，铜质文物表面的蓝色铜锈在很大程度上是生物分泌的碱性物质所为。[1]

---

[1] 同帜，曹剑英 . 文物古迹的环境污染因素及其影响研究 [J]. 纺织高校基础科学学报，2004，3：61-65.

图 6-1-3　被风蚀破坏的交河故城

（2）植物损坏

植物损坏主要是指植物根系的根劈作用。随着植物根系生长，对裂隙壁不断挤压，使岩石或遗址裂隙扩大、坍塌，根劈作用对地面遗址和地下遗址都造成严重破坏。地面夯土台上自然长成的植被以及人为栽种的植被，其根系均造成夯土台面不同程度的开裂和剥蚀。地下遗址同样受到植物根系尤其是深根系植物的破坏。

（3）动物损坏

动物损坏主要是动物在遗址的表面留下的活动痕迹，包括昆虫洞穴、鸟巢等，是一种不可忽视的破坏因素，许多动物有打洞的习惯，对于大遗址的破坏尤以地下遗址为甚，具体损害程度因遗址不同而异。

6.2

国家考古遗址公园生态环境保护设计的意义与内容

6.2.1 生态环境保护设计的意义

1. 生态环境保护是大遗址保护的重要组成部分

生态环境是大遗址景观的重要组成部分，独特的生态环境形成了别具特色的遗址环境景观，对环境的改造和利用又使环境具有人文和历史的内涵。从某种意义上讲，遗址若脱离了所植生的环境，其价值就会受到影响。在快速推进的城镇化背景下，遗址所处的环境在一定程度上受到了影响与破坏，使得全世界各个地区的文化、艺术甚至极重要的遗产濒临枯竭，因而在保护遗址的同时，还要保护其所处的生态环境。

2. 生态环境保护是国内外大遗址保护的共同目标

1962 年联合国教科文组织通过的《关于保护景观和遗址的风貌与特性的建议》中指出："保护不应只局限于自然景观与遗址，而应扩展到那些全部或部分由人工形成的景观与遗址。"

国际古迹遗址理事会分别于 1964 年通过的关于国际古迹保护与修复的《威尼斯宪章》和 1987 年通过的关于历史城镇与城区保护的《华盛顿宪章》在界定其保护对象时，均将环境纳入了其保护范畴。《威尼斯宪章》规定了"历史古迹的要领不仅包括单个建筑物，而且包括能从中找出一种独特的文明、一种有意义的发展或一个历史事件见证的城市或乡村环境"。《华盛顿宪章》涉及的历史城区不仅包括城市、城镇以及历史中心或居住区，还包括其自然的和人造的环境。

2005 年 10 月 21 日，在中国古城西安召开国际古迹遗址理事会第 15 届大会并发布了《大遗址保护西安共识》，将环境对于遗产和古迹的重要性提升到一个新的高度，强调"有必要采取适当措施应对由于生活方式、农业、发展、旅游或大规模天灾人祸所造成的城市、景观和遗产线路急剧或累积的改变；有必要承认、保护和延续遗产建筑物或遗址及其周边环境的有意义的存在，以减少上述进程对文化遗产的真实性、意义、价值、整体性和多样性所构成的威胁”。

6.2.2 生态环境保护设计的主要内容

1. 维护大遗址水生态过程的健康与完整

水环境本身是形成大遗址景观的重要组成部分，健康、完整的水生态过程对保护大遗址具有重要作用。假设没有渭、泾、沣、涝、潏、滈、浐、灞八条河流在西安城四周穿流，就不存在“八水绕长安”之说，因此必须保护与汉长安城关系密切的滗河、崎岖河、漕渠、王渠、明渠、揭水、披水、昆明池、太液池等水体遗址以及相关的地形地貌和生态环境。

维护关键的水生态过程，因势利导，预留足够的生态湿地，维护大遗址区域水生态过程的健康完整性，对防止因暴雨洪水淹没、水体长期浸泡造成的遗址损害具有重要作用。

2. 改良大遗址土壤土体结构

通过防止土壤侵蚀，防治土壤沙化，培肥土壤，改善生态系统，改良大遗址区域土体结构，减小土壤盐析和冻融现象，可以有效地防止多种因素对大遗址土体结构的破坏。

3. 防止大遗址水土流失灾害

由于土遗址的抗水性较差，特别是沙土遇水极易崩解，在年降雨量较大的区域，土遗址常年遭受强降雨的冲刷，难以长久保存。因此，探索大遗址区域水土流失的防治措施，构建水土流失安全格局，减小地表径流产流系数，降低大遗址区域水土流失风险，防治大遗址区域水土流失灾害，对大遗址的保护与修复具有重要的意义。

4. 处理好生物保护与大遗址保护的关系

动物、植物、微生物所构成的生物生存环境与大遗址唇齿相依，生物活动一方面有损大遗址的保护与修复，另一方面生物与遗址本身共同构成完整意义上的大遗址。如植物对大遗址具有保护和破坏的双重作用，对于根系较粗的植物需要定期进行清除；对于根系较细的草本植物，在保证适当的密度下，既可以防止水土流失，也可以美化环境。只有妥善处理好大遗址区域生物保护与遗址保护的关系，才能为大遗址的保护与修复提供方向，在保护大遗址不受损害的同时保证大遗址的完整性。如《大河村国家考古遗址公园核心区保护展示工程》[7] 中古环境复原、生物多样性和景观的共同兼顾（图 6-2-1）。

图 6-2-1　郑州大河村国家考古遗址公园环境效果意向图
（资料来源：《大河村国家考古遗址公园核心区保护展示工程》核心区鸟瞰图，
中国建筑设计研究院有限公司建筑历史研究所、景观生态环境建设研究院）

6.3

国家考古遗址公园生态过程分析

6.3.1 生态过程分析的意义

1. 影响国家考古公园遗址保护与区域生态保护

国家考古遗址公园是国家的重大战略举措，目的是保护文化资源，展示灿烂文化，推动经济发展。运用生态学、生态规划、空间地理和可持续发展等理论，全面分析国家考古遗址公园区域生态过程的现状与特点，是提出该区域大遗址保护与生态环境可持续发展综合对策的必要途径。通过充分合理的生态过程分析，建立起一个科学、安全、生态环境优良、惠及广大民生的考古遗址公园。

2. 决定国家考古遗址公园的保护与修复的方式和方向

通过对影响国家考古遗址公园保护区的环境主要因子及其敏感程度的分析，可以科学合理地制定出大遗址保护与发展的方向、方式，例如，环境敏感程度低的区域适宜发展生态宜居和文化产业，敏感程度适中的区域采取适度保护与发展相结合的策略，敏感程度高的区域重点突出保护措施。通过充分合理的生态过程分析，提高国家考古遗址公园保护区规划保护与发展的合理性、科学性，实现可持续发展。

6.3.2 生态过程分析的内容

1. 水生态过程分析

自然的水生态系统具有泄洪蓄洪、水质净化以及美学等生态服务功能，只有维护好水生态过程，才能保障水生态系统的服务功能。

国家考古遗址公园的建设必须尊重自然水生态过程，通过以水过程为研究核心确定大遗址区域发展的水安全底线，在国家考古公园建立之前，先保障基础的水生态安全，通过优先进行不建设区域的控制，作为公园建设和土地开发的刚性界限，保障居民获得持续的水生态服务。

2. 土壤生态过程分析

不合理的或不良的土壤生态过程会改变大遗址的特征，甚至破坏大遗址。国家考古公园的建设需要充分分析这类土壤生态过程，既要维护大遗址的土壤特征，又要通过植被等生态措施改善土壤盐碱化等不良过程，缓解盐析作用对遗址造成的破坏。

3. 水土流失生态过程分析

水土流失与土壤侵蚀是土地资源遭到破坏的最常见形式，也是最活跃、最敏感的生态致灾因子之一，同时也是破坏大遗址的重要生态过程。

国家考古遗址公园的建设需要建立起特定的分析模型，分析水土流失的过程和空间格局，进而为全方位的公园建设和水土保持提供科学支撑。与水土流失相关的关键要素有土壤侵蚀量、降雨侵蚀力、土壤可侵蚀性、地形、土地覆盖等。

4. 生物生态过程分析

生物生态过程包括垂直过程（即生物栖息地选择过程）与水平过程（即生物水平运动过程）。只有充分分析生物过程，维护好生物的栖息地与觅食、迁徙等水平运动空间，才能保护好一方生境，为国家考古遗址公园提供良好的生物多样性环境。

国家考古公园的建设需要通过充分的生物过程分析，精确调整生物栖息地空间格局，构建保证生物安全的绿色空间，更好地应对大遗址的保护与利用。

6.3.3　基于 GIS 的常用生态过程分析方法

1. 径流分析

径流廊道是自然水流的汇流路径，径流汇水点是控制水流的战略点，可以通过控制水流的空间联系有效地控制水流。根据分流部位和等级不同，在交汇处的各个景观战略点可形成多层次的等级体系。在地理信息系统的支持下，可以利用径流模型和数字高程模型模拟地表径流过程。结合现状水系分布判别不同安全水平下的河、渠等水系廊道及其缓冲区。通过恢复水系廊道的自然形态，并在廊道缓冲区范围内建立以乡土植物为主的植被缓冲带，达到恢复径流廊道两岸生态系统的目标。

2. 雨洪淹没分析

借助 ArcGIS 软件，可对自然雨洪的发生发展过程进行模拟，包括径流、雨水淹没和洪水淹没模拟及分析。通过分析判别对雨洪过程至关重要的土地单元、空间位置和面积，如可供调、滞、蓄洪水的湿地等，构成用于相互贯通的滞洪湿地系统，它们是维护雨水径流过程的关键景观要素。

国家考古遗址公园的建设应在尊重自然水过程的前提下，通过对雨洪过程的模拟，从流域整体出发，留出可供调、滞、蓄洪的湿地和河道缓冲区，将这些满足洪水自然宣泄的空间和相互贯通的河道、沟渠系统作为提供区域防洪和雨洪资源利用功能的生态基础设施。

3. 水土流失评价模型

常见的水土流失评价模型为美国通用水土流失方程（USLE）。它包括了影响坡面土壤流失的主要因素，公式建立所用的资料较为广泛，并且统一了侵蚀模型形式，从而使之在国内外得到了广泛应用。通用水土流失方程的表达式为：

$$A=R\times K\times L\times S\times C\times P$$

式中：A 为土壤侵蚀量；R 为降水侵蚀力；K 为土壤质地因子；L、S 为坡度坡向因子；C 为地表覆盖因子；P 为农业耕作措施（耕作）因子。其中，农业耕作措施是人为因素。

坡长因子计算公式：

公式 1：$L=(\mathrm{flowacc}\times \mathrm{cellsize}/22.13)^{m}$

公式 2：$m=n/(1+n)$

公式 3：$n=(\sin\theta/0.0896)/(3.0\times(\sin\theta)^{0.8}+0.56)$

公式 4：$\theta=\mathrm{slope}\times 3.1415926/180$

坡度因子计算公式：

$S=10.8\times\sin\theta+0.03\ (\theta<5)$

$S=16.8\times\sin\theta-0.50\ (5\leqslant\theta<10)$

$S=21.9\times\sin\theta-0.96\ (\theta\geqslant 10)$

从通用水土流失方程上，可以看出影响一个区域水土流失的主要有降水、地貌、植被、土壤和人类活动五大要素，这些因素同样可以用来表征特定区域对水土流失的敏感性。

由于水土流失具有十分明显的空间变异特征，所以在单元模型算法基础上，只有充分利用 GIS 空间分析功能（包括邻域分析、坡度分析和地图代数运算等）和水文地貌分析功能（包括微地形填洼、沟道网络拓扑分析、径流汇集分析等），才能完成由单元模型（相当于坡面模型）到区域模型的转变，利用计算机程序完成区域土壤侵蚀过程的估算，而且能够反映区域尺度径流泥沙的动态过程。

4. 最小累积阻力模型

最小累积阻力（MCR）是指从“源”出发到目的地经过不同类型的景观克服的最小阻力或者耗费的最小费用，它反映的是一种可达性。MCR 模型最早是由 Knaapen 等人提出，经国内俞孔坚等修改后的基本公式为：

$$MCR = f_{\min}\sum_{j=n}^{i=m} D_{ij}\times R_i$$

式中：MCR 表示最小累积阻力值；D_{ij} 表示物种从源 j 到景观单元 i 的空间距离；R_i 表示景观单元 i 对物种运动的阻力系数；$\sum$表示物种从源 j 运动到景观单元 i 所穿越的所有单元的距离与阻力系数的累积；f 是反应任一点的最小累积阻力与其到源的距离和土地景观特征的正相关函数；min 表示评价单元对于不同源的累积阻力取最小值。

最小累积阻力模型最初起源于物种扩散的研究，反映了物种的被保护程度和景观对物种的干扰程度等阻力特性，最小累积阻力即物种在穿越异质景观时所克服的累积阻力。该模型用到土地生态适宜性评价中来，就是模拟土地水平运动，从“源”到任一单元的过程中所需克服的阻力，通常源的阻力最小，根据水平方向的阻力值对比反映该单元与源的连通性，并以此判断土地的生态适宜性。

6.4

国家考古遗址公园生态环境评价

6.4.1 生态环境评价的意义

1. 有利于发展目标的实现

由于以往只对国家考古遗址公园项目进行简单的环境评价，而对其建设给生态环境造成的影响估计不足，因此在生态环境方面遗留了不少问题。只有进行遗址公园建设生态环境影响评价，解决环境问题，实现项目与自然的协调发展，才能顺利实现国家发展目标。

2. 有利于工程合理布局

生态环境评价是从宏观角度对工程的选址、规模、布局的可行性进行论证，可以避免重大决策失误，最大限度地减少对区域自然生态环境的破坏，为工程布局提供决策依据。

3. 有利于可持续发展

发展不仅是要促进经济的发展，更要大力促进人类社会的和谐以及人类社会与自然环境的和谐。生态环境影响评价分析研究项目可能产生的对当地生态环境的影响，在此基础上找出影响权重最大的因素，强调保护脆弱的环境和濒危物种，注重补偿保护工程的作用，致力于提高项目与当地社会生态环境的可持续发展。

6.4.2 生态环境评价的原则

1. 全面性原则

必须以整体观点认识和解决环境影响问题。国家考古遗址公园生态环境评价应尽可能反映遗址区域自然、生态和社会特征。

2. 综合性原则

在区域内广大地区和空间范围内，评价工作不仅要考虑环境要素本身，还要考虑生态和自然环境对生活质量的影响以及相应的社会环境。因此，国家考古遗址公园生态环境评价分析中必须强调采用综合的方法，以期得到正确的评价结论。

3. 方便性原则

国家考古遗址公园生态环境评价的数据尽可能易于获取和更新。

4. 适用性原则

生态环境评价的实用性集中在制定优化方案和防止污染方面，国家考古遗址公园生态环境评价的结果必须容易推广应用，技术上可行、经济上合理、效果上可靠，方能为建设部门所采纳。

6.4.3 生态环境评价的方法

1. 景观生态学法

景观生态学法是通过研究某一区域、一定时段内的生态系统类群的格局、特点、综合资源状况等自然规律，以及人为干预下的演替趋势，揭示人类活动在改变生物与环境方面的作用的方法。景观生态学对生态质量状况的评判是通过两个方面进行的：一是空间结构分析；二是功能与稳定性分析。景观生态学认为，景观的结构与功能是相当匹配的，且增加景观异质性和共生性也是生态学和社会学整体论的基本原则。

空间结构分析基于景观是高于生态系统的自然系统，是一个清晰的和可度量的单位。景观由斑块、基质和廊道组成，其中基质是景观的背景地块，是景观中一种可以控制环境质量的组分。因此，基质的判定是空间结构分析的重要内容。判定基质有三个标准，即相对面积大、连通程度高、有动态控制功能。基质的判定多借用传统生态学中计算植被重要值的方法。决定某一斑块类型在景观中的优势，也称优势度值（D_o）。优势度值由密度（R_d）、频率（R_f）和景观比例（L_p）三个参数计算得出。其数学表达式如下：

R_d=（斑块 i 的数目 / 斑块总数）×100%

R_f =（斑块 i 出现的样方数 / 总样方数）×100%

L_p =（斑块 i 的面积 / 样地总面积）×100%

$D_o = 0.5 \times [0.5 \times (R_d + R_f) + L_p] \times 100\%$

上述分析同时反映自然组分在区域生态系统中的数量和分布，因此能较准确地表示生态系统的整体性。

2. 生态系统综合评价法

生态系统综合评价（Integrated Ecosystem Assessment，IEA）是分析生态系统提供的对人类发展具有重要意义的生产及服务能力。这种能力对于满足人类的需要非常重要，最终可能会影响到一个国家的发展。生态系统综合评价包括对生态系统的生态分析和经济分析，同时考虑到生态系统的当前状态及今后可能的发展趋势。对生态系统服务功能的经济价值评估是在20世纪80年代末随着经济的发展和环境意识的增强而逐渐兴起的。

生态系统综合评价不仅关注粮食产量等单个生态系统的产品和服务，而且关注整体生态系统所能提供的产品和服务。生态系统综合评价的优点是为审视各种产品和服务之间的联系与平衡提供一个框架。因为从这些产品和服务中获得的利益，往往会被单独隔离开来时的评价所遮掩。生态系统可能只在生产特定产品和服务时处于较好状态，例如，一个生态系统的管理目标也许十分适合食品生产，但可能破坏系统的其他服务功能。生态系统综合评价的方法，是先分别评价系统提供各种产品和服务的能力，再在这些产品和服务之间作出权衡。

生态系统综合评价具备以下两个基本特征：（1）评价的地域性。评价的重点是生态系统本身，即一个特定地点的生物系统及其相关的自然环境，并考虑到影响系统的社会经济因子，这些因子或许是“本地的”（如耕作），或许是“遥远的”（如大气二氧化碳浓度的变化）。综合这些具有本地或空间特征的因子信息，可以分析区域或全球的发展趋势和进程。（2）评价的多维性。生态系统评价的设计是提供一系列指示因子，评价它们如何影响生态系统；同时评价生态系统的变化如何影响整个系列的生产和服务功能。比较而言，一维评价集中在生态系统单个产品及功能上（如木材，农业或生物多样性）或单因子对生态系统的影响（如物种入侵或气候变化）。生态系统综合评价的主要优点是它对不同产品和服务之间的平衡，从生态系统生产和服务中可以获得有利的综合发展信息。

3. 聚类分析法

聚类分析是依据实验数据本身所具有的定性或定量的特征对大量的数据进行分组归类，以了解数据集的内在结构，并且对每一个数据集进行描述的过程。其主要依据是聚到同一个数据集中的样本应该彼此相似，而属于不同组的样本应该足够不相似。聚类分析的基本思想是：采用多变量的统计值，定量地确定相互之间的亲疏关系，考虑对象多因素的联系和主导作用，依据亲疏差异程度，归入不同的分类中，使分类更具客观实际并反映事物的内在必然联系。也就是说，聚类分析是把研究对象视作多维空间中的许多点，合理地分成若干类，因此它是一种根据变量域之间的相似性而逐步归群成类的方法，能客观地反映这些变量或区域之间的内在组合关系。聚类分析是通过一个大的对称矩阵探索相关关系的一种数学分析方法，是多元统计分析方法，分析的结果为群集。对向量聚类后，我们对数据的处理难度也自然降低，所以从某种意义上说，聚类分析起到了降维的作用。聚类分析算法是给定 m 维空间 R 中的 n 个向量，把每个向量归属到 k 个聚类中的某一个，使得每一个向量与其聚类中心的距离最小。聚类可以理解为：类内相关性尽量大，类间相关性尽量小。聚类问题作为一种无指导的学习问题，目的在于通过把原来的对象集合分成相似的组或簇，获得某种内在的数据规律。从三类分析的基本思想可以看出，聚类分析中并没有产生新变量，但是主成分分析和因子分析都产生了新变量。

4. 多因子数量分析法

生态环境在一定时间、一定范围内所发生的保护是由各生态因子的变化和状态决定的，通过测定各生态因子的变化趋势进行生态因子的相关分析和主量分析，从而评估生态环境的变化趋势。

6.5

国家考古遗址公园生态环境保护与修复设计

6.5.1 生态环境保护与修复设计的意义

国家考古遗址公园实施整体保护利用的理念，是建立在大遗址区环境整治的基础上。通过环境整治改善遗址区的生态自然环境，同时改善遗址区的历史环境风貌和人文环境，为国家考古遗址公园提供良好的规划基础。大遗址的破坏因素是多方面的，包含自然因素和人为因素，因而考古遗址公园的环境整治要从自然因素和人为因素造成的生态破坏以及人为因素造成的景观环境破坏两方面进行分析。

6.5.2 生态环境保护与修复设计的原则

1. 生态优先，整体保护

真实、完整地保护国家考古遗址公园的生态环境，保护和维护具有考古遗址原有生物种群和结构特征的生态环境。规划设计要顺应地形地势，减少土地扰动，尽量保持并体现原有地形地貌及农田格局，维持原有生态系统，注重考古遗址保护和生态环境保护相结合。

2. 整合资源，融入活力

国家考古遗址公园的生态保护和环境规划、生物多样性保护、土地利用、旅游业发展等要协调一致；将遗产资源的保护与文化资源、生态资源、土地资源进行整合，达到科学、和谐的可持续发展目标。

3. 严格管控，降低负荷

制止国家考古遗址公园生态环境的人为破坏，控制和降低人为负荷。

4. 修复生态，提高容量

提高国家考古遗址公园生态环境的复苏能力、容量和生态承载力，加快生物量与氧气的再生能力以及水源涵养与土壤的优化速度。

6.5.3 生态环境保护与修复设计的方法

1. 水源涵养

水源涵养是指通过调节和改善水源的流量和质量保持一定区域内水分的正常循环。水源涵养可以通过建设水源涵养林、绿化荒坡荒地、治理河水流域、雨水下渗地下等措施来实现。在考古遗址公园的环境协调区，为了促进水源涵养，可以规划不同的生态保护区。

《吉林省吉安市高句丽王城、王陵及贵族墓葬保护规划》[8] 中专门规划了退耕还林区、封山育林区和一级水源涵养保护区三个生态保护区涵养水源。

2. 水土保持

水土保持是指对自然因素或人为活动造成的水土流失所采取的预防和治理措施。水土保持可以通过水保造林、水保种草、水保耕作等植物措施和坡面工程、沟道工程、挡墙工程等工程措施来实现。在考古遗址公园的环境协调区，可规划生态还草区、生态还林区、封山育林区、自然疏林草地养护区和园林绿化区等生态保护区，以促进水土保持，另外还有一些人工干预的方式。例如，争议较大的圆明园湖底防渗工程就是在重点景区湖底采用复合土工膜材料，驳岸不做防渗处理，留有部分侧渗量，以保持遗址原貌和沿岸植物的生存环境。对非重点景区湖底做了侧防渗，在技术处理上留有相当厚度的覆土，可以栽植水生植物，以保持良好的水生生态环境。

在《大地湾遗址考古遗址公园规划》[9] 中对规划范围内的生态环境进行了以生态还林、生态还草为主的生态环境整治（图 6-5-1），以此提高规划区内的水土保持能力并涵养水源。

（1）生态还林

为了修复区域生态环境，同时作为遗址公园的背景林带，规划遗址公园南侧地形较陡峭的山地为生态还林区，逐步形成次生林。近期首先完成规划范围内生态还林区的生态工作，中期可结合秦安县林业部门的造林绿化，完成还林工作。未来还需根据考古钻探成果和中远期遗址公园规划，探讨规划范围内其他需要退耕还林的区域。

（2）生态还草

生态还草近期实施范围为地形陡峭地段和沟蚀严重地段，要求在还草实施过程中，以固土为目标，种植根系发达的灌木和草本植物。近期首先完成规划范围内生态还草区的退耕还草工作，未来还需根据考古钻探成果和中远期遗址

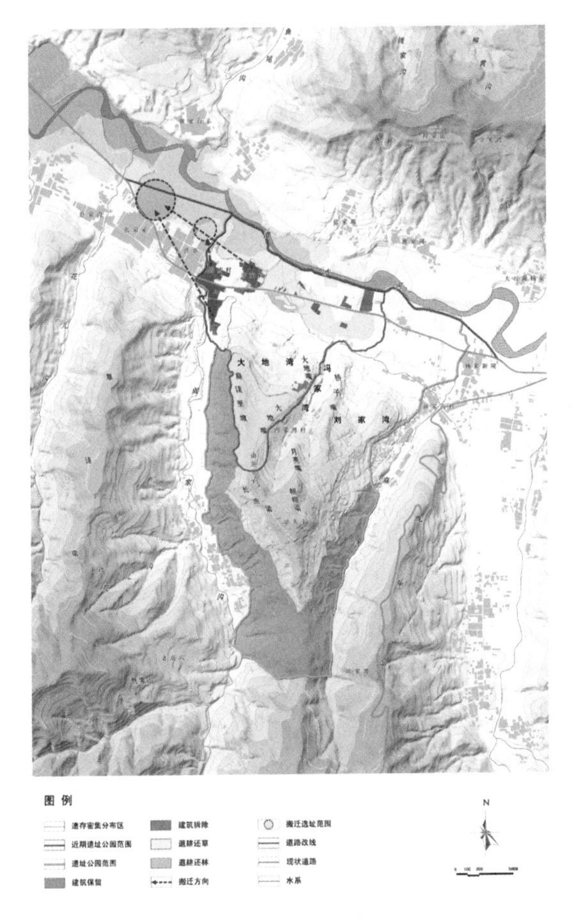

图 6-5-1　大地湾考古遗址公园环境整治及保护规划
（资料来源:《大地湾遗址考古遗址公园规划（2014—2030）》环境整治及保护规划图，中国建筑设计研究院建筑历史研究所、环境艺术设计研究院）

公园规划，探讨规划范围内其他需要生态还草的区域，例如大地湾考古遗址公园环境整治（图 6-5-1）。

在此基础上，对生态还林区与生态还草区植被进行了规划，详见表 6-5-1。

植物配置规划表　　　　表 6-5-1

分区	作用	种植方式	树种选择	
			主景植物	配景植物
生态还草区	固土，涵养水源，防治水土流失，保护自然地形地貌，改善生态环境	草地为主，配置根系发达的灌木	蒿属草本 + 草地早熟禾 + 匍匐剪股颖 + 草花种子混播。搭配麻黄、高山绣线菊、三桠绣线菊、柽柳等灌木	榆树、栎树、核桃、槭树等点植
生态还林区	涵养水源，防治水土流失，保护自然地形地貌，改善生态环境	针阔混交，密林种植	油松、冷杉、栎树、栗树、花楸为主，保留现状苹果、刺槐等	搭配绣线菊

3. 土壤改良

土壤改良是指根据土壤障碍因素及其危害性状，采取改善土壤性状、增加产量的相应措施。考古遗址公园的土壤改良主要包括土壤沙化改良和盐化改良。土壤沙化改良可以通过生态治理和植树造林等措施来实现。生态治理流动沙地的效果立竿见影，植树造林对改善沙化土地机械组成和增加养分则作用明显，其中以灌木林最佳，封育后形成的天然草地次之，乔木林最差。土壤盐化改良可以通过增施有机肥、种植耐盐植物和牧草等生物措施及敷设排盐管、更换客土等工程措施来实现。

例如，嘉峪关关城及部分长城所在的长垄状台地，分布在鳖盖山、大草滩水库、黑山湖等古河道西侧，分为五级台地，台面海拔在 1702 ~ 1812 米。因古河流切割，台地呈牛舌状，由东北伸向西南，渐隐伏于平原。地表大部分裸露，有极少的耐旱灌木生长；无天然林，主要是沙生植被和人工林，包括槐树、柳树、沙枣树、白杨树等树种。

在《嘉峪关世界文化遗产保护与展示工程核心区详细规划》[10]中，绿化植被品种应在保持地方性、历史性和遗产保护要求的基础上，结合现状常用耐旱、耐盐碱绿化植物，恢复规划区生态环境，改良土壤环境，并根据现状植物分布、历史植被生长状况、展示规划要求等，将园区的植被划分为关城现状绿化区、九眼泉湖湿地种植区、外围绿化隔离带区、城市景观绿化种植区、乔灌草景观种植区、地方特色林带种植区、地方特色灌草种植区、屯田种植区 8 个区域（图 6-5-2）。经过建设，嘉峪关关城前将形成一片绿洲。

4. 防风固沙

防风固沙是指以降低风速的方式，防止或减缓风蚀，固定沙地，保护土地，可通过栽植防风林防止风蚀、栽植沙生植物等固沙林增加大风季节的地表粗糙度等措施来实现。为了防风固沙，中国建筑设计研究院建筑历史研究所在吐鲁番地区文化遗产片区的环境协调区内结合风向和植被现状，划分了灌木防风林带、乔木防风林带、荒漠植被保育区、荒漠植被保护区和农田综合治理区等多种生态保护区。

14 世纪以后昌马冲积扇北缘和东缘的土地开发，导致人工引水河都河的水量逐渐减小并最终干涸，人工渠系废弛。经过近 700 年的风沙侵蚀和自然演变，锁阳城遗址周边土壤逐渐退化演变为现在的极旱荒漠自然景观。锁阳城遗址周边仍保存了其选址于此的重要环境要素，包括祁连山脉长山子余脉，以及绿洲东缘、南缘的荒漠戈壁景观，真实反映了丝绸之路河西走廊沿线苍茫、荒凉的整体景观感受。

根据《锁阳城遗址考古遗址公园规划》[11]，在维持现状植被的基础上，补植一定量的戈壁特色植物，能起到防风固沙的作用。特别是入口综合服务管理区，

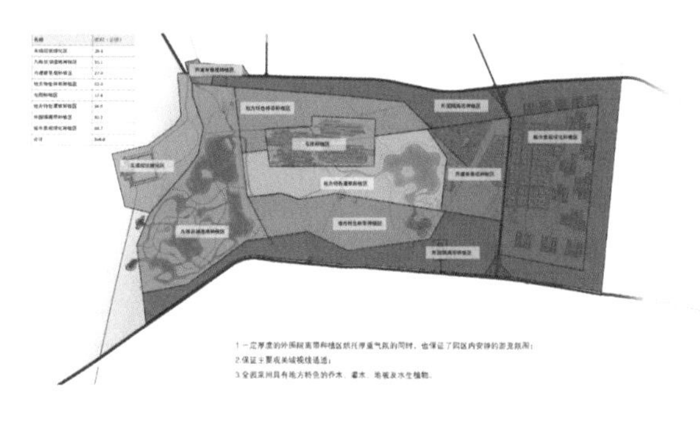

入口区植物配置说明：
利用道路流线及设计地形，营造具有地域特色的戈壁植物景观廊道。
主景植物：白刺、骆驼刺、红柳沿路种植。
配景植物：入口处点植白杨、胡杨。

生态旅店区植物配置说明：
以乔灌复层混交形式为主，局部点植乔木，营造相对静谧的居住环境。
主景植物：白刺、骆驼刺、梭梭等低矮植被片植于建筑周边。
配景植物：建筑内庭点植沙枣、红柳。

中心广场区植物配置说明：
以高大乔木群植为主，结合低矮灌木，营造内聚型的中心广场空间。
主景植物：白杨、胡杨、沙枣靠近路缘群植。
配景植物：红柳、梭梭于乔木下片植。

沙丘种植岛植物配置说明：
沿锈钢板种植池点植骆驼刺。

遗址博物馆、营地及室外休息区植物配置说明：
以场地原有白刺、骆驼刺为主，营造广袤的戈壁环境氛围。
主景植物：场地原有白刺、骆驼刺。
配景植物：红柳、拐枣点植于路缘。

生态停车场区植物配置说明：
停车位绿化种植红柳带。

管理服务中心区植物配置说明：
利用设计地形及植被，营造开阔的空间氛围，建筑南侧庭院可点植乔木。
主景植物：梭梭、白刺结合地形种植。
配景植物：管理服务中心建筑后侧庭院点植白杨，红柳。

生态围墙区植物配置说明：
沿红柳篱笆墙方向种植红柳，形成线性植物景观。

图 6-5-2 嘉峪关世界文化遗产保护与展示工程核心区植被规划与示意意向图
（资料来源：《嘉峪关世界文化遗产保护与展示工程核心区详细规划（2012—2025）》植物配置规划、鸟瞰图，中国建筑设计研究院建筑历史研究所、环境艺术设计研究院、建筑专业设计研究院）

图 6-5-3 锁阳城遗址考古遗址公园综合服务管理区植物配置规划图
（资料来源：《锁阳城遗址考古遗址公园规划（2019—2025）》植物配置规划图，中国建筑设计院有限公司建筑历史研究所、环境艺术设计研究院）

在防治风沙的同时，植物组群的搭配还形成了富有地域特色的景观（图 6-5-3）。

5. 湿地恢复

湿地恢复是指通过生态技术或生态工程对退化或消失的湿地进行修复或重建，再现湿地的原貌，使其发挥未被损坏前的功能。国家考古遗址公园的环境协调区内通过保护湿地水质、维护湿地的环境质量、加强湿地植被监测、控制外来物种入侵、建立湿地保护与公园协调发展机制等措施确保湿地的恢复。

例如，《七个星佛寺国家考古遗址公园规划》[12] 中公园所处焉耆地区水源充足，与焉耆地区的水系分布情况密不可分。地表水主要有开都河、黄水河、霍拉山沟、山泉及博斯腾湖；地下水资源储量多、水质好、埋藏浅，易于开采利用。佛寺建筑遗址群南、北两区之间的自然沟壑中原有一眼泉水，现已干涸。但沟壑及其西侧的大片区域仍然水源充足，形成了局部的水系与湿地景观。该规划方案中划分湿地景观展示区（图 6-5-4），利用沿遗址公园西侧带状分布、并在中部延伸至佛寺建筑遗址群的自然沟壑形成的湿地芦苇景观，增设展示木栈道及休憩展示场地，恢复并展示历史景观，阐释遗产价值的重要载体——遗产环境。

《嘉峪关世界文化遗产保护与展示工程核心区详细规划》[10] 中也采用了类似方法，通过恢复九眼泉湖水域湿地诠释了城与泉的关系（图 6-5-5）。

6. 植被覆盖

植被覆盖通常是指灌木林面积、农田林网占地面积以及四旁树木的覆盖面积。考古遗址公园分布广、占地大，在符合考古遗址历史环境特征的情况下，适当提高植被覆盖率是改善公园生态环境的有效措施。考古遗址公园内的植被要注意分区整治，在满足遗址展示需求的基础上改善公园生态环境。

例如，在《高句丽王城、王陵与贵族墓葬展示提升工程设计方案（一期）》[13] 中，设计者通过分析现状植被存在问题，有针对性地提升遗址区的植被覆盖率，在满足遗址展示要求的同时改善遗址游赏环境。

该遗址现状的植被主要存在以下三个方面的问题（图 6-5-6）：部分现状植被人工化痕迹严重，严重影响遗址整体环境风貌；缺乏养护管理，现状地被出现斑秃，需要进行更换；多数展示路线几无遮阴，影响游览体验。

设计方案制定了 6 条植物配置原则，对植被绿化进行提升，充分强调了展示遗址及其周边环境的重要性。

（1）通过绿化手段揭示遗址的整体格局、遗址结构和重要遗址点。

（2）绿化植被品种应保持地方性、历史性、功能性和遗产保护要求。

（3）按照自然形态进行绿化，避免园林化倾向。

（4）应该根据当地植被状况进行树种选择，禁止出现外来植物品种。

图 6-5-4　七个星佛寺考古遗址公园湿地景观区

图 6-5-5　嘉峪关九眼泉湖

图 6-5-6　高句丽王城、王陵与贵族墓葬展示区植被现状

（5）绿化应与遗址整体环境相融合，不对遗址干扰破坏。

（6）绿化应起到衬托遗址、美化环境的作用，不削弱遗址的主体地位。

在植物品种的选择上考虑适地适树，选用集安自然环境中原生树种与整体历史环境相协调。集安植被主体为森林植被群落，以针阔混交林、次生阔叶林为主。主要树种为蒙古栎、桦、杨，林下生长胡枝子、毛榛等小灌木。

在具体规划措施上，针对现状分片区整治，在满足遗址展示需求的基础上改善公园生态环境（图 6-5-7）。

（1）更新地被植物

针对现状地被斑秃的问题，更新规划区内地被植物。分两个区进行栽植，遗存范围及可能遗存范围采用白三叶进行植被标识；保护范围内的其他区域种植以早熟禾为主草种混播。无需对杂草进行清除，形成自然野趣的景观。需要注意对草坪的管理养护，避免杂草疯长，地被退化，再次出现斑秃现象。

（2）移除现状植被

移除对遗址整体环境氛围有影响的植被，包括行道树（垂榆），绿篱球，遮挡遗址主要观赏面的植被等。

（3）保持现状种植

对现状生长自然、位于遗存外围、不影响遗址整体观赏效果的植被予以保留。

（4）补增乔灌等植被

在靠近围栏范围、展示路线周边范围，补增白榆、水曲柳、樟子松、云杉等乔木、胡枝子、毛榛、连翘等灌木，提供遮阴，丰富景观层次，提高游客游赏体验质量。

（5）补增停车场乔木植被

在入口服务区生态停车场种植高大乔木，如水曲柳、白榆等。

6.5.4　历史生态环境修复设计的方法

1. 历史水系修复

水体水系的整治。考古遗址的历史环境因地域特色不同而不同，有的考古遗址保护范围内现状存在水体水系，有的考古遗址保护范围内历史上曾经拥有过水体水系，随着时代的变迁，现已干涸或成为其他用地。对于现存水体水系的整治，要依据考古遗址现状分布区域及现状地形地势就近沟通现状水系，使之形成有机的水体系统。尽量维持水体水系的自然形态，清理水体水系中的垃

图 6-5-7　集安将军坟遗址绿化提升

圾、杂草、淤泥等。对于历史上的水体水系，如条件允许，也可将水域恢复到原来的形态和大小。

大地湾遗址北缘的清水河是葫芦河的支流，葫芦河又是渭河的支流。相对于整个渭河流域而言，葫芦河流域是渭河上游一个相对独立的水系流域。因此，大地湾遗址属于葫芦河流域的一处重要文化遗址。在《大地湾遗址考古遗址公园规划》[9]中，根据航拍图显示和考古人员指认，冯家湾冲沟出口处原为清水河故道（图 6-5-8）。

《大地湾遗址考古遗址公园规划》[9]提出恢复清水河古河道，形成人工湿地区（图 6-5-9），并于河道两端的改道公路处设闸，控制蓄水量，在水位低枯时节用作调蓄水库。同时利用古河道的恢复，收集场地雨水，形成古河道湿地景观。古河道修复有利于营造遗址区的原始环境景观，有利于干旱地区绿化植被的养育浇灌，并为公众提供宜人的观赏环境。修复的古河道水域执行Ⅴ类水环境功能区标准，适用于农业用水及一般景观要求。

2. 地形地貌修复

对于不符合考古遗址历史环境的地形地貌，要根据考古勘探和文献查询的要求，尽最大可能整治，使其恢复历史风貌。

例如，圆明园环境整治工程就是按照《圆明园遗址公园保护规划》的要求保留山形水系相对完整的部分，有条件地进行整体修复。圆明园的九州景区是圆明园山形水系的典型代表，山形水系恢复的先期实施，奠定了圆明园历史皇家园林的风貌基础，这是圆明园遗址保护的需要，也是公园功能的需要。

在郑州大河村遗址环境整治工程设计方案中也提出了恢复外壕遗迹，展现遗址本体地形地貌特征。同时要求恢复岗地自然地形，对各类工程建设、农业活动造成的地形缺失、梯田等影响遗址展示的地形进行修复（图 6-5-10）。

3. 环境风貌修复

环境风貌的修复涉及内容较多，包括遗址公园内的搬迁工程；拆除公园保护范围内和建设控制地带内所有不符合保护要求的建、构筑物和其他无利用价值的人为设施；调整影响遗址展示的道路系统，以及对清理拆除后的场地实施还耕还绿措施等。

在《大地湾遗址考古遗址公园规划》[9]中，对规划范围内的环境主要进行了以下四项整治修复工作：

（1）搬迁工程：

根据《大地湾遗址保护规划》要求，搬迁邵店村、邵东村全村，以及冯家湾村（下）共 216 户 /964 人，建筑面积共 28581.46 平方米，占地面积共

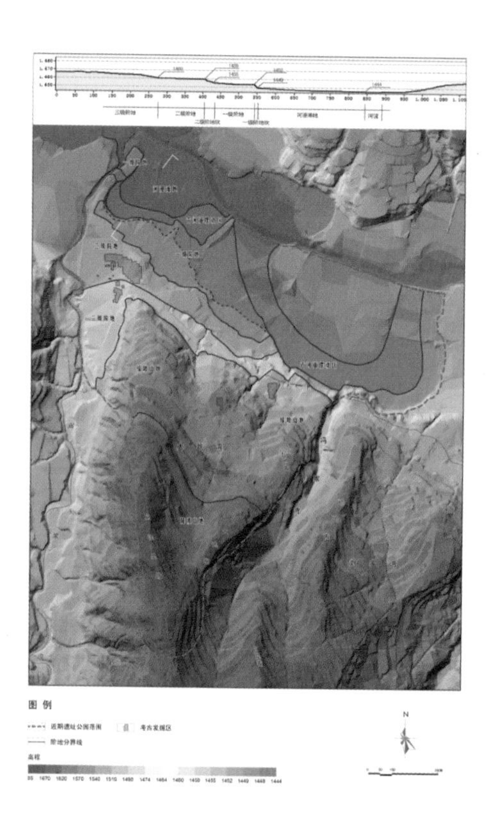

图 6-5-8　古环境地形分析
（资料来源：《大地湾遗址考古遗址公园规划（2014—2030）》古环境地形地势分析图，中国建筑设计研究院建筑历史研究所、环境艺术设计研究院）

图 6-5-9　恢复古河道效果意向图
（资料来源：《大地湾遗址考古遗址公园规划（2014—2030）》遗址公园总鸟瞰图，中国建筑设计研究院建筑历史研究所、环境艺术设计研究院）

69968.47 平方米，向西搬迁至五营乡规划用地，集中安置。居民搬迁后，保留冯家湾村（下）的 11 户、建筑面积 1327.56 平方米的传统样式民居，整饬后作为管理服务用房，其余建筑均拆除。

（2）对外道路交通调整

根据《大地湾遗址保护规划》要求，取消原穿越遗址重点保护区公路，改道公路沿清水河南岸设置，道路工程设计要求同时考虑清水河防洪措施。因此，调整穿越遗址的 X462 县道，在规划范围内沿清水河南岸设置，需调整道路长度约 3780 米。

（3）电线电缆埋地

按照《大地湾遗址保护规划》要求，实施“凡位于保护范围之内的照明等电线套用铅管浅埋，埋深不得超过 0.3 米；沟壑地带允许局部出露。凡位于遗址建设控制范围内的架空电线电缆和工程管网全部改为埋地方式”。

（4）垃圾清理

清理规划范围内的生活垃圾，特别是现状水渠内的垃圾、清理建筑拆迁后的场地建筑垃圾。

在《安吉古城考古遗址公园规划》[3] 中，环境风貌修复包括道路调整、轻轨调整、搬迁工程、绿化遮挡、电线电缆埋地、水环境整治和赋石水渠保护 7 个方面（图 6-5-11）。

（1）道路调整

按照文物保护的基本要求，应逐步取消遗址公园内、穿越城址和墓葬区的县道马南线的过境功能。此外，安吉县人民政府正在实施的农田整理工程将遗址公园内、外的居民点进行迁并后统一集中安置，故良朋至城区以连接沿线居民点和村庄功能为主的马南线在规划范围内的过境功能将大为降低。因此，规划将西山头居民点至窑岗居民点的马南线过境功能调整至遗址公园北侧。

（2）轻轨调整

依据文物保护的基本要求，需要调整《安吉县域总体规划研究（2012—2030）》中县域综合交通规划图上穿越全国重点文物保护单位安吉古城遗址、龙山越国贵族墓群一般保护区的城际轨道部分线位。选择城际轨道新线位应开展考古调查和勘探工作，避让不可移动文物，严格遵守《中华人民共和国文物保护法》等有关法律、法规的规定，并按法定程序办理报批审定手续。

（3）搬迁工程

依据保护总体规划和村庄规划的要求，综合考虑地方农村土地综合整治搬迁

图 6-5-10 郑州大河村考古遗址公园环境效果意向图
（资料来源：《大河村国家考古遗址公园修建性详细规划（2020—2035）》总鸟瞰图，中国建筑设计研究院有限公司建筑历史研究所、生态景观建设研究院、第一建筑专业设计研究院）

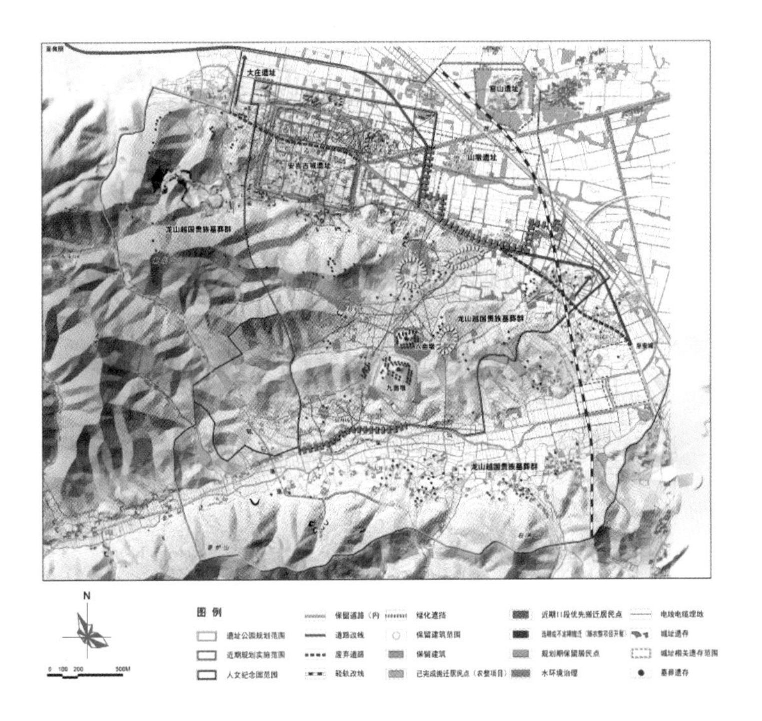

图 6-5-11 安吉古城考古遗址公园环境整治规划图
（资料来源：《安吉古城考古遗址公园规划（2017—2025）》环境整治规划图图，中国建筑设计院有限公司建筑历史研究所、环境艺术设计研究院）

安置政策、财政资金、遗存占压的情况和考古工作计划，分期分批规划搬迁工程。

（4）绿化遮挡

为统一遗址公园的内部整体景观，并使之与外部较为杂乱的村庄环境分隔开来，在遗址公园北侧和南侧分别设置绿化带遮挡。

（5）电线电缆埋地

按照《安吉古城安吉古城遗址、龙山越国贵族墓群保护总体规划（2013—2030）》的要求，实施整治架空线路工程。

（6）水环境整治

对遗址公园近期实施范围内的水系采取三种处理方式：①保留现有水体；②根据景观规划要求新增或扩大部分水体；③根据遗产价值的展示需求对护城河等历史水系进行修复。

对污染的水体进行治理；禁止向水域排放污水，已设置的排污口必须拆除；禁止在水域旁堆放工业废渣、生活垃圾、粪便肥料和其他废弃物。此外，对紧邻安吉古城遗址北城墙的定胜河渠进行改道，规划渠道在古城遗址保护范围外设置。

（7）赋石水渠保护

根据赋石水渠相关保护规定对水体及周边环境开展相应保护工作。

第 7 章

“展格局，营氛围”
——国家考古遗址公园植物配置设计

7.1

植物配置设计的功能与作用

植物配置是城市公园设计中最重要的元素之一，是完成公园生态职能的主要工具。而对于国家考古遗址公园来说，其主要目标是遗址的保护与展示，植物配置应以突出遗址保护与展示的功能为主，兼顾城市公园植物种植的一般功能。

7.1.1　城市公园植物配置设计的一般功能

对于城市公园来说，植物配置是主角。植物种植能够构成景物，丰富园林色彩；组合空间，控制风景视线；表现季节，增强自然气氛；改观地形，装点山水建筑；覆盖地表，维持生态作用；是美化城市面貌、改善城市环境的重要手段，还能随着时间、季相和气象的时空转换而表现出生物"产生—形成—成熟—衰落"的生长过程以及"春季的生机—夏季的苍劲—秋季的绚烂—冬季的沧桑"的动态植物景观特征。植物配置既是改变城市生态环境的客观需要，同时也常常作为景观中心，塑造美的意境，给人美的感受。

7.1.2　国家考古遗址公园植物配置设计的特殊功能

对于国家考古遗址公园来说，公园的主题是遗址的保护与展示，植物配置是配角。遗址保护区内的植物配置不得破坏遗址、不得喧宾夺主，要服从和服务于遗址的保护与展示。一般来说，除为了满足游客科普、文化教育、游憩等需求，植物个体与群体搭配的景观意向美在考古遗址公园当中往往很少强调。

1. 诠释遗址本体及周边环境价值

在遗址保护范围内，植物配置要服从和服务于遗址的保护与展示。在遗址的保护展示内容中已经分析过，绿化标识是常见的遗址本体展示方式之一，即在地下遗址进行回填保护后，通过在地面上种植浅根系灌木、地被和铺设草皮，示意地下遗址的格局和范围。如殷墟王陵遗址采用的绿篱示意了地下王陵的墓葬格局（图 7-1-1）；老司城的部分建筑基址采用了铺设白三叶草坪的方式作为地下遗存的范围展示（图 7-1-2）。

2. 营造与烘托遗址历史环境氛围

遗址价值包括遗址所处的历史环境。遗址一旦脱离了它所植生的历史环境，其价值展示就会受到影响。在遗址周边配植符合遗址氛围的植被进行展示，能够起到营造与烘托遗址历史环境氛围的作用。

例如，圆明园大水法残缺的巨型石块散落在荒草野花之间，氛围萧索荒凉，强烈的对比让公众在想象圆明园当年胜景的同时，也激发起对英法联军罪恶行径的愤慨和强烈的爱国情绪，遗址展示所起的教育作用得到了极大程度的发挥。高句丽将军坟遗址区将高大植被移除，平整低矮的草地和灌木将一座座墓葬衬托得更加雄伟显眼（图 7-1-3）。

3. 改善国家考古遗址公园生态环境

遗址周边的历史生态环境是遗址本体生成和延续的条件。遗址周边环境整治是考古遗址公园建设的重要工作之一。整治遗址的周边环境，很大一部分工作是对其历史生态环境进行恢复建设，让人们能够在遗址历史环境中体会历史变迁的沧桑。一般来说，植物配置能够明显改善遗址周边环境质量，在抑制水土流失，改善空气、水体质量，避免噪声污染等方面对保护遗址起到积极作用。由于我国大遗址多为土遗址和木质遗址，随着时代的变迁，生态环境的改变，地面遗址多数已被毁坏，保存下来的多为地下遗址。然而，地下遗址上层土壤也正面临水土流失严重、生态环境脆弱等自然化问题，合理选择适当的植物配置能够抑制遗址上层土壤因雨水冲蚀造成的水土流失，从而保护了地下遗址。有些绿化植物还具有较强的除菌消毒、吸附粉尘等能力，这对净化遗址周边空气，保护遗址不受污浊气体侵蚀等方面产生了积极的作用。另外，植物配置还可以帮助遗址恢复历史生境，重新找回属于遗址历史环境的那片适合昆虫、鸟类等小动物活动和栖息的自然生境。例如，嘉峪关世界文化遗产公园在植物设计中，就通过开展环境考古进行环境整治，参照历史文献和研究成果恢复湖岸植被，净化水质，再现了河西走廊地区的特色自然湿地景观，优化了遗址生态环境。

4. 协调考古遗址历史环境与城市环境的过渡

在建设控制地带以及环境协调区带，植物配置以改善国家考古遗址公园生态环境为主，在绿化效果上是协调遗址历史环境和城市环境的过渡区域。在环境协调区，或种植高大乔木形成绿色屏障，隔离周边现代城市环境的影响，或

图 7-1-1　绿篱标识殷墟王陵墓葬格局

图 7-1-2　老司城遗址白三叶标示建筑基址

图 7-1-3　高句丽将军坟遗址前平整低矮的草地和灌木衬托墓葬的雄伟

采用生态修复措施与周边乡野环境相协调，都是为了更好地展示遗址环境，并对遗址进行有效保护。嘉峪关世界文化遗产公园位于戈壁与城市之间的过渡带，公园整体体现由绿洲向城市的过渡、由自然向人工的过渡、由历史向现代的过渡。一定厚度的外围隔离带种植区在烘托厚重气氛的同时，也保证了园区内安静的游览氛围，协调了历史环境与城市环境（图 7-1-4）。

5. 满足游客科普、文化教育、游憩等需求

国家考古遗址公园依据遗址展示空间和功能空间的不同，应当满足游客科普、文化教育、游憩等的不同需求。围绕游客服务场地和设施，植物配置应当满足遮阴、造景等游客服务功能。对于国家考古遗址公园内满足游客服务功能的建（构）筑物，为了与遗址公园及其氛围相协调，需要通过植物在建（构）筑物和遗址之间进行协调，努力淡化外观形象，尽量消隐于环境当中。自古以来，植物被赋予了多种精神品质和故事传说，不同的遗址特色可以通过植物寓意来展示。例如，在我国古代陵寝园林中就有“松树代表天子，柏树代表诸侯，栾树代表大夫，槐树代表士，杨柳则代表庶人”的说法。在乡村民俗中也有“前不栽桑，后不栽柳，院里不栽鬼拍手”的俗称。这些植物文化是中国传统文化的重要组成部分，在不同特征的国家考古遗址公园的植物配置中要有所传承与表达。

图 7-1-4　历史环境→城市环境自然过渡的嘉峪关世界文化遗产公园
（资料来源：毛富）

7.2

植物配置设计的原则与要求

7.2.1 考古遗址公园保护范围内的绿化展示

国家考古遗址公园保护范围内的植物配置要与遗址的保护和展示相结合。

1. 以不对遗址造成任何破坏为基本原则和前提，必须在遗址得到有效保护的前提下，进行绿化展示和生态恢复。

考虑植物根系特点，设定与遗址的安全距离，避免植物对遗址可能造成的破坏。植物配置虽然能在一定程度上防止遗址上层水土流失，但遗址也将受到绿化植物根系的长期威胁，深根性植物对遗址的危害更加严重。因此，若是为了对地下遗址进行模拟展示或防止水土流失而在遗址上方实施植物配置时，必须选择浅根系植物，坚决制止选择深根系植物，以防对遗址造成建设性或展示性破坏。

例如，汉长安城未央宫遗址在地下距离地表 0.4 ~ 0.5 米处有宫殿、官署等建筑基址，这些遗址埋藏极浅，深耕、退耕种树或移植苗木的过程都会对遗址造成毁灭性的破坏。农作物种植过程中大水漫灌的水流冲刷和积淤对遗址的破坏也相当严重，特别是现代水渠的下挖，对遗迹造成了直接的破坏，因此，可以采用草坪进行展示（图 7-2-1）。

2. 以考古工作成果为基础，依据考古研究成果进行绿化标识展示，植物配置服从和服务于遗址保护与展示。

不同类型的国家考古遗址公园保护范围内的绿化方式也不同。例如在宫殿遗址和古城遗址中，遗址的建筑布局是展示的主题，植物配置更多是展示建筑轮廓和道路骨架；在大型古代墓葬中，植物配置多用于营造庄严肃穆的环境氛围；在古人类遗址中，植物配置则多用于展现自然景观风貌，最大限度地还原历史环境的原真性；在一些修复展示的宫苑遗址中，植物配置则可以借鉴古典园林的种植手法，展现中国古典园林的植物造景之美。在金沙国家考古遗址公园植物配置中，为了还原历史环境又不破坏遗址本体，在原土层上加厚 2 米覆土，

图 7-2-1　以草坪为基底，突出未央宫遗址的展示

并种植银杏、楠木、水杉等浅根系珍贵树种，创新了国家考古遗址公园保护范围内的植物配置方式。

3. 植物设计效果应尊重遗址历史场景和地域特征，保持野趣，尽可能避免运用人工化、园林式的设计手法。

人工化、园林式的设计手法会使遗址公园趋同于普通的城市公园，失去了其特有的历史环境特征。植物配置应只起到衬托遗址的作用，而不可喧宾夺主。

4. 立足于遗址现有植被，并加以合理、充分利用。

现有植被在一定程度上反映了当地的植物条件与风貌，应在不影响遗址保护与展示的基础上尽量保留，更有利于遗址环境的营造，体现遗址的历史氛围。同时，考虑到后期维护难度，有效地利用现有植被，能够降低维护成本，使设计效果长久，形成可持续景观。

7.2.2 国家考古遗址公园保护范围外的生态恢复

国家考古遗址公园保护范围外的植物配置主要是满足遗址历史生态环境恢复的需要。

1. 不同的区位条件，其生态恢复的措施也有所不同。应根据遗址公园所处区位选择适宜的生态恢复措施。

处于城市中心或者城乡接合部的考古遗址公园，被现代建筑所包围，一般需要在环境协调区带种植高大乔木，形成良好的绿色屏障，以削弱现代生活带来的噪声、降尘、大气污染等对国家考古遗址公园环境及遗址本体的影响。在美化城市面貌、改善城市生态环境的同时，对遗址也进行了有效保护。位于乡村和荒野之中的国家考古遗址公园，环境协调区的植物配置采用适当的生态修复措施育林植草，提高植被覆盖率。通过植物配置所起的生态保护作用，促使国家考古遗址公园保护范围和环境协调区的生态环境逐渐趋向良性循环。

2. 考古遗址保护范围外的植物配置区域在条件允许的情况下，要建设多林种相结合的植物配置体系。

植物配置体系的规划要从生态恢复、景观美化、生产防护等方面入手，结合国家考古遗址公园的规划设计统筹考虑，适当建设生态防护林、水土保持林、水源涵养林、风景观赏林、经济果木林等。使国家考古遗址公园保护范围外的植物配置既实现了生态恢复、美化了环境，营造了植物特色景观，同时又给国家考古遗址公园带来了绿色经济效益。

7.2.3 植物种类的选配

国家考古遗址公园植被的选择主要从三个方面进行。

1. 以考古为依据，根据遗址出土碳化植物种子、土壤孢粉分析结果等选用植物。

国家考古遗址公园通过分析遗址区出土的碳化植物种子和土壤孢粉，寻找到历史环境中生长过的植物品种，这些植物品种的运用可以使植物配置与遗址特征和历史风貌更加契合。例如，大河村国家考古遗址公园根据大河村遗址出土的大量高粱、粟、黍、菽、莲子等碳化物种子，通过种植高粱、粟等作物于农田景观区，种植荷花于湿地景观区的方式，共同营造了史前环境景观。

2. 以历史为依据，根据历史记载、文献和研究中提及的植物品种进行选择。

植物种植应当体现植被作为遗址价值载体的作用，历史记载、文献和研究在一定程度上能够反映当时的植被状态。例如，在《汉长安城遗址国家考古遗址公园未央宫片区详细规划》[4]中开展植被设计时，在充分考虑适地适树的生态性原则基础上，优先选用文献和研究提及的“汉代长安城中主要植物”和“张骞等使者自西域引种至长安及关中地区的主要植物”；部分展示分区内主要选用文献和研究提及的“汉代长安的主要作物”、“汉代上林苑主要种植的植物”和“汉代关中地区主要的用材树种和经济林木”。如：

“汉代长安城中主要植物”：油松、梧桐、榆树、垂柳、柘树、刚竹、桑树、葡萄等；

“张骞等使者自西域引种至长安的主要植物”：胡桃、苹果、石榴、紫苏、大麦等；

“汉代长安城中主要作物”：大麦、葫芦、韭菜、冬葵等；

“汉代上林苑主要种植的植物”：麻栎、梓树、女贞、芍药、棣棠、山桃、垂柳、菖蒲等。

值得注意的是，所有植物须查考汉代植物名称，以对应现在的植物品种。

3. 以现状为依据，适地适树，选用适宜当地气候条件的乡土植物。

由于考古依据与历史依据比较有限，还需要通过补充乡土植物种植来丰富考古遗址公园的环境景观。例如，阖闾城考古遗址公园植被配植就调查了无锡地区自然分布植被的特征，以及遗址公园规划范围内现状的主要树种，选用了与历史研究有一定相关性的乡土植物。

7.3 植物配置设计的策略

国家考古遗址公园植物配置应从总体上把握和提炼，使之符合遗址气质的景观特征和遗址周边的自然资源特色，按照遗迹的分布特征、遗址公园的展示结构进行植物配置。具体可以从以下几方面着手，现以《汉长安城未央宫遗址环境修复植物专项设计方案》[15] 为例。

遗址概况 [1]：汉长安城未央宫国家考古遗址公园是 2014 年丝绸之路申遗的重要起始节点。汉长安城是中国西汉帝国（公元前 2 世纪—公元 1 世纪）的都城，始建于公元前 202 年。城址位于陕西省西安市西北郊的渭河台塬上，南屏秦岭，西邻皂河，北临渭河。未央宫位于汉长安城内西南隅，始建于公元前 200 年，平面近似正方形，面积约 4.8 平方公里，约占汉长安城总面积的 1/7，是汉长安城中最重要的宫殿、汉帝国的权力中心、汉长安城的核心组成部分，同时也是西汉时期、王莽新朝时期等各朝皇帝的居住、朝会之所，以及西汉帝国 200 余年间的政令、权力中心。宫城四面开宫门，城四隅建角楼。宫内有东西向和南北向的干道。主体宫殿建筑群前殿位于宫城中部略偏东，是建于同一台基上的一组高台建筑群。前殿以北为椒房殿、中央官署以及少府等皇室官署。宫城西南部为皇宫池苑区，有沧池等遗存。宫城北部分布有皇室的文化性建筑天禄阁、石渠阁等。宫城西、南侧为汉长安城西、南城墙，目前发现有直城门、章城门、西安门三座城门；宫城北侧为直城门大街，东侧为武库和安门大街。此外还有城濠、城外道路等遗存（图 7-3-1、图 7-3-2）。

7.3.1 注重现场调研，梳理现状植被

1. 现状植被调研

设计之初，团队用了近半个月的时间进行现场踏勘，充分了解原生植被分布

[1] 资源来源：《汉长安城遗址国家考古遗址公园未央宫片区详细规划（2012—2018）》。

图 例

1. 直城门遗址
2. 西安门遗址
3. 遗址博物馆
4. 章城门遗址
5. 沧池
6. 明渠
7. 前殿遗址
8. 椒房殿遗址
9. 少府遗址
10. 中央官署遗址
11. 未名夯台遗址
12. 窑址
13. 石渠阁遗址
14. 天禄阁遗址
15. 汉长安城遗址监测中心
16. 武库遗址
17. 主入口
18. 次入口

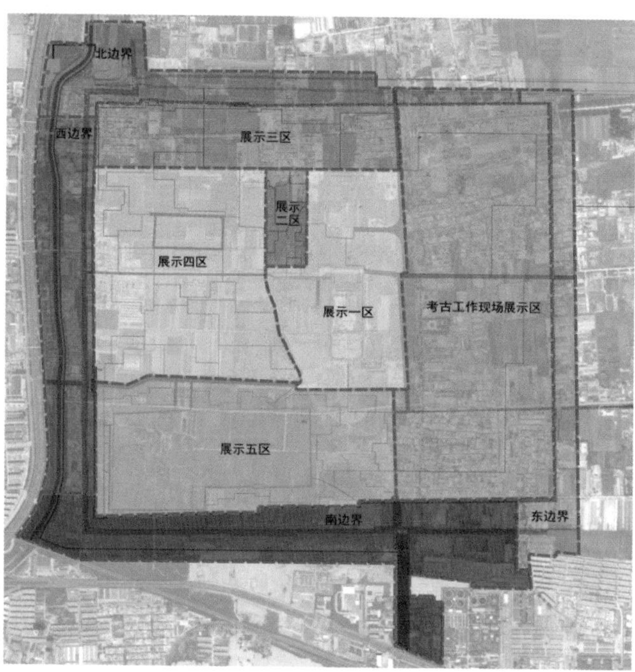

图 7-3-1 汉长安城未央宫国家考古遗址公园方案设计

（资料来源：《汉长安城遗址国家考古遗址公园未央宫片区详细规划（2012—2018）》考古遗址公园总平面图，中国建筑设计研究院建筑历史研究所、北京北林地景园林规划设计院、中元工程设计顾问有限公司）

图 7-3-2 汉长安城未央宫国家考古遗址公园展示分区方案设计

（资料来源：《汉长安城未央宫遗址环境修复植物专项设计方案》设计范围分区示意图，中国建筑设计研究院建筑历史研究所、环境艺术设计研究院）

及生长情况。经调研发现设计范围内的植物数量较丰富，成片分布的植物主要包括：杨树、松树等乔木，种植类型为经济林；桃、杏、樱桃、葡萄等灌木和经济作物，种植类型为果园；其他还有苗圃、耕地等。其中，以速生杨经济林面积最大。耕地中，塑料大棚种植西瓜、陆地种植油菜、小麦等作物，不再继续耕种的土地有自然生长的成片播娘蒿、狼尾草等野草。部分裸露土地零星分布夏至草、蔓生婆婆纳、播娘蒿等野草。未成片分布的植物主要包括：现状道路两侧和各村庄拆迁基址间的乔木，以及现有的人工游园内的各种乔木、灌木等园林树种（图 7-3-3）。

现状植物具有一定的复杂性，如何对其充分利用也具有一定难度。

（1）苗圃、果园、经济林等规则形态的种植方式，所占面积巨大，与遗址整体氛围不符，其中部分果园、经济林严重影响了遗址的空间格局，需要调整。

（2）现状植被中，存在樱花、雪松、紫荆等与考古工作和历史文献记载、孢粉分析不符的品种，需要调整。

（3）现状地被野草情况较复杂，种类较多，品种和各季生长状况不明，且部分呈斑秃状，需在长期调研监测后确定品种，开花时令，进行补种并考虑衔接问题。

2. 现状植被梳理

根据现场调研，以遗址保护要求为基础，优先考虑植物分布是否符合遗址整体格局，同时结合植物生长状况、历史文献记载、孢粉分析数据等，明确各处现有植被应当如何处理，提出具有针对性的现状植被梳理导则（图 7-3-4）。

根据现场调查归纳总结，涉及的现有植物分为保留、调整、迁移、清除四种情况进行处理。

（1）保留——保留不影响遗址格局的现状乔木及地被中的野花野草。

（2）调整——调整不影响遗址格局的现状植被的种植形式，打破规则式种植，形成自然组团形态，增加植物种类，丰富种植空间。

（3）迁移——迁移可利用现状植被，凡与各分区设计中品种相符的树种就地迁移至该分区进行栽植。

（4）清除——清除现状长势不良的植被、人工草坪及占压遗址影响遗址格局的树种。

7.3.2　植物配置构建遗址整体格局与历史环境氛围

植物配置在遗址中的主要作用是衬托遗址，突出遗址格局特征，营造历史环境范围。

《汉长安城未央宫遗址环境修复植物专项设计方案》[15] 的植物配置，主要以

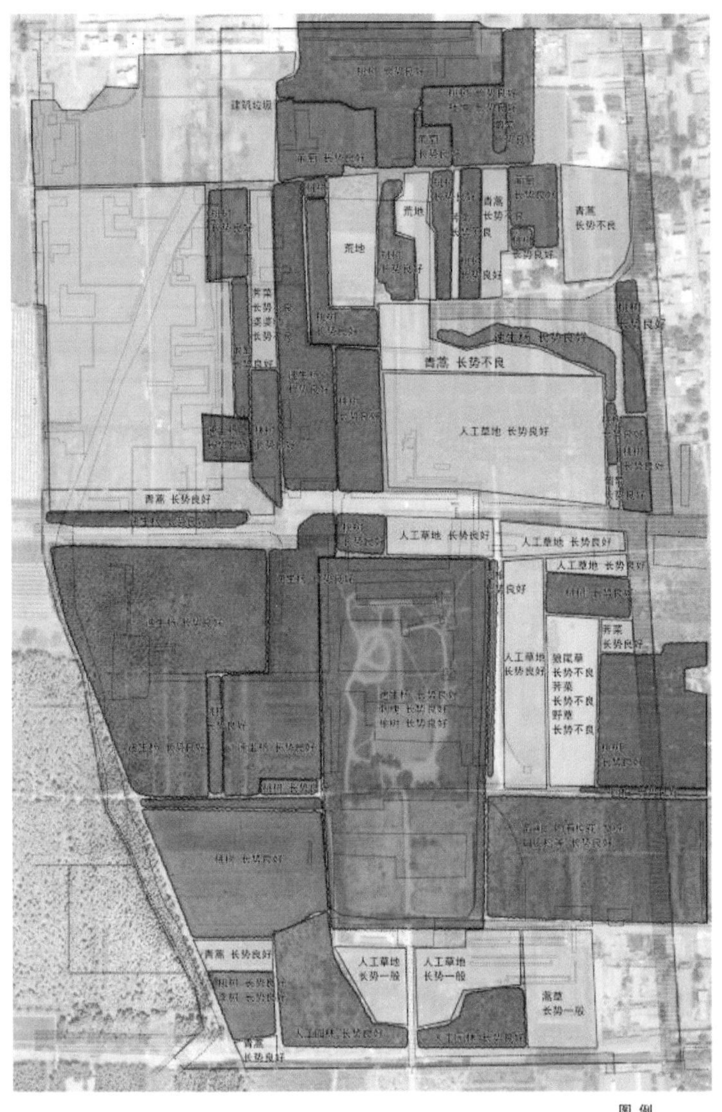

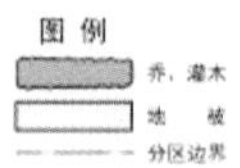

速生杨

皇城苗圃

蒿草、荠菜

图 7-3-3 汉长安城未央宫遗址展示一区现状植被

（资料来源:《汉长安城未央宫遗址环境修复植物专项设计方案》展示一区植物现状图，
中国建筑设计研究院建筑历史研究所、环境艺术设计研究院）

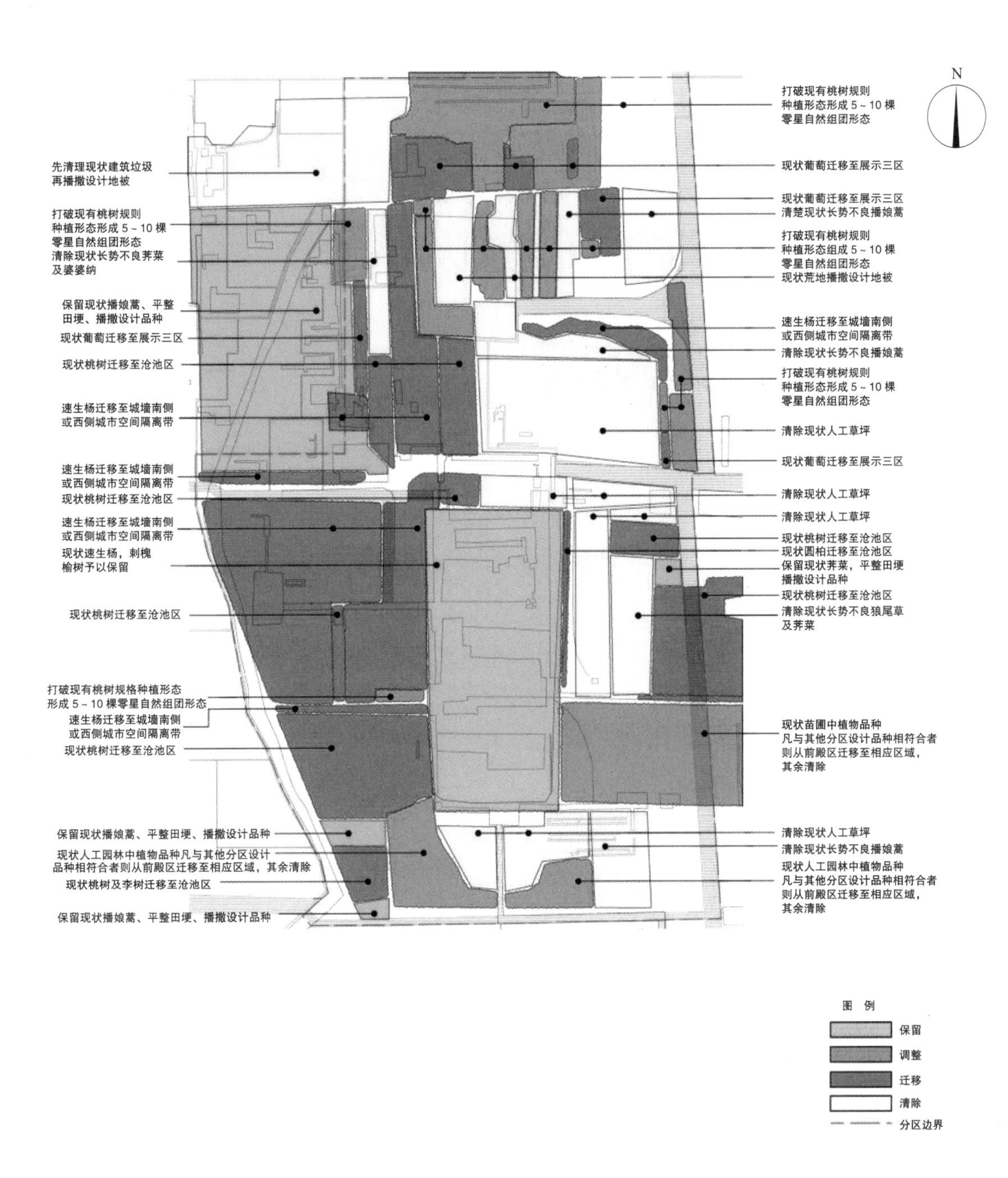

图 7-3-4 汉长安城未央宫遗址展示一区现状植被梳理导则
（资料来源:《汉长安城未央宫遗址环境修复植物专项设计方案》展示一区导则，
中国建筑设计研究院建筑历史研究所、环境艺术设计研究院）

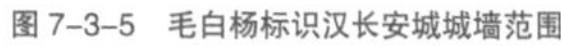

图 7-3-5　毛白杨标识汉长安城城墙范围

图 7-3-6　油松标识汉长安城道路边界

构建遗址整体格局为主，采取了以下三种处理方式：

（1）勾边——利用树阵勾勒遗址的城、宫、路的三层空间格局。

城墙外侧：毛白杨 8 ~ 15 排，勾勒汉长安城范围边界（图 7-3-5）。

宫墙外侧：圆柏 3 排，勾勒未央宫范围边界。

道路两侧：油松 + 国槐，设置林荫路，标示汉代主要道路

油松，标示汉代次要道路（图 7-3-6）。

（2）打底——将撒播当地野草种子形成的均质化基底作为遗址公园的底色，同时混播不同颜色的野花地被体现分区特征。

展示一区（前殿区）：野草种子 + 结缕草 + 白三叶

展示二区（过渡区）：野草种子 + 结缕草 + 红粉色系地被菊 + 石竹

展示三区（两阁区）：野草种子 + 蓝紫色系地被菊 + 二月兰、紫花地丁

展示四区（官署区）：野草种子 + 黄白色地被菊 + 蒲公英

展示五区（沧池区）：红花酢浆草 + 结缕草

水（沧池、城壕、明渠）：紫花苜蓿 + 早熟禾

考古工作现场区：小麦

（3）选配——根据“汉代植物用途及种植方式”选配植物品种和种植方式。在道路两侧、建筑周边、沧池池内和池边、明渠两侧选用符合遗址特征的特定植物构建遗址整体格局与氛围（图 7-3-7、图 7-3-8）。

还有一些国家考古遗址公园以营造历史环境氛围为主，现以《大地湾遗址考古遗址公园规划》[9] 植物配置为例。遗址公园内的植物作为考古遗址的底景，起到营造历史氛围、衬托聚落整体格局和隔离周边村庄的作用。其配置方式则是根据展示功能分区的不同需求，确定各分区景观特征进行植物配置规划（表 7-3-1、图 7-3-9）。

图 7-3-7 不同地被示意不同展示功能区

图 7-3-8 建筑基址周边植物配置

植物配置表 表 7-3-1

分区		作用	种植方式	树种选择	
				主景植物	配景植物
入口及生态体验区		修复历史环境，改善遗址环境现状的时空差异	针阔混交，疏林草地	油松、云杉、侧柏、榆树、栎树、花楸、白蜡等乔木，蒿属、草地早熟禾等草本	搭配三桠绣线菊、小叶鼠李等灌木及草花
博物馆区		作为建筑的配景，美化景观	点景树，组团式种植	榆树、栎树、白蜡等	搭配苹果、山杏、绣线菊等
历史环境修复区（模拟古环境植被）	二区	修复古河道历史环境，改善遗址环境现状的时空差异	水生植物、耐水湿植物	芦苇、荻花、细叶芒草、菖蒲、香蒲、红蓼、禺毛茛等	
	一区	修复历史环境，改善遗址环境现状的时空差异	落叶阔叶，疏林草地	栎树、榆树、花楸、白蜡等乔木，蒿属、草地早熟禾等草本	搭配三桠绣线菊、小叶鼠李等灌木及草花
景观过渡林区		修复历史环境，改善遗址环境现状的时空差异	灌木草地，点植大树	三桠绣线菊、小叶鼠李等灌木，蒿属、早熟禾等草本	榆树、栎树、槭树、白蜡等点植
遗址现场展示区（模拟古旱作农业种植）	一区	展示原始旱作农业	旱作农业	黍：粟 8 ： 2	油菜花 榆树、栎树、花楸、白蜡等点植
	二区	展示原始旱作农业	旱作农业	黍：粟 8 ： 2	豌豆 榆树、栎树、花楸、白蜡等点植
遗址周边		为遗址展示服务，选择浅根性植物避免破坏遗址	草地为主，点植大树	草地早熟禾为主加石竹、二月兰、翠菊、蒲公英等草花种子混播	榆树、栎树、槭树等点植
生态还草区		固土，涵养水源，防治水土流失，保护自然地形地貌，改善生态环境	草地为主，配置根系发达的灌木	蒿属草本 + 草地早熟禾 + 匍匐剪股颖 + 草花种子混播。搭配麻黄、高山绣线菊、三桠绣线菊、柽柳等灌木	榆树、栎树、核桃、槭树等点植
生态还林区		涵养水源，防治水土流失，保护自然地形地貌，改善生态环境	针阔混交，密林种植	油松、冷杉、栎树、栗树、花楸为主，保留现状苹果、刺槐等	搭配绣线菊等灌木
现状农业种植区		现状保留	旱作农业	小麦 80% 油菜花 20%	国槐、刺槐、核桃、臭椿等点植

（资料来源：《大地湾遗址考古遗址公园规划（2014—2030）》植物配置规划设计，中国建筑设计研究院建筑历史研究所、环境艺术设计研究院）

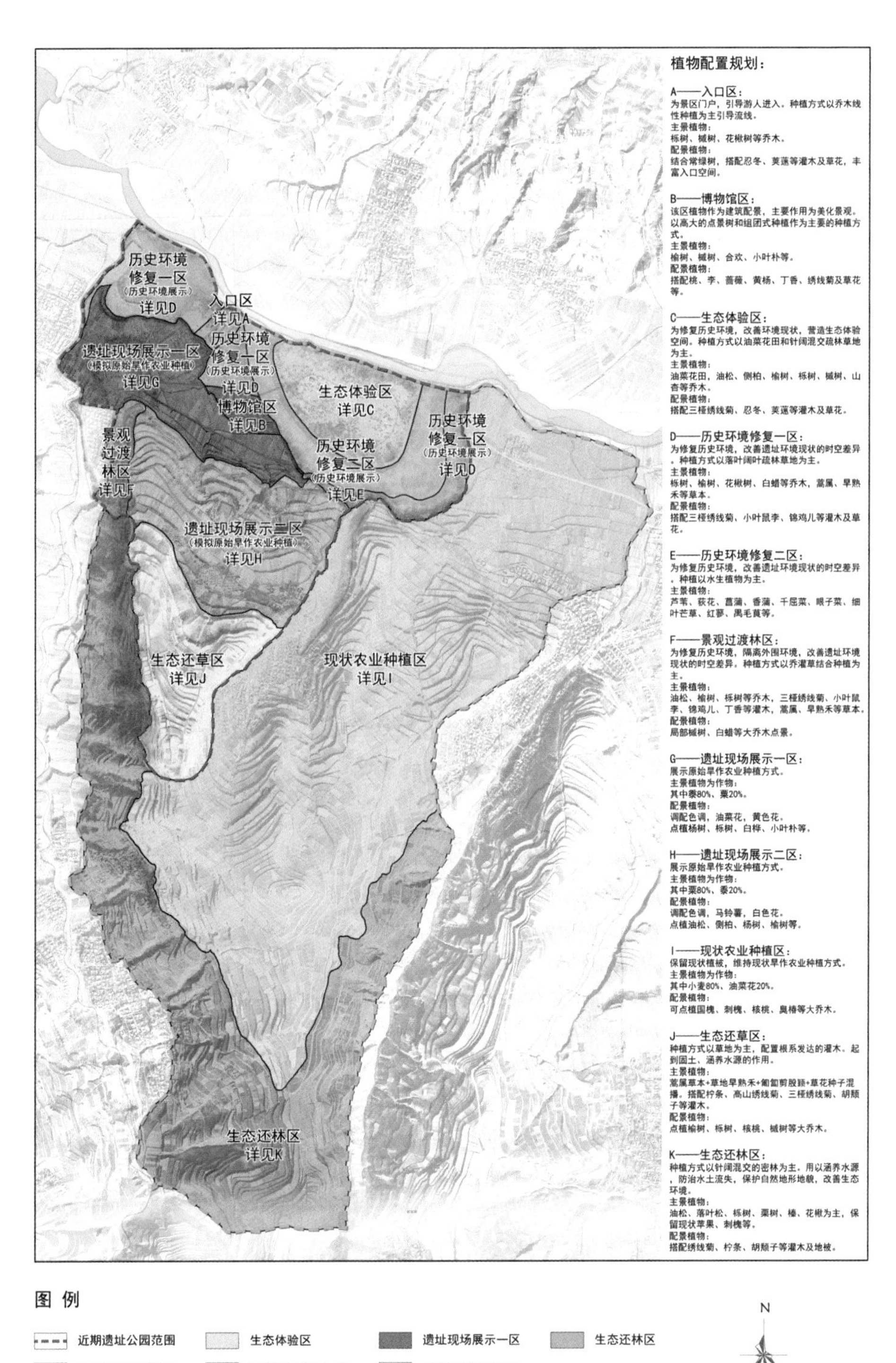

图 7-3-9　大地湾考古遗址公园绿化种植规划图
（资料来源：《大地湾遗址考古遗址公园规划（2014—2030）》植物配置规划示意图，中国建筑设计研究院建筑历史研究所、环境艺术设计研究院）

《湖州昆山考古遗址公园规划》[5]也采用了类似的植物配置形式，分为三个重点展示区。

（1）遗址重点保护区：地处文物密集区，场地设计应秉持最小干预原则。乔木以保留为主，梳理长势不好及过密的组团。补植以灌木地被为主，增加群落层次，丰富植物景观的观赏性，并为未来的考古挖掘工作预留充足的弹性。

（2）田园耕作种植区：集中展示桑基圩田的文化内涵，展示相关文化植物，丰富游赏体验。以水稻及芦苇等植物打造特色植物景观，如稻花人家、芦花岸等关键节点。

（3）历史水文体验区：该功能区根据孢粉和树木遗存分析，结合湖州市植物现状，甄选出一系列植物品种，作为古环境复原体验区，在孙家墩范围集中展示桑基鱼塘文化（图 7-3-10）。

7.3.3 营造环境氛围满足游客休憩服务需求

国家考古遗址公园内根据遗址保护与展示需求会配置必要的游客服务场地及相应的设施。

围绕游客服务场地及设施进行植物配置，满足遮阴、造景等游客服务需求。例如，未央宫汉长安城遗址陈列馆服务节点庭院内，结合石虎种植了油松，形成一组景观（图 7-3-11）。

7.3.4 根据土壤扰动深度限定确定植物最小安全距离

除常规种植要求外，遗址公园内植物的种植以不对遗存造成任何破坏为前提和基本原则，充分考虑植被对遗址本体的影响并进行评估。

纵向上，严格遵循《汉长安城遗址国家考古遗址公园未央宫片区详细规划》[4]对于该区域土壤扰动深度的限定要求，合理布置乔木、灌木的栽植位置（表 7-3-2）。

横向上，为避免植物及其根系水平生长对遗址的影响，参考《公园设计规范》GB 51192—2016 对于公园树木与地面建筑物、构筑物外缘最小水平距离的规定以及公园树木与地下管线最小水平距离的规定，在遗址公园的设计中，以更严格的标准要求，确定乔木、灌木与遗存间的最小安全距离为 5 米。

图 7-3-10　湖州昆山大遗址公园种植分区方案设计
（资料来源：《湖州昆山大遗址公园景观设计方案》种植规划，中国建筑设计研究院有限公司）

扰土深度限定表　　**表 7-3-2**

<table>
<tr><th>地块分类</th><th colspan="2">范围</th><th>扰土深度限定</th><th>工程要求</th></tr>
<tr><td rowspan="3">禁止动土范围</td><td rowspan="2">建筑基址</td><td>已探明建筑基址的依存范围</td><td>0 米</td><td>仅允许本体保护和展示工程，局部揭露展示可不受扰土限定</td></tr>
<tr><td>边界外扩 5 米的安全范围</td><td>≤ 0.3 米</td><td>仅允许浅根系草类植物种植</td></tr>
<tr><td colspan="2">现代建筑占压和未系统钻探的重要遗存分布区</td><td>≤ 0.3 米</td><td>仅允许浅根系草、灌类植物种植</td></tr>
<tr><td rowspan="5">限制动土范围</td><td rowspan="3">道路遗存</td><td>已探明的古代主干道路遗存范围</td><td>≤ 0.5 米</td><td rowspan="2">道路工程和基础设施管线铺设需满足深度限定</td></tr>
<tr><td>次要道路遗存范围</td><td>≤ 0.3 米</td></tr>
<tr><td>主干道路两侧外扩 10 米无遗存范围</td><td>≤ 1.0 米</td><td>允许道路遗存两侧植树</td></tr>
<tr><td rowspan="2">水体遗存</td><td>深水区</td><td>≤ 1.0 米</td><td rowspan="2">水环境恢复以淤土层埋深为限定值，不得破坏淤土层</td></tr>
<tr><td>浅水区</td><td>≤ 0.7 米</td></tr>
<tr><td rowspan="2">控制动土范围</td><td colspan="2">经系统考古勘探确认的无遗存区</td><td rowspan="2">不限</td><td rowspan="2">所有建设工程的开展需有考古人员现场配合</td></tr>
<tr><td colspan="2">安门大街、南护城河、直城门大街外侧及西城垣西侧至皂河的一般区域</td></tr>
<tr><td>无扰土限定范围</td><td colspan="2">西三环东侧至皂河东侧驳岸</td><td>不限</td><td>无</td></tr>
</table>

（资料来源：《汉长安城遗址国家考古遗址公园未央宫片区详细规划（2012—2018）》，中国建筑设计研究院建筑历史研究所、北京北林地景园林规划设计院、中元工程设计顾问有限公司）

图 7-3-11 汉长安城遗址陈列馆庭院景观

7.3.5 注重现场设计与配合

在实施过程中，基于对遗址安全性和现场复杂性的考虑，要求设计师在工程各个阶段深入现场进行设计与配合，开展以下几个方面的工作。

1. 现状植被整理阶段，在现场与施工方明确现状保留植被品种并对其进行坐标定位。

2. 选苗号苗阶段，根据苗木品种、规格等，赴苗圃或山野寻找符合遗址环境的植被。并在可能的情况下于现场周边进行假植，以便利于植被的生长与存活。

3. 栽植阶段，除常规种植要求外，遗址公园内植物的种植以不对遗存造成任何破坏为前提和基本原则，与考古人员共同确认符合遗址安全的栽植位置，确定避让现状场地中地下管线及地面构筑物的原则等。

第8章

“保安全，促生态”
——国家考古遗址公园水生态系统与海绵体系设计

8.1

水生态系统与海绵体系设计的意义

水作为生命之源，在人类社会发展过程中至关重要。水源的分布决定了人类生活区域的范围，理水的技术水平决定了人类文明的高度。水系统设计在有效复原遗址水系格局、解读遗址区域人类活动特征、还原遗址遗迹历史状态方面意义重大。除了复原遗址水系，水生态和海绵体系的构建还能够保证遗址的水资源、水安全和水环境状态，同时为营造水文化和展示水景观提供条件。水资源梳理论证为恢复遗址区域水系统创造可能性，并为项目的实施提供重要的操作依据。水安全评估和海绵体系的建立可以梳理场地雨水状态，消除雨洪安全隐患，维护遗址的长久稳定。水环境和水质确保了遗址区域的水系功能和形象，为遗址的水系状态复原和文化展示提供了丰富的内涵和素材，而水生态系统与海绵体系共同构建了每一个国家考古遗址公园独特的水景观体系，是国家考古遗址公园建设的灵动表达（图 8-1-1）。

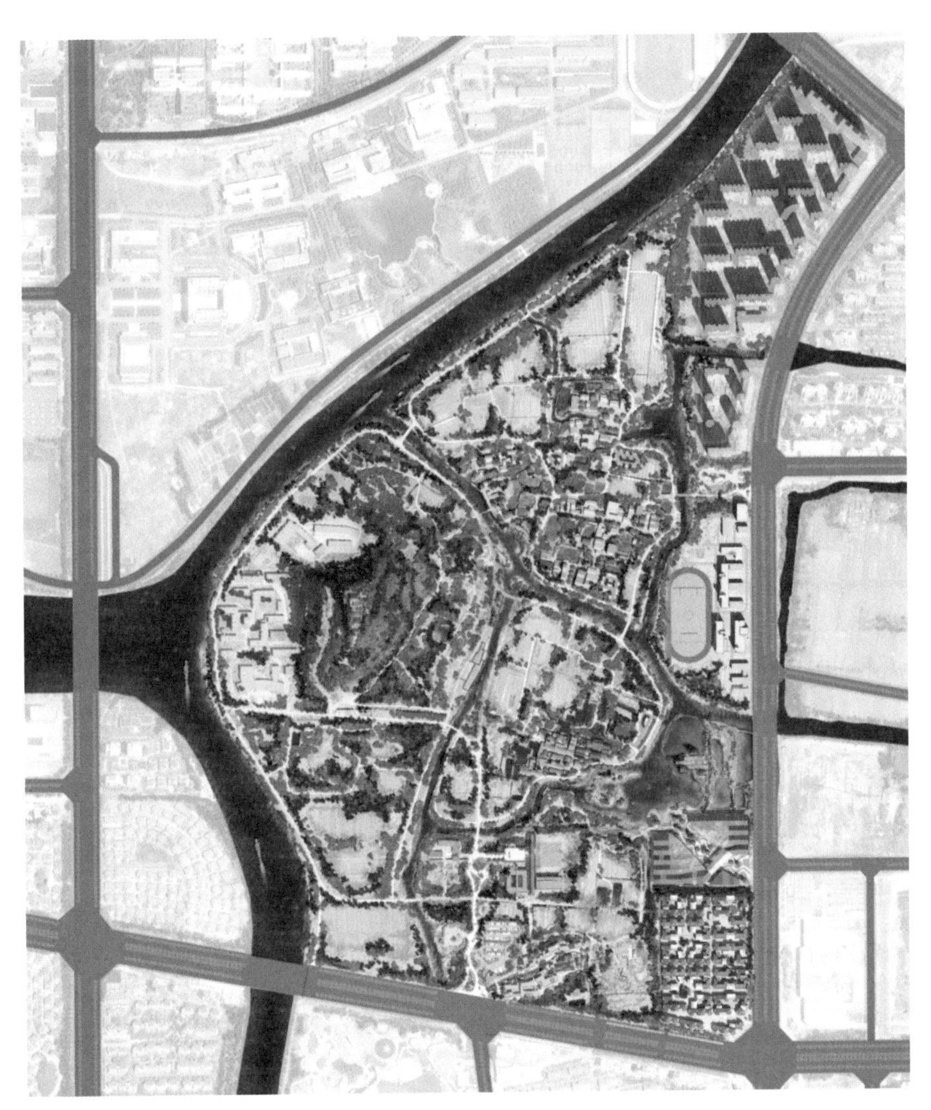

图 8-1-1 湖州昆山大遗址公园水生态系统方案设计
（资料来源：《湖州昆山大遗址公园景观设计方案》总平面图，中国建筑设计研究院有限公司）

8.2

水生态系统与海绵体系设计的原则

在国家考古遗址公园水生态系统与海绵体系规划设计中，应该遵守原真性、安全性、稳定性、生态性以及经济性原则。

8.2.1　原真性

国家考古遗址公园的保护与建设关键在于遗址本体及环境的原貌恢复与保护。作为遗址区域最重要的环境要素，水系考古遗址的挖掘与恢复，对整个遗址价值的研究和展示起着至关重要的作用。水系统恢复能够辅助解读遗址区域历史上的生产生活方式和文明演化趋势。例如，很多遗址区都存在以环城水系或以河道为依靠的防御形式，以及邻近古河道、人工引水工程或其他水源的农业灌溉和生活用水形式（图 8-2-1、图 8-2-2）。

8.2.2　安全性

国家考古遗址公园水生态系统与海绵体系设计应遵从安全性原则。国家考古遗址公园针对的都是国家级重要遗址文物，水系复原虽然是还原遗址历史状态的重要手段，但是其安全性尤为重要，水生态和海绵设计必须以水安全为基础进行设计，不能有潜在的雨洪和潮湿隐患（图 8-2-3、图 8-2-4）。

8.2.3　稳定性

稳定性是国家考古遗址公园水生态系统与海绵体系设计中又一个基础性原则。国家考古遗址公园水系统设计既要保证遗址水系统复原的原真性和安全性，更要强调稳定性原则。遗址作为文物本身，需要得到永续保存，遗址公园的建设也非一蹴而就，建成后的维护是一个长期的过程。因此在设计时，不能一味

图 8-2-1 嘉峪关遗址公园水生态方案设计

（资料来源：根据《嘉峪关世界文化遗产保护与展示工程核心区详细规划（2012—2025）》水系规划图改绘，中国建筑设计研究院建筑历史研究所、环境艺术设计研究院、建筑专业设计研究院）

图 8-2-2 大地湾国家考古遗址公园水系统复原意向

（资料来源：《大地湾遗址考古遗址公园规划（2014—2030）》入口区效果图，中国建筑设计研究院建筑历史研究所、环境艺术设计研究院）

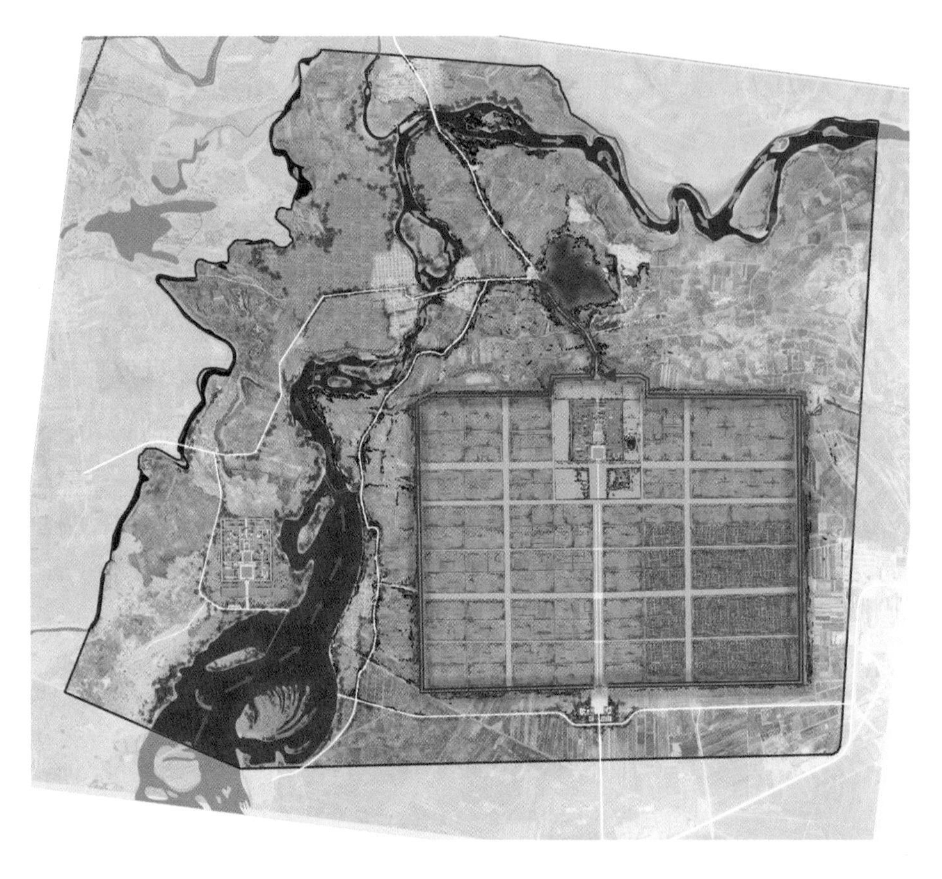

图 8-2-3　海昏侯国国家考古遗址公园水安全布局方案设计
（资料来源：根据《渤海国考古遗址公园规划（2013—2025》总平面图改绘，中国建筑设计研究院建筑历史研究所、环境艺术设计研究院）

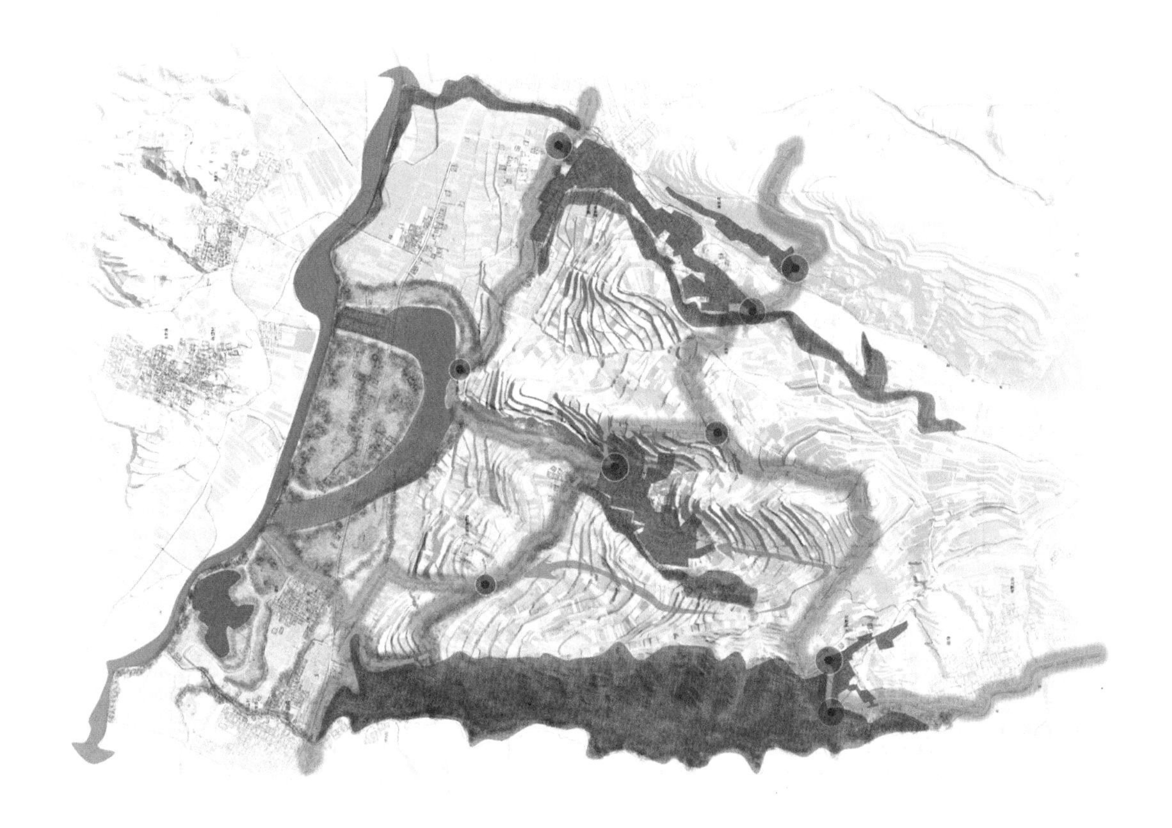

图 8-2-4 大地湾国家考古遗址公园流域安全分析图
（资料来源：根据《大地湾遗址考古遗址公园规划（2014—2030）》总平面图改绘，中国建筑设计研究院建筑历史研究所、环境艺术设计研究院）

追求某个方面的特性，而需强调以安全稳定的设计理念和成熟的技术手段为支撑（图 8-2-5）。

8.2.4 生态性

生态性原则是建立在安全性和稳定性之上的更高的原则性要求。国家考古遗址公园水系统构建应强调复原历史生态环境状态，采用生态材料和可持续性的手法进行建设，并确保后期运维过程中植被、水质、生境和生物多样性的构建满足区域或地域原本生态系统的要求，整个过程是自然化和可永续存在的。

8.2.5 经济性

经济性原则是国家考古遗址公园设计和建设的最基础性原则。遗址公园的建设既要保护珍贵遗产，并将其展示给后人，同时也要考虑成本投入。水生态系统和海绵体系的设计，是遗址公园建设中的重要组成部分，成本投入灵活度很高。在设计过程中一定要考虑水系功能和成本间的平衡，切忌使用巨大的成本投入实现一些锦上添花的功能。同时考虑后期运维的经济性原则，采用耐用性好，稳定性高的工艺和产品，结合生态性原则，实现低成本后期运维，确保遗址公园建设和后期使用的经济性。

图 8-2-5　鸿山国家考古遗址公园遗址水安全和稳定性评估图
（资料来源：根据《鸿山国家考古遗址公园总体规划（2010—2025）》地形地貌分析图改绘，中国建筑设计研究院环境艺术设计研究院、建筑历史研究所）

8.3

水生态系统与海绵体系设计的内容

国家考古遗址公园环境设计中的水生态系统与海绵体系设计主要包括遗址区内水系统遗址复原和构建（若有）、遗址环境水系统营造、水生态及水质维持系统构建、园内海绵雨水体系构建、园内建筑及运维设施设备给水排水管网系统构建五大系统内容。水生态系统与海绵体系整体设计涉及遗址与水相关的方方面面，五大系统间也存在着密不可分的关系和功能耦合，共同支撑整个遗址的水系统。

8.4

水生态系统设计

在国家考古遗址公园设计和建设过程中，水生态系统设计和构建是基于水系构建产生的。因此需要论证历史上是否存在可见的水系统，考证其位置和距离，以及是天然水系还是人工水系统等。

8.4.1 水资源论证

国家考古遗址公园水系统构建中最关键的环节之一便是水资源论证，首先要搞清楚遗址区周边是否存在可用的水资源，历史上该区域水文状态如何，是否需要人工干预才能获得水资源。关于遗址区域水资源论证，存在以下几种情形：

1. 确定水源

水源位置的确定是水系统构建的第一步，整个水源论证分为两个阶段：第一阶段是通过历史考古资料和现场遗迹情况分析论证历史上遗址区域是否存在可用水源以及遗址是否存在水利工程设施。历史资料论证结果可以还原遗址及其环境的水利状态，为后续水生态系统的构建提供重要的依据。第二阶段是现时遗址周边的水文状态调查。常见的情况是，历史上该区域水资源丰沛，存在着大量的人工水利工程设施，但随着时间的推移自然环境和人类活动影响的叠加，导致遗址区域的水资源不再丰沛，甚至严重匮乏，气候变化导致降雨减少，主要水源的地表河道改线或者消失，这些因素对水生态系统的构建非常不利，需要综合判断。但也有的遗址在历史上处于贫水状态，随着时间的推移，现在变成了湿润区域，此时更多的是考虑排水疏导，以确保遗址的长治久安。

水源主要分为自然降水地表径流的汇聚、周边河湖引水、市政用水和地下水四种。降雨条件和周边环境汇水条件较好时，在经过地表径流水资源论证后可进行存蓄，以作为水源。若遗址周边存在成熟的地表水系，可与水务部门沟通，在手续合法合规的情况下用于水源。在干旱地区无可用地表水源的情况下，可根据当地法规条款，考虑适当使用地下水，不过仅适用于非常必要的有限展示。若该地区水资源特别匮乏，且水生态系统的构建对遗址研究和展示意义重大时，可考虑使用人工市政用水进行环境模拟，但一般不推荐该种方式，仅限于模拟展示之用（图 8-4-1）。

2. 确定水资源量

水资源量与水系统构建是双向耦合过程，既要根据水资源量合理设计水系统的规模，也要根据遗址研究和展示需要倒推需水量，在成本可控的情况下寻找复合水源，结合地表径流汇集、河湖引水等多种方式进行复合供水。在双向耦合设计过程中，确定可用水资源量是前提。需要分析当地气候特征和降雨特性，通过 GIS 进行地表径流模拟，计算有效汇水量，确定合适的存蓄空间，作为水源。针对河湖引水，需要与水利部门沟通，进行水资源论证，确定引水规模。这些水资源量和供给特性均是水生态系统设计的重要依据，水系统总体容量和耗散值都需要与之匹配。水系统构建水量的逆向诉求也是重要的设计方法。根据遗址考古研究与展示的最小需水量和水生态维持的生态基流水量进行推导演算，得出需水量，根据水量要求合理调配遗址周边的可用水资源（图 8-4-2）。

3. 确定水源引用方式

国家考古遗址公园的水源引用需要因地制宜，根据不同的现场情况设置引水方案。若从较远的河道引水，可采用明渠的方式，结合生态处理手法，将引水打造为沿水渠的生态化场景，为遗址公园提供额外的水生态环境。若水源为地表径流的雨水汇集而来，可继续基于 GIS 的地表径流模拟分析，形成一套体系化的理水路径，体现生态水系统理念。对于地下、市政或近地河道且不适合改变河道原有形态的情况，可采用埋管引水。埋管引水水量可控，取水效率高。引水水动力分为主动动力引水和被动重力引水。一般明渠引水或地表径流收集引水多利用地势高差优势，采用被动重力引水方式，节约成本，可持续性强。城市河道、市政给水和地下水引用一般采用主动动力取水的方式，通过水泵取水，可精准控制水量和时间，节约水资源（图 8-4-3）。

8.4.2 环境水系统营造

国家考古遗址公园环境水系统营造是基于遗址本身的历史遗迹进行的。遗址作为祭祀、生产、生活等人类文明活动的重要场所，水是不可或缺的生产生活资源。有些遗址依水而建，有些遗址蓄水引水自用，因此，古人的环境营造主要是环境水系统的营造。在遗址公园的建设过程中，环境水系统的营造既恢

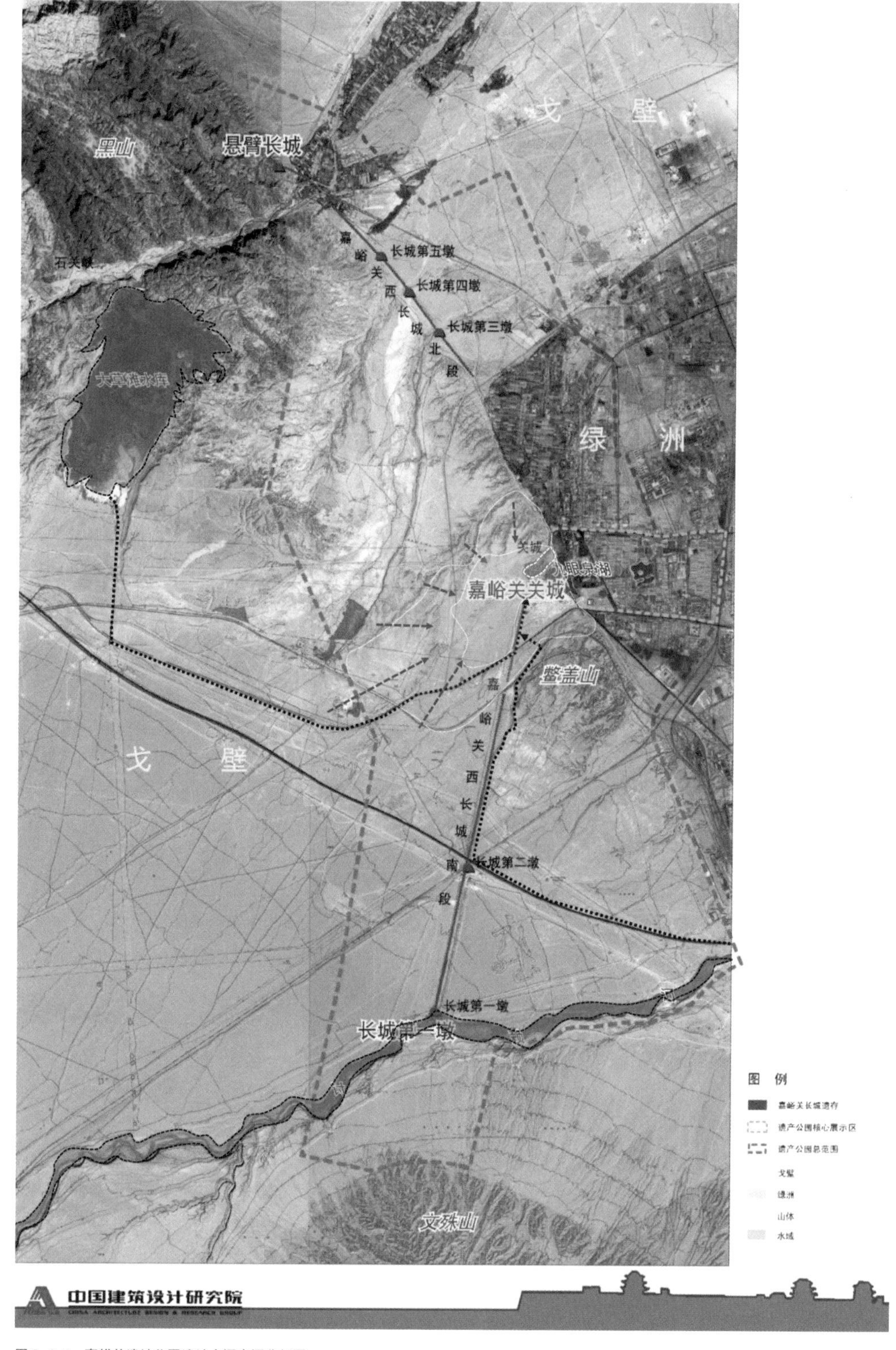

图 8-4-1 嘉峪关遗址公园遗址水源来源分析图

（资料来源：根据《嘉峪关世界文化遗产保护与展示工程核心区详细规划（2012—2025）》遗产构成图改绘，中国建筑设计研究院建筑历史研究所、环境艺术设计研究院、建筑专业设计研究院）

水资源分析

从水量平衡的角度，计算调蓄雨水径流能力与降水、植物蒸散发的关系，确保水景效果及防洪排涝功能正常发挥。

计算条件

自然条件： 郑州市历史降雨数据显示，年平均降雨量为638毫米，12~1月为冰封期，年蒸发量约为87毫米 。

用地条件： 设计水系面积17.43万平方米，水体形式包括湖面、溪流、湿地、环壕水系等形式；湖面区域最深2.5米，平均深度2米，溪流平均深度1~1.5米，近驳岸区域0.5米，环壕平均深度1~1.5米，整体蓄水量约为31.3万立方米。

市政条件： 场地南侧郑州市魏河流经，可作为场地内取水来源。

其他条件： 水体与周边水系未联通，为了保持水质，需至少3个月换水一次，据此计算景观水体需水量。

水量计算示意图

降雨 + 河水补给 → 蒸发量 + 下渗量 → 景观用水量

计算过程

月份	1	2	3	4	5	6	7	8	9	10	11	12
降雨量（立方米）	9	12	27	42	53	68	152	125	72	42	26	10
蒸发量(立方米)	0	60	71	120	135	121	118	115	74	58	0	0
蒸发量(立方米)	0	10458	12375	20916	23531	21090	20567	20045	12898	10109	0	0
下渗量(立方米)	0	2614.5	2614.5	2614.5	2614.5	2614.5	2614.5	2614.5	2614.5	2614.5	0	0
场地内补水量(立方米)	0	0	0	0	9237.9	11852	26494	21788	12550	0	0	0
水量平衡(立方米)	0	−13073	−14990	−23531	−16907	−11852	3311.7	−871.5	−2963	−12724	0	0
换水量（立方米）	0	103534	103534	103534	103534	103534	103534	103534	103534	103534	0	0
引水/中水补充量(立方米)	0	116607	118524	127065	120441	115387	106846	104406	106497	116258	0	0

结论

- 由计算可知，区域年降水量较少，**7月基本能够实现平衡，其他月份缺水量约1万～2万立方米/月。**
- 为确保水质，需考虑换水的水体需求量，计算可知，全年需外来补水**103.2万立方米**，各月需水量不同，可通过智能监控设备，自动调节和管控水量和水质。

图 8-4-2 郑州大河村国家考古遗址公园水资源量计算书
（资料来源：《大河村国家考古遗址公园景观设计》水资源分析，中国建筑设计研究院有限公司景观生态环境建设研究院、建筑历史研究所）

图 8-4-3 阖闾城国家考古遗址公园引水水系布局方案设计
（资料来源：根据《阖闾城遗址考古遗址公园规划（2013—2025）》总平面图改绘，中国建筑设计研究院建筑历史研究所、环境艺术设计研究院）

复了遗址历史风貌，又为遗址公园的建设提供了灵动的水生态环境。对于现场水文条件不佳、水资源严重匮乏的遗址，可进行水系统的模拟环境营造，恢复其布局和形态，使其在无水状态下模拟展示。而对于现场水文条件好的遗址，则大致分为两个步骤：第一步是水利系统复原，需要根据考古情况和历史资料，恢复遗址水利系统工程；第二步是整体水系统生态景观构建，基于复原的水系统设施，在尊重历史的条件下进行周边辅助水系统设施和环境的营造，以期打造一个可展、可观、可游且能够持续运维的整体水系统环境（图 8-4-4）。

1. 模拟环境营造

如果遗址区域水源条件差，实现水系构建的成本高，且水系统对遗址考古和展示的意义并非特别重要，可不予恢复，无需构建水生态系统，或采用模拟方式，恢复水利遗迹（如古河槽、水利设施等），作为展示之用，虽效果不如有水时真实，但也能起到展示当时生产生活场景的作用。根据遗址周边的自然环境和水文环境进行研判，若研判结果是自然水源供给难以构建水系统，可采用模拟展示的方式。模拟环境营造关键是要找到遗址考古证据，强调考古复原而非设计改造。模拟环境营造分为两种：一种是现场考古水利遗址挖掘和展示，强调对水利相关遗址的保护性挖掘，与考古部门共同保护好遗址本体，并在此基础上进行保护性展示；另一种是在遗址区周边新建模拟复原营造，强调当遗址本体不再完好且经过考古部门研判不再适合发掘时，在遗址周边重新模拟环境，展示当时遗址及其水系统环境的布局状态。

2. 遗址水利系统复原

对遗址区域进行现场勘察、水文研究和水源论证后，若有条件进行环境水系统营造，整个营造过程应尊重遗址当初的水环境形态，即研究遗址区域整体水系统的构成，以复原当初状态为目标进行设计。首先，考虑遗址水系统主体复原，根据考古现场发掘情况复原遗址防御水系，以及生产和生活用水等各类水环境；其次，根据现场各水系布局进行关联，复原构建遗址水利系统；再次，根据现场水文条件，选择合适的水源和引水方式打通水脉；最后，复原防御相关的水工设施及洪涝防治水利水工设施、生产灌溉农业用水体系和生活用水取水设施体系，并最终构建出完整的遗址水利系统（图 8-4-5）。

3. 水系统生态景观设计

国家考古遗址公园水系统生态景观构建是在遗址水利系统复原营造的基础上进行的水系统扩充优化、生态系统构建和水景观氛围呈现。建设国家考古遗址公园既要保护遗址，又要做好科普展示和文化宣传工作。保护遗址是对遗址及其环境的复原和保护，因此应高度复原和妥善保护遗址原有水系统。国家考

图 8-4-4　阖闾城国家考古遗址公园水系统环境营造效果意向
（资料来源:《阖闾城遗址考古遗址公园规划（2013—2025）》鸟瞰图一，中国建筑设计研究院建筑历史研究所、环境艺术设计研究院）

图 8-4-5　昆山国家考古遗址公园遗址水利系统复原意向
（资料来源:《湖州昆山大遗址公园景观设计方案》鸟瞰图，中国建筑设计研究院有限公司）

古遗址公园科普展示和文化宣传涉及遗址景观游览体系的建立，其中水系统生态景观构建是重要环节。除了复原的历史水系外，在不破坏遗址完整性的前提下，可适当扩充和延伸水系统，对延伸部分进行诸如水下森林、驳岸湿生植被缓冲带、消落带生态系统、面源污染截污带、水生生物群落和食物链等生态系统构建，保证其生态稳定性和生物多样性。再结合公园游览系统的布局，通过景观造园手法，形成与遗址氛围相适应的公园水景观体系，增强遗址公园游览景观特色和景观氛围（图 8-4-6）。

图 8-4-6 嘉峪关遗址公园水系统生态景观方案设计
（资料来源：《嘉峪关世界文化遗产保护与展示工程核心区详细规划（2012—2025）》平面图，中国建筑设计研究院建筑历史研究所、环境艺术设计研究院、建筑专业设计研究院）

8.4.3 水生态及水质维持系统设计

除了水资源、环境水系统营造以外，国家考古遗址公园水生态系统设计还有一个核心内容，即水生态及水质维持系统的构建。该系统设计能实现水生态系统的可持续性，包括持续的水源补给、水动力维持、水质净化和污染处理，以及生态维持系统的构建四大部分，共同形成系统合力，保障水生态系统的正常运转和可持续效果。

1. 水资源补给系统

水资源补给系统是水生态系统维持水量状态的基础系统工程。水资源补给系统的设计应基于三大原则。

一是节约水资源原则。需要严格计算遗址水生态系统的水资源耗散数据，并推算水生态系统的生态基流需水量，以此作为水资源补给的参考。二是水资源循环利用原则，引水来源和最终系统出水尽量一致，有借有还，保证水资源的动态进出平衡，这样也便于水利相关手续审批，切忌引入系统内的水资源最终作为弃水外排浪费。三是雨水资源应用尽用原则。在水系统设计时，应尽可能考虑遗址周边汇水分区内可用降雨资源的汇集利用，降低系统对外水资源的依赖度，并管理好雨水资源，以保障遗址区域雨洪安全，为水系统持续补水。

水资源补给系统包括三大内容：一是水系统引入措施。相关的水利引水渠道、末端水系统溢流设施设计等，以保证水资源能够顺利地引入水系统。二是水系统需水量设计。基于节约水资源、复原遗址水环境效果的原则，计算全年水资源消耗的极小值和正常值，为水资源管理提供依据。三是水资源管理设计。以水资源需求计算书为依据，联动管理各项来水资源，通过设备设施的联动设计，保证水系统动态平衡，满足日常水系统运维、极端状态处置和检修等多种工况，为后期可操作运维提供支撑。

2. 水动力循环系统

水动力循环系统维持整个水系统的循环流动和生态维持，是水系统的心脏动脉所在。在遗址公园建设和水系统构建中，往往很难实现源源不断的水资源补给和弃流，需要进行循环使用，以节约成本和水资源，同时解决因高差问题形成的水系统死角，保证水体的整体流动性；水系统以活水性质存在，以维持整个水质和生态基流。水动力循环系统设计要考虑不同季节、不同工况下水量的差别，基于 MIKE21 等软件的水动力学建模，疏通水脉，避免死角产生，附加水泵、闸阀和推流设备，形成整体水系统的往复循环。

水动力循环系统设计需要以重力流为主动脉方向，在水路尽头采用提升泵将尾端水流泵回初始段，形成整体循环路径。在正常工况下，为了节约运维成本，中间放大水面可采用推流泵形成局部水动力循环，以降低整个系统流量，达到降低成本的目的。在特殊工况下，如夏季雨洪期，需要大量弃流雨水时，可关闭循环装置，整个系统在雨水重力推流下至水系统末端，在末端弃流至河道自然水体或市政雨水管井之中。在检修、清淤等工况下，可通过末端弃流或末端提升泵将系统水系整体排除，便于检修、清淤等工作的进行。整个水动力系统需要采用流量计、溶氧传感器等多种传感器为依托，经过水动力系统控制中心在设定逻辑下进行设备的开关，以完成水动力循环控制（图 8-4-7）。

3. 水污染处理系统

水污染处理系统与水动力循环系统配套设计的工程，属于水系统的肾脏排

水系统分析

具体措施

- 基于场地水形特点，布设了一个景观水体**进水口**、一个**出水口**。
- 设置一个**地埋式泵房+水质净化设备**，保证主动进出水动力和水质稳定性。
- 因景观水体内存在多个岛和狭长的溪流，不利于水体流动，易导致水质问题，故增设了八处**推流泵**，增加曝气量和水动力，**确保水质稳定**。
- 水体面积达17.43公顷，**年耗水量约103万立方米**，为确保水质稳定，水系中布设三处水环境自动监测站，并结合远程控制APP，实现**精准控制补水量**，**水质保障自动预警**。

补水点位置有下沉甬道，标高过不去，重新找路径。

- 地埋式泵房+水质净化设备
- 推流泵
- 水质自动监测站
- 地埋式泵室
- 进水管路
- 出水管路
- 动力水路线
- 回流水路线

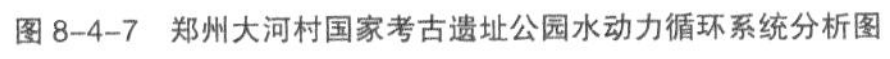

图 8-4-7 郑州大河村国家考古遗址公园水动力循环系统分析图
（资料来源：《大河村国家考古遗址公园景观设计》水系统分析，中国建筑设计研究院有限公司景观生态环境建设研究院、建筑历史研究所）

毒子系统，主要负责水系统净化和水质维持。整个系统设计由自然净化系统和设备应急处理系统两部分组成。水污染处理系统设计内容和目标需要按照整体水系统水质执行标准和现状水源供给水质条件决定。一般情况下，国家考古遗址公园水系统属于公园参观游赏水系范畴，部分区域还具备亲水功能，因此水质执行标准一般为地表Ⅲ类或以上标准，在现今的水环境条件下属于较高的水质要求。但河流水质往往很难达到地表Ⅳ类标准，市政中水给水更是属于地表劣Ⅴ类水质。

初期进水要求水资源在短时间内大量净化至可用的地表Ⅲ类水质标准，需要进行设备化应急处理，通过絮凝技术和微生物辅助，在物理和生物的双重作用下快速净化，以达标使用。在水质达标后的日常运维工况中，主要使用自然净化系统负责因大气沉降污染和其他外源、内生水质恶化造成的水污染处理和水质净化维持，主要由预设的重力跌瀑、各类功能性湿地、推流爆气等设施设备组成。整个设计原理通过给水体采用曝气溶氧、微生物分解、植物根系吸附吸收等手段去除水中固体悬浮物（SS）、化学需氧量（COD）、氨氮、总磷（TP）、总氮等各类污染物。从而维持水质的稳定性。系统各功能节点的规模和参数需要根据该水系统可能的日常污染物数据进行反向推算设计。在雨季或者紧急污染排入的工况下，需要辅助使用水质应急净化设备进行紧急处理，以快速恢复水质标准，避免长时间水质恶化导致设备损坏、生物和人身安全等次生灾害发生。

整个水污染处理系统设计从水源开始，一直延伸至末端出水，如果研判需要采用水质应急处理设备，设备及管理用房一般与泵房合并，设置于水系统末端尾水处，经水泵提升，根据水质情况研判是否需要通过应急处理设备后，泵入水源段，再次进入水系统。整个水系统根据高差在水动力充足的区域设置前置塘、水平或垂直潜流型功能湿地，对水体进行深度净化，作为水质日常净化维持的核心节点。在水动力较差的区域设置推流爆气泵，辅助溶氧。最后是对系统多个节点进行水质在线监测，可采用综合水质监测设备进行实时数据监测，传回数据管理中心进行研判后，协同耦合各系统设备运转，整个系统可以做到高度无人自动化控制，以降低后期运维成本（图 8-4-8）。

4. 水生态维持系统

水生态维持系统是一套生物系统，通过构建水体生态系统维持水质和系统的稳定平衡，由水下生态系统、驳岸水生态系统和微生物系统共同构成。水下生态系统包括植物系统和动物系统。由沉水植物、浮水植物和挺水植物构建的植物系统，可吸收水中污染物，净化水质，为水体提供溶解氧，为水生动物提

水质保障措施

水质净化保障原理图

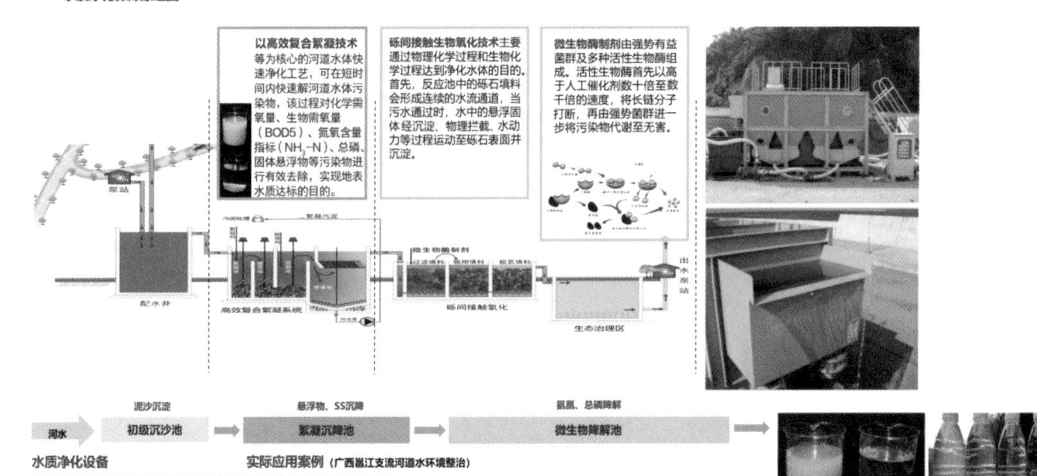

水质净化设备

实际应用案例（广西邕江支流河道水环境整治）

水质指标	化学需氧量	氨氮	总磷
进水水质（毫克/升）	67	9	1.2
出水水质（毫克/升）	19	0.9	0.1
污染物去除率（%）	71.6	90	91.7

水动力保障措施

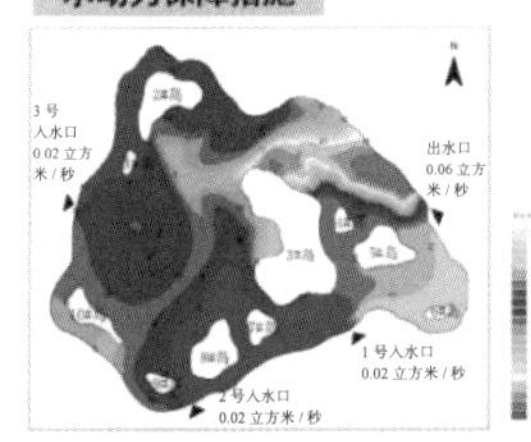

鉴于水体整体高差较小，水动力欠缺，水道设计较为曲折，均会影响水动力和形成局部死水区域。设计中采用推流泵辅助加速水体流速。

推流式曝气机有以下特点：

- 采用潜水式电机静音运转，对环境影响小；
- 具有曝气、混合、推流等多重作用；
- 主体采用不锈钢和高强度工程塑料，耐酸、碱及部分有机溶剂腐蚀；
- 具有阴极保护块，适用范围更广泛；
- 安装喷射角可在上下60°范围内调整；
- 安装水深可自由调节，适合不同深度水体；
- 设备多级组合使用，使水体富氧鲜活，流水不腐。

推流式曝气机参数：

采用1.5kW功率推流泵作业，桩基固定，每天12小时间歇运转（通过公园管理处配电控制柜统一管理），单泵每天约18千瓦时，运行费用约10元/天，费用可归为公园运行管理用电。

功率（千瓦）	电压（伏特）	转速（圈/分）	重量（千克）	增氧能力（千克氧/时）	空气量-水深（立方米/时·米）	循环通量（立方米/时）
1.5	220/380	2800/2850	16.5~22.5	2.1~2.5	35~10/25~0.6	440~450

备注：

推流泵是净化型湿地生态系统常用曝气增氧设备，湿地水质净化过程中，植物根系，微生物的氨氮、总氮降解，COD降解等都需要曝气设备，就算无水动力问题同样需要使用推流泵曝气，以维持水环境的流速和溶氧量，保证水质稳定。

图8-4-8 郑州大河村国家考古遗址公园水污染处理系统分析图

（资料来源：《大河村国家考古遗址公园景观设计》水质保障措施、水动力保障措施，中国建筑设计研究院有限公司景观生态环境建设研究院、建筑历史研究所）

供食物和栖息地；而由鱼类、两栖类、贝类等多种水生动物组成的动物系统，则构建了完整的食物链系统，以维持各要素的动态平衡。驳岸生态系统主要有驳岸植物构成，以消落带湿生植物带为基础构成绿色岸线，避免消落带区域土壤裸露，拦截径流面源污染，为两栖动物和陆生动物提供亲水取水的隐蔽空间。微生物系统主要以分解者的身份存在，分解植物季节更替的衰败残肢、动物尸体和排泄物，有效降低水体中各类有机物和有害物质含量。通过以植物、动物和微生物构建的水生态维持系统辅助水污染处理系统共同维持水体生态环境，并提供可持续的生态景观空间（图 8-4-9）。

生态驳岸

生态驳岸截留面源污染，防止雨水直排污染湖体水质，采用石笼+生态植草袋复合生态驳岸技术，保证驳岸消落带景观绿化的同时，过滤净化陆地表面径流，去除雨水中杂质、氨氮和总磷，保证湖体水质不受雨季影响，降低湖体水质污染风险。

生态驳岸原理图

生态驳岸做法一（自然缓坡入水）

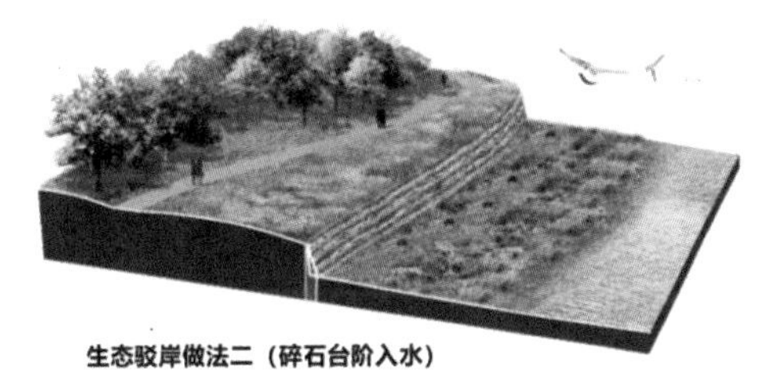

生态驳岸做法二（碎石台阶入水）

图 8-4-9　郑州大河村国家考古遗址公园生态驳岸分析图
（资料来源：《大河村国家考古遗址公园景观设计》公园面源污染截污措施，中国建筑设计研究院有限公司景观生态环境建设研究院、建筑历史研究所）

8.5

海绵体系设计

国家考古遗址公园的建设本着依山就势、顺应自然的原则布局整体的海绵系统。整个园区应坚持生态排水，局部结合雨水管网，充分利用现状坑塘作为雨水调蓄空间，依据现状地形地势，采用源头管控、过程引导、末端调蓄等方式，使遗址公园成为一个大海绵的生态体系。生态排水以分散、就近入渗、滞蓄的方式进行，要求建筑、道路、绿地等竖向设计具有利于径流汇入的低影响开发设施，在保障绿地景观和公共空间功能的基础上，增强绿地雨水的渗、滞、蓄、净、用等复合功能，消纳、净化自身径流的能力。南宁园博园中雨水流经顺山势起伏变化的道路、绿地和因山就势布局的建筑后，自然排入湖面，形成排水安全、无内涝风险的完整生态过程。

8.5.1　基于技术的地形整理

遗址区域往往地形较为复杂。在复杂的地形上构建海绵系统，设计选择上应以地形土方 BIM 三维模拟技术把控施工全过程。通过 BIM 三维可视化模拟整个场地土方变化和地形梳理。并依据 Autodesk Civil 3D 有针对性地进行竖向设计，场地排水、场地清表、土石方开挖、场地回填、场地边坡及防护等。并进行场地平整、土方量计算、地形分析和调整测量数据、创建及还原三维地形、生成场地设计模型，以保证海绵水系统构建的清晰脉络（图 8-5-1）。

8.5.2　基于海绵目标的设计布局

不同遗址区域因地理位置不同，所属城市不同，自然条件不同，具有不用的海绵建设目标。遗址公园海绵建设的侧重点与所属城市海绵规划的具体要求相关，也与具体的雨洪水资源需求相关。主要有四方面要求：①保证区域内水系连通；②实现雨水空间及时间的调蓄；优化水资源分配；③雨水外排

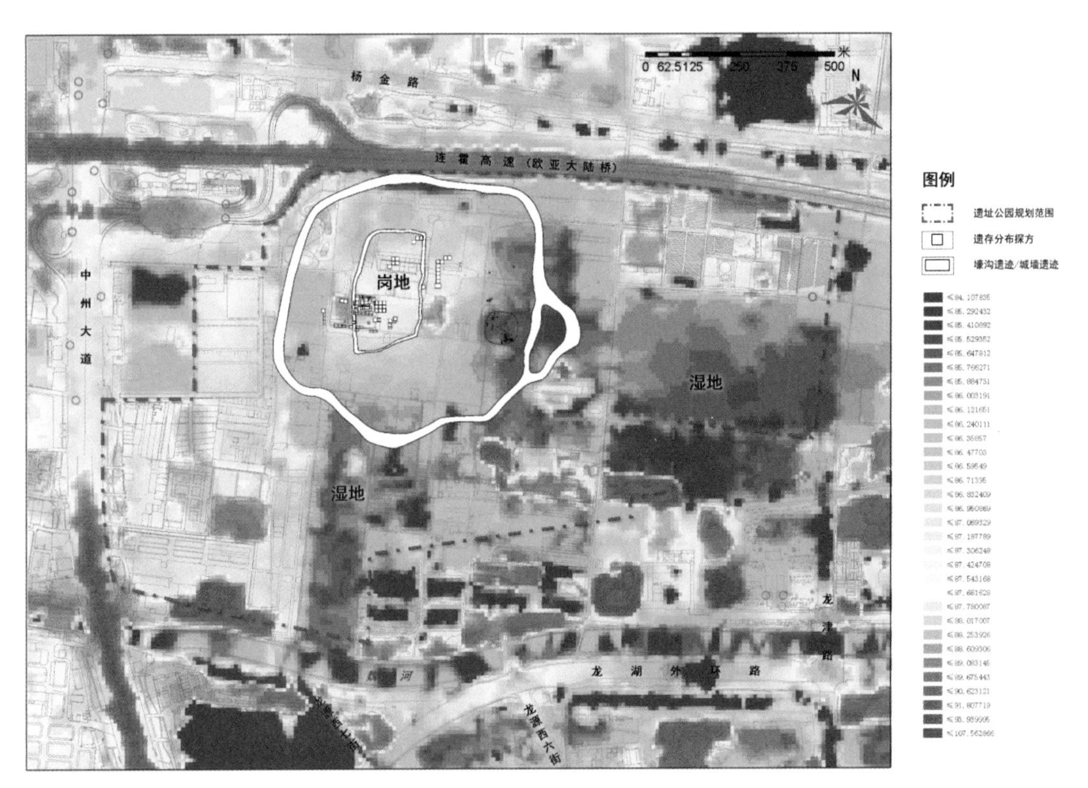

图 8-5-1 郑州大河村国家考古遗址公园基于 GIS 的地形分析图

（资料来源：《大河村国家考古遗址公园景观设计》地形分析图，中国建筑设计研究院有限公司建筑历史研究所、景观生态环境建设研究院）

通畅，实现“小雨不湿鞋，中雨不积水，大雨不内涝”；④自然地表水资源生态利用。海绵目标设定时，首先应根据当地海绵规范要求，确定地表年径流总量控制率和地表径流污染控制率，以此展开海绵系统的布局。在干旱地区，水资源匮乏，海绵设计目标应以净、蓄、用为前提展开设计，并耦合水生态系统的构建，为其提供水源。在雨量充沛的区域，设计目标应以渗、滞、排为目的，强调地表渗透作用，通过海绵滞留设施减缓径流开始时间和地表径流峰值延后，以提高园区的暴雨安全，并有畅通的排涝设施，进行及时排水，提高园区安全等级（图 8-5-2）。

8.5.3 基于生态材料的设施做法

海绵设施整体要求为多用生态设施和材料，辅以管道等市政设施。整个海绵传输设施、渗透设施、净化设施、储存设施都采用生态化手段。传输设施主要采用地表植草沟形式，在满足雨水传输需要的同时，可进行局部渗透和净化。渗透设施以雨水花园和下凹式绿地为主，填充材料应考虑微生物驻留生存需要，使用环保回收材料或天然材料，在渗透过程中实现净化功能。净化设施以功能型湿地代替各型设备，降低后期运维成本，提升园区的观赏性。存储设施使用透气不透水的砂基材料，在存储过程中能实现氧容量的提高，保证其水质稳定，为回用提供高质量水源。

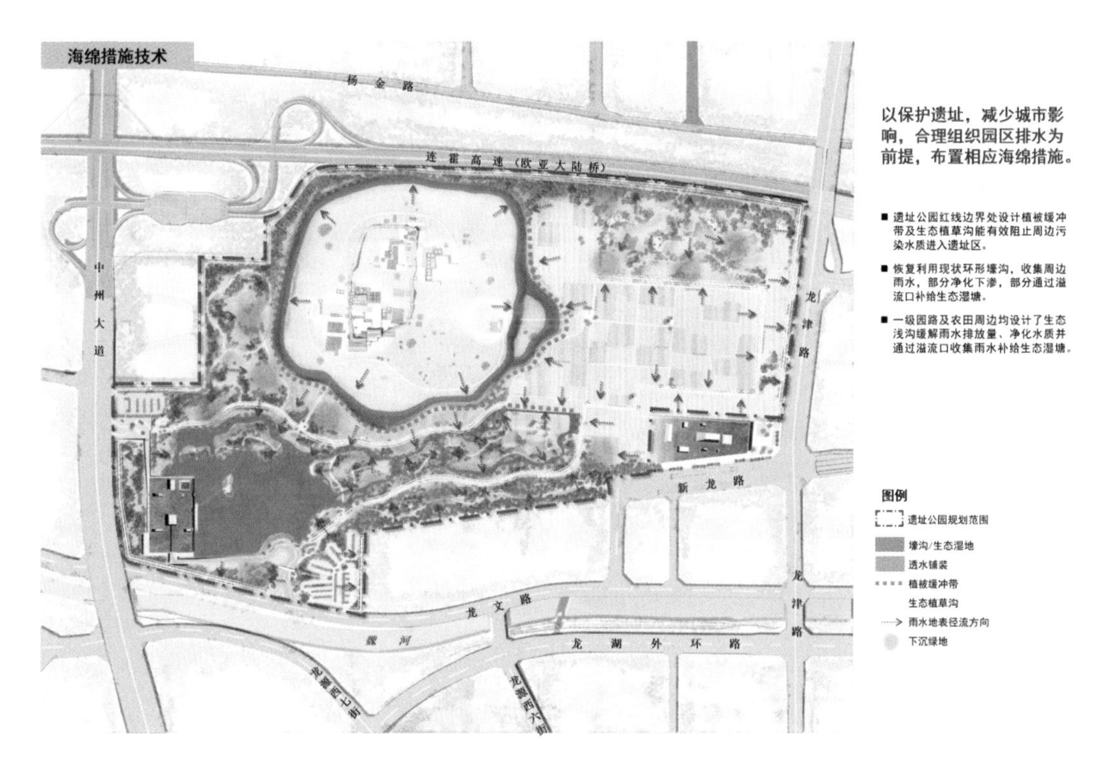

图 8-5-2 郑州大河村国家考古遗址公园海绵设施布局方案设计

（资料来源：《大河村国家考古遗址公园景观设计》海绵措施技术，中国建筑设计研究院有限公司景观生态环境建设研究院、建筑历史研究所）

8.6

给水排水系统设计

国家考古遗址公园的给水排水工程主要针对园区内建构筑物的给水排水工程和园区的主市政管线系统，应充分结合国家考古遗址公园的用水特点统筹设计，依据考古遗址公园的性质、规模、功能区域分布以及游人容量等立地条件对考古遗址公园内部的用水量及排污量进行估算，并结合场地条件布置给水排水管网。考古遗址公园给水排水系统诸多的特殊性，使得公园内外的给水排水规划难度较大。做好考古遗址公园的给水排水设计，必须正确处理好公园内居民和工作人员生活用水及游客游憩用水（生活用水）、景观用水与交通运输用水（生产用水）、农业林业用水（灌溉用水）三者之间的关系，在充分满足公园内生活、游憩与配套服务等需求的前提下，有效控制和净化污水，保障区域内社会、经济及生态的可持续性发展。

8.6.1 给水设计

不同地区、不同性质的国家考古遗址公园，其用水也存在较大的差异。与城市建成区内的给水设计相比较，其特点主要体现在：①用水不规律，用水高峰期与用水量变化周期和幅度较难预测；②用水点分散，公园内的游客接待区、游览区域、保护区及生活区域分布不集中，各区域对水质、水量的需求差异较大；③地形地貌复杂且景观效果要求高，国家考古遗址公园中基础设施的建设除受到国家相关规范的严格限制外，还必须与公园内具体环境和条件相互协调；④水资源匮乏，由于相关规定要求，遗址公园不得建设干扰性较大的水库、水坝、水渠、水电、河闸等水利、水电、水运工程，同时许多地区严格限制地下水的开采，市政供水成了考古遗址公园的主要供给来源，而很多考古遗址所在区域由于远离城市建成区，没有市政供水管网，因此增加了考古遗址公园内水资源的匮乏程度。考古遗址公园现场条件及用水的特点决定了给水的方式，为了充分满足公园内各功能组团的用水需求，在进行给水规划时，必须对国家考古遗址公园进行分区分级给水统筹，对公园规划中游客区、游览区、生活区、景观区等统一安排，以便确定公园总体给水方案。

1. 估算用水量

公园内用水量的估算是确定水源、供水点及管网布置的现实依据，估算的主要依据为游人每天对水资源的需求量。

2. 选择水源、确定供水点

依据国家相关规定，国家考古遗址公园内不得建设任何对遗址保护和历史环境干扰性较大的水库、水坝、河闸等水利工程，同时严格限制地下水的开采，建议多采用市政供水，在立地条件满足遗址保护及景观需求的情况下，可建设小型的隐蔽性水厂。对高山地区及其他水资源缺乏的区域，可以根据当地自然条件进行雨水、中水收集利用，在不影响遗址保护及历史环境的前提下修建蓄水池，以弥补水源不足的问题。

为保障各功能区的供水质量，同时便于维护管理，考古遗址公园中的给水系统宜采用集中给水的方式，给水点应尽量布置在服务区及居民点附近，在满足供水需求的同时，在缺水或污水处理能力较差的地区应尽量避免设置用水量集中且用水量过大的旅游服务设施。

3. 布置给水管网

国家考古遗址公园内给水管网的布置应尽量覆盖整个给水区域并且避免布置在给水区域范围之外。给水管网的布置应采用因地制宜的方法，干管结合规划道路进行布置，并符合市政管线综合设计的要求。管网的布置必须避让各个考古遗址及地下可能的遗址范围，同时避免管网裸露在外，影响景观效果。

8.6.2 排水设计

国家考古遗址公园中的污水排放及污水处理是直接影响公园生态、经济可持续发展及遗址保护的重要因素之一。合理、正确地处理及排放公园内生产、生活废水和雨污废水是保证考古遗址公园环境卫生、保护遗址资源、维持自然生态平衡、确保游客身心健康的重要手段。

1. 估算雨污水排放量

对污水排放量的估算首先应明确遗址公园内污染源的种类及特征，在大多数考古遗址公园中，排水可分为雨水和污水，雨水为自然降水，污水包括工作人员和游客产生的生活污水、景观和农业生产制造的生产污水。雨水应通过当地的降水量及自然立地条件进行估算，而生产生活污水则可参照考古遗址公园内的供水量进行相应的估算。

2. 雨污水排放方式及管网布置

国家考古遗址公园雨水的排放可采用海绵方式解决。对于生产生活污水，排水量小的地区经过多级分层沉淀消毒排入市政污水管网；排水量大的地区应选择在考古遗址干扰较小的区域建立污水处理设施，集中处理后排放。对于污染较为严重的污水，就近排往当地的污水处理厂，采用三级处理的方式，达标后方可再次利用（图 8-6-1、图 8-6-2）。

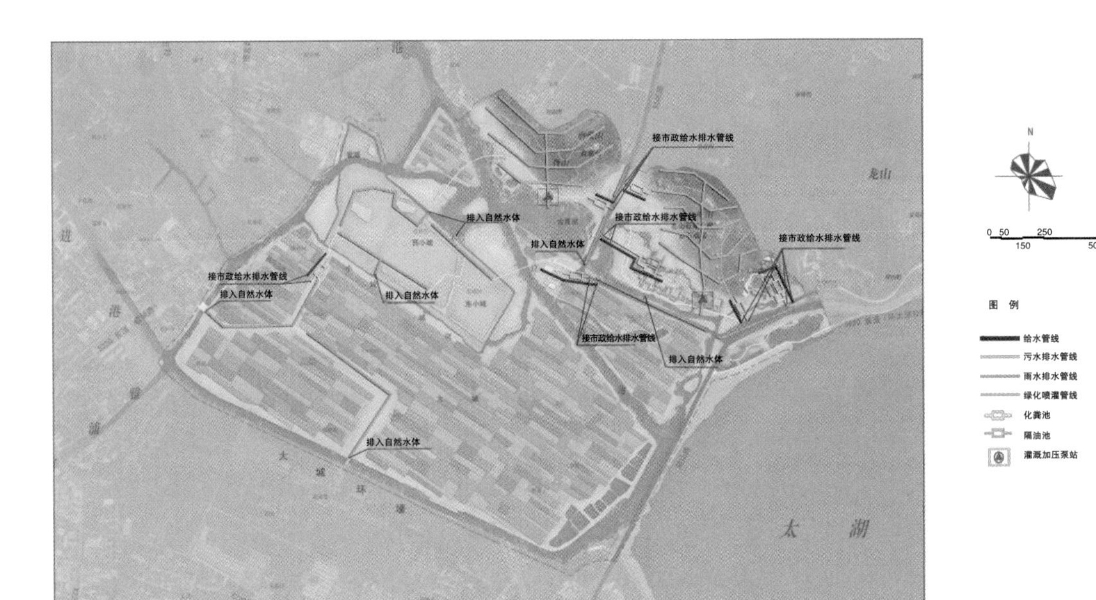

图 8-6-1　阖闾城国家考古遗址公园给水排水系统方案设计
（资料来源：《阖闾城遗址考古遗址公园规划（2013—2025）》基础设施规划图——给水排水，中国建筑设计研究院建筑历史研究所、环境艺术设计研究院）

图 8-6-2　昆山国家考古遗址公园给水排水系统方案设计

（资料来源：《湖州昆山考古遗址公园规划（2016—2030）》给水排水工程规划图，中国建筑设计院有限公司城市规划设计研究中心、环境艺术设计研究院、湖州市城市规划研究院、浙江省考古研究所）

第 9 章

“重保护、优体验”——国家考古遗址公园环境道路交通设计

9.1

道路交通设计原则

国家考古遗址公园道路交通设计的主要目的是文物遗址安全维护及考古工作需要，满足游客游赏参观、服务等功能。国家考古遗址公园道路规划根据现状条件、遗址展示和游赏需要确定各种道路的使用性质，选择和明确道路的各类等级要求。

原本为遗址保护、考古发掘、学术研究设置的高效简单路径，随着国家考古遗址公园的发展，融入了社会责任、公众生活、运营模式等内容，逐渐变得丰富、立体。

1. 保护性原则

保护遗址本体：以最小干预原则，根据阐释与展示结构，合理体现遗址整体布局并组织交通系统。考虑到考古遗址公园的遗址保护要求与地下可能遗存的安全，在道路等级选择上不得因追求某种标准而损伤遗址与地貌。

保护环境生态：道路选线应充分考虑现状地形，避免深挖高填对原生环境造成过多扰动，更不得损伤现状地形地貌特征和生态环境特征。

保护公园风貌：遗址公园内道路不宜过宽，铺装材质应慎用沥青、石材等城市公园材料，避免大面积路径的视觉干扰，以及现代化和人工化的公园风格。

2. 可持续原则

国家考古遗址公园的道路交通规划要有弹性，在未探明遗址分布的区域尽量利用现状道路，调整路面宽度，改善路面材料。对直接占压遗址、破坏遗址环境或没有利用价值的现状道路予以清除。严格控制遗址公园内入口、集散广场与停车场的规模，妥善处理新建路网与遗址的关系。

3. 协调性原则

与遗址环境风貌协调：道路是重要的公众感知要素，应选择色调自然、体量轻盈、质感朴素的材料，与周边环境衔接自然、视觉和谐。

与公园功能协调：国家考古遗址公园建设与当地社会发展、人民生活水平息息相关，因此必应承担公共空间应有的公共服务功能，如消防、日常管养、考古工作、游客游览等。道路应连接各展示区和游赏点，要求便捷、顺畅，便于参观巡视，保证遗址展示区的可达性和遗址公园的服务质量。

4. 个性化原则

国家考古遗址公园遗址类型多样，所处地域环境及现状情况迥异，因此道路交通应按照“一园一策”进行设计，使大遗址在道路的合理串联下活起来，让人们走进去、看进去。

个性化道路设计体现在要尊重遗址原有的用地性质，原是农田的最好保持为农田，原是草地的要维持相应风貌；使遗址公园的道路形式紧紧追随遗址内涵，避免成为风格割裂的道路系统。另外，道路设计也要结合地域特征，在体现地域特色、探索运营模式上独树一帜，对追溯遗址古今关系，深度体会当地文化内涵具有积极意义。

5. 游憩性原则

随着公园服务公众理念的融入，考古遗址公园承担了更多的社会功能，除了保护区内本体相关道路的设置受到遗存分布的限制，公园背景环境内的道路布局多以满足参观与游憩为主导功能。交通种类的选择、交通流量、线路走向及其配套设施，应多考虑游客和周边居民的切实需求，以及公园的运营策略。设置匹配游览人群规模的游憩路网，遵循遗址背景氛围的最大感知和最佳体验，形成特色鲜明的游憩路线。在国家考古遗址公园“专业性”、“单调性”的公众刻板认知上，延展公园的公共性，激发更多的生命力，促进运营的良性循环，综合推动国家考古遗址公园的高质量发展。

9.2

道路交通设计策略

国家考古遗址公园内道路交通的模式是依据公园内遗存的分布形式决定的，在认真分析遗址分布特点的情况下，选择一种既能最大限度地保护遗址又能满足游览需要的道路模式，对于公园的可持续发展和良性运营意义重大。

一般来说，国家考古遗址公园道路交通模式采用混合型，而公园局部遗址区或功能区则采用放射型（单中心放射型、多中心放射型）、类棋盘型、环路型、主辅线型等道路模式（图 9-2-1）。

1. 混合型

适用于占地面积广、遗址分布散的国家考古遗址公园。混合型道路模式比较灵活且适应性强，由环状路、放射状路或分支路等多种模式混合而成。由于混合型中不同道路的交通模式对于不同的遗址区、不同的功能主题区具有较强的适应性，因此它是契合考古遗址公园整体布局最合理的道路交通模式。

2. 中心放射型

中心放射型分为单中心放射型和多中心放射型两种，中心放射型是指在国家考古遗址公园内以一个或多个价值、等级高的遗址或遗址群为交通中心，道路向四周分散，形成中心发散式路网结构。中心放射型道路交通模式一般存在尽端路，游览起来显得迂回，适合那些需要游人沿路慢慢品味遗址特点的考古遗址公园。

3. 类棋盘型

类棋盘型道路交通模式常用于那些遗址分布相对均匀、遗址重要程度和可观赏性类似的遗址区，或是以街坊式或里坊式规划的大型古代城市遗址公园。类棋盘型道路交通模式的缺点是道路等级不明显、分工不明确，且交叉口多，在考古遗址公园中要慎用这种模式。

4. 环路型

环路型是指首尾闭合的道路交通模式，在考古遗址公园中最常采用。环状道路可将考古遗址公园内的现状道路和游览道路串联起来，便于组织一条经济

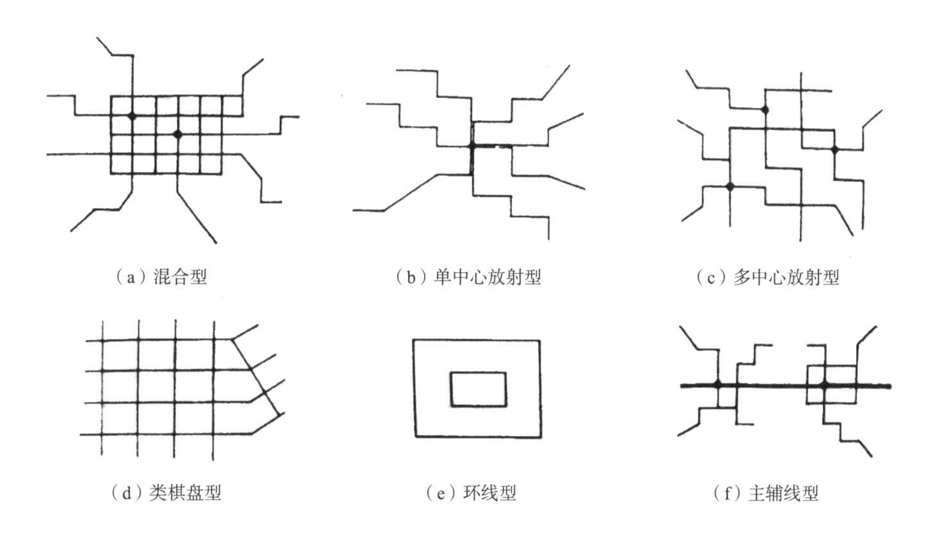

图 9-2-1　国家考古遗址公园道路交通模式

合理的环路，贯穿大部分遗址展示区和功能服务区。

5. 主辅线型

明确一条主要的展示道路贯穿整个考古遗址公园，其余次级道路分别与这条主要道路相连，形成一种树形结构的道路交通模式。这类道路交通模式适合重要遗址呈线性分布的考古遗址公园。

9.3

道路交通分类

国家考古遗址公园的道路交通系统根据遗址保护规划中的不同区划和功能分区进行分类和分级。遗址保护区内以遗存范围和格局分布作为道路分类的首要依据，与城市公园中的道路系统分级略有不同，但遗址环境区域的道路划分亦可参考一般公园的道路分类方式。

许多公众对“国家考古遗址公园”的认知度不高，认为博物馆可看，公园无可观的部分原因就归结于公园不具备良好的道路交通体系。随着考古遗址公园承担更多的社会功能，道路系统的合理规划就显得更为重要，不仅给原有“废墟风貌”的广大遗址和环境空间注入活力与人气，而且把遗址公园从学术宣传带向大众科普体验（图 9-3-1）。

9.3.1　以道路功能分类

根据保护规划中的保护分区进行道路分类：重点保护区内的道路为保护展示服务，一般保护区道路兼顾保护展示和游憩体验，建设控制地带的道路则根据用地性质进行布置，并衔接公园周边用地（图 9-3-2）。

1. 保护展示道路

国家考古遗址公园的保护展示道路往往位于遗址保护区内，主要服务于遗址，为考古科研、文化内涵展示、教育科普而设置，在路线设计、形式做法、材料选择、施工安全等方面要特别注意。

根据遗址考古成果设计路线，尽量按照遗址原有路径和结构进行设计，充分展示遗存文化要素。由于我国遗址大多为土遗址类型，遗存埋于地下，部分典型区域需做揭露展示，因此设置在遗存之上的道路形式应首先考虑遗址安全。将轻盈的结构形式作为首选；路面材料采用砾石、碎石散置或架空木栈道等当地可还原材料铺砌，避免因修路造成对可能存在遗址的干扰和破坏；施工过程中应选择有相关经验的高质量施工团队，并全程由相关专业工作人员进行现场

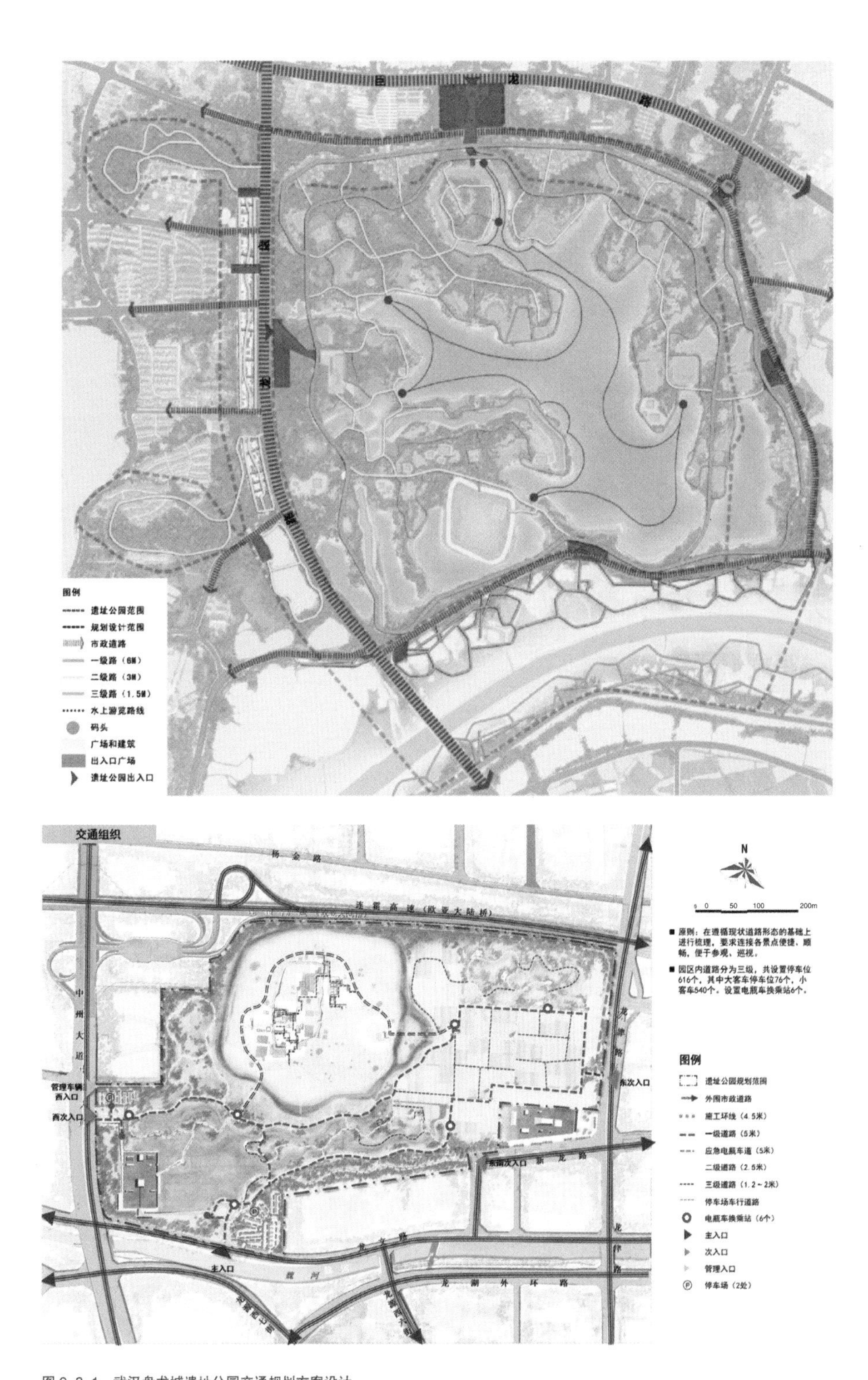

图 9-3-1 武汉盘龙城遗址公园交通规划方案设计

（资料来源：《盘龙城国家考古遗址公园概念方案》交通规划，中国建筑设计研究院）

图 9-3-2 大河村考古遗址公园交通规划方案设计

（资料来源：《大河村国家考古遗址公园景观设计》交通组织，中国建筑设计研究院有限公司建筑历史研究所、景观生态环境建设研究院）

指导协助。

2. 工作后勤道路

由于国家考古遗址公园的科研性质和运营需求，除了日常管养以外，还要为博物馆、考古工作站以及考古现场设置工作道路，并兼顾消防、物资运输等功能。由于后勤道路完全服务于工作人员，如果场地条件允许，应单独设置路径和出入口；如遇特殊情况，也可借由公园主路设计路线。

3. 游憩体验道路

以上两种道路侧重于考虑遗址，而游憩体验道路则侧重于服务公众，考古遗址公园的游憩体验道路需满足消防、运输、游赏等功能要求，其中以游赏为主要功能，外部、内部均应方便停靠并符合考古遗址公园的特点。在流量设计上与国家考古遗址公园所能承载的游人容量相协调，在流向上与国家考古遗址公园保护与展示分区相连通。

9.3.2 以道路结构形式分类

在上述分区基础上，又根据工程做法将道路分为承载道路和非承载道路，细化分级体现在道路宽度、路网密度和道路形式上。两种道路分类需结合考虑，不可按照单一分类依据进行道路设计。

1. 承载道路

承载道路在设置级别上等同于城市公园一级道路，大多连接公园外部城市道路，并串联公园主要出入口、博物馆建筑、管理建筑、主要服务设施以及主要景点。

对外交通多采用承载道路形式，保证路线出入便捷。以游客和管理车辆能够快捷出入为基本条件，宽度一般为 4 ~ 5 米。位于城市建成区的国家考古遗址公园对外交通道路和出入口应考虑与城市道路、公共交通站点及主要公共设施的衔接。位于城乡接合部、农村地区和荒野的公园对外道路应充分利用场地内的现有道路，不满足使用功能的，应优先考虑对现有路径的改造利用。原则上对外交通道路与遗址之间要适当留有保护及缓冲区域，防止长时间的车辆行驶震动对遗存产生影响；同时避免从视觉上干扰遗址环境的氛围感。

内部主要游赏道路也应具备承载功能，并保证路线环境体验最佳。除满足公园消防、应急、管理等需求外，应限制机动车通行，以电瓶车为主要交通方式之一，4 ~ 5 米的宽度为宜。除了串联各功能分区的主要景观节点和公共活动场地，作为客流量最为集中的道路，应设置在遗址环境的最佳体验和景观感知区域，最大限度地向游客展示历史环境特征。

2. 非承载道路

除了车行管理道路和主要游赏道路，游赏支路采用了非承载道路形式；以步行交通为主，连接休闲节点和主要道路；禁止机动车及电瓶车通行，道路宽度一般在 3 米以下。遗址保护区内保护展示道路按照非承载道路形式设计。非承载道路虽然宽度有限，但设计形式灵活，可因地就势，结合现状环境特点进行形态、高差的变化。非承载道路在材料选择方面也更加宽泛，竹木、防腐木、钢格栅、碎石、玻璃都可纳入设计范围。

而随着社会功能的丰富，在遗址保护区划以外、建控地带或者公园用地外围靠近城市一侧，还可设置供当地居民使用的健康休闲道路，选择塑胶、砂石等材料，但路面颜色不可突兀，避免影响视觉和谐。

3. 特色道路

除了常见的道路形式，国家考古遗址公园还根据遗址展示形式、历史环境特征和现状环境特点设置特色道路，如水路、下沉廊桥和玻璃廊道等。

考古遗址公园一般占地面积较大，覆盖了众多现状用地形式，结合遗存年代和考古成果，可推断出符合遗址年代的历史环境所包含的众多原始地貌特征，如历史河道、湖沼、湿地、草地、洼地、山地等。尤其长江中下游的古遗址，更是处于水网密集、水系丰富的自然大环境中。因此在修复遗址环境、恢复原始地貌特色的基础上，特色游览道路将提升考古遗址公园道路的丰富度和游客体验感。

昆山遗址在设计恢复部分历史水系缺失段后，形成公园内完整的水网系统，具备了设计水路游览的基础。因此设计特色水路游览，并结合陆路交通设计码头等交通转换点（图 9-3-3）。

而大河村在修复历史生态环境后，在湿地段设计了一段长达百米的沉水廊桥，使游客沉浸式游览体验历史湿地环境，感知水下生态，达到了遗址环境体验和生态科普等多重目的（图 9-3-4）。

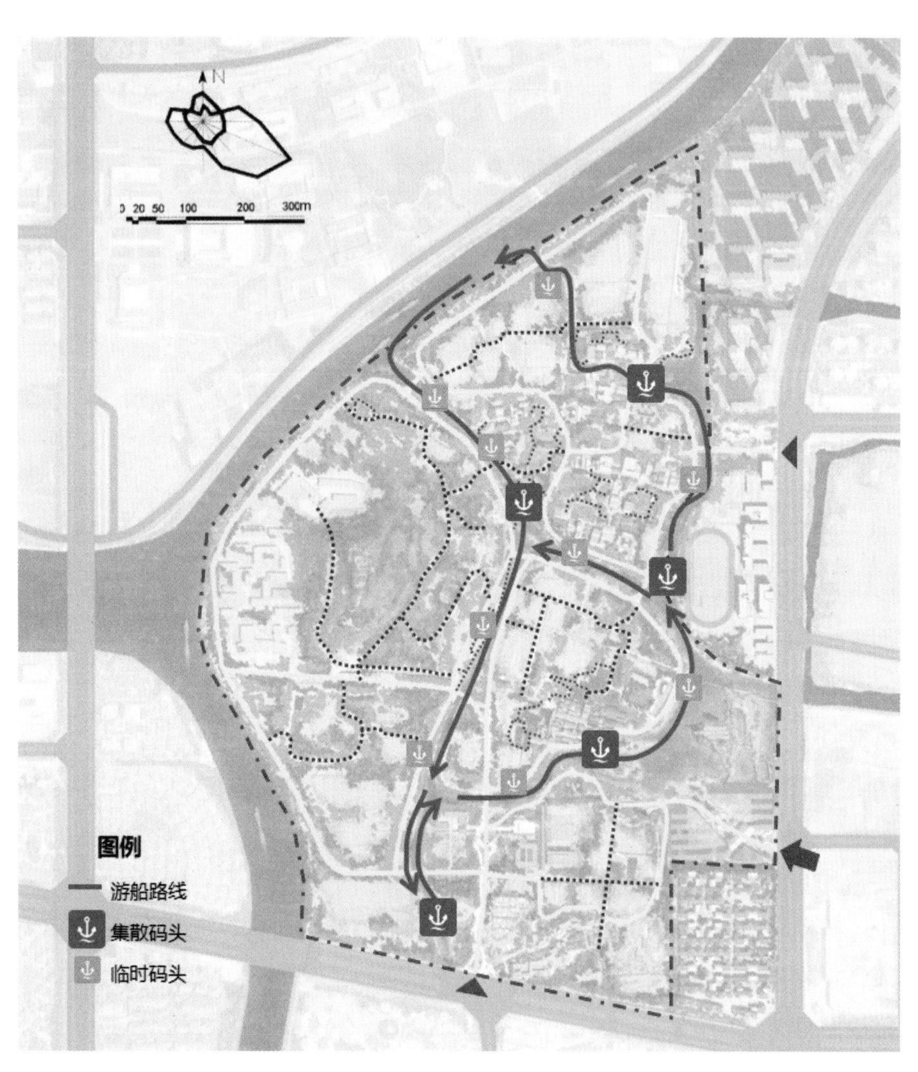

图 9-3-3 湖州昆山遗址公园道路交通模式
（资料来源：《湖州昆山大遗址公园景观设计方案》水上交通，中国建筑设计研究院有限公司）

图 9-3-4　大河村国家遗址公园沉水廊桥效果意向
（资料来源：《大河村国家考古遗址公园景观设计》沉水栈桥效果图，中国建筑设计研究院有限公司景观生态环境建设研究院、建筑历史研究所）

9.4

道路交通设施

国家考古遗址公园的道路交通设施应根据考古遗址公园的面积、出入口位置和游人容量进行规划控制。道路交通设施主要包括公园出入口、停车场、交通换乘点及其他服务设施。

1. 公园出入口

国家考古遗址公园的出入口应结合公园周边城市道路、博物馆和游客中心位置以及考古遗址公园保护与展示工程规划等因素进行布置。考古遗址公园一般设立一个主要入口、几个次要入口和专用入口。参考城市公园出入口设置原则，主入口应避免连接城市干道，增加城市交通压力，与道路交叉口和交通站点保持一定距离；一般设置在主要人流方向的入园点，同时结合博物馆和游客中心共同构成公园主入口景区。次要入口分别设置在公园的其他方向，满足不同方向游客的入园需求。专用入口是专门给博物馆、游客中心或公园内其他独立的文保单位设置的专用出入口，方便管理。另外，由于国家考古遗址公园规模较大，往往考古发掘与建设周期较长，有条件的可设置工程专用入口及车道。

2. 停车场

由于国家考古遗址公园的复合性质，产生了不同使用人群的停车需求，因此博物馆、公园社会停车场和内部停车场应分开设置。近博物馆区域应设置内部及 VIP 停车场，但不宜过大；大部分车辆可与公园社会停车场结合设置。公园内部停车场主要供现场考古科研、公园管理车辆、公园内运营车辆停放，位置结合车行游线设置，并考虑游客换乘、排队、休憩等需求，设置相应场地及服务设施。

社会停车场应满足大型客车、小型汽车、无障碍车辆的停车需求，停车数量根据公园游客容量及公园规模进行核算。根据各个城市对于新能源车位数量的要求，根据车位总数，还应设置一定比例的充电车位，配备充电桩，车棚等设施，并按照当地要求合理分配快充和慢充车桩的比例。如考古遗址公园位于城市建成区，社会停车场数量较多，管理用房及厕所也应视情况配备。

除了机动车停车场，非机动车停车场的设计也成了国家考古遗址公园的必备交通配套设施。车挡 、充电桩、车棚等相应设施随着社会绿色出行、人性设计理念的践行逐渐完善落实（图 9-4-1）。

3. 交通换乘点等服务设施

根据公园功能分区，沿公园主要道路设置交通换乘点，保证每个功能区至少有一处换乘点，并可根据分区面积和道路长度增设。交通换乘点除了满足电瓶车换乘，还应考虑步行游览休憩、环境体验停留等需求，并设施坐凳、垃圾桶、导览牌、解说牌等综合设施。下面以《大河村国家考古遗址公园景观设计》[16]为例，阐述服务设施的设计应与遗址有较高的关联性，从风格形式上尽量贴近遗址内涵或历史地域特征，并综合多种设施设计。

大河村作为史前遗址，建筑物及构筑物的整体风格有待考证；但公园配套服务设施的整体风貌应符合遗址同期建筑的发展特点，这也为同类型项目提供了设计思路和参考。根据遗址房基考古成果确定配套服务建筑的平面比例和尺寸，以复原立面图控制服务建筑立面比例。但对于服务设施结构的最终确定不能仅参考复原图进行设计，还需考虑其开敞通透的使用功能和实际的结构承重要求，故参考遗址同期文化类型遗址的建筑形式复原服务设施地上部分：建筑为构架形式，屋顶呈两坡形态，以藤萝扎结连接房屋柱梁。

由此设计出的服务配套建筑比例贴近大河村遗址出土建筑基址和复原图纸尺度，建筑材质选用仰韶时期典型的夯土泥墙，结构连接采用原始的扎结样式，整体建筑风貌古拙原始，与遗址内涵氛围协调统一（图 9-4-2）。

4. 与导览、解说系统的结合设计

国家考古遗址公园道路作为公园的重要组成部分，不仅具备道路的功能，还是重要的设施载体；从本身形象表达与遗址文化结合，到连接服务设施，再到与公园导览、解说系统的结合。都力图服务于阐述遗址内涵。

多样的道路形式为结合其他设施提供了设计可能：坐凳与道路整体设计，导览沿路面设置，导览、解说系统结合道路栏杆设置。随着国家考古遗址公园的发展，各系统的协同设计成为趋势，道路成为公众感知尺度的要素之一，在原有功能基础上为公众提供了更好的文化服务。

以《大地湾遗址考古遗址公园规划》[9]道路交通组织为例（图 9-4-3）。

1. 外部交通组织

将调整至规划范围北侧的过境交通作为国家考古遗址公园对外交通组织的主要道路。

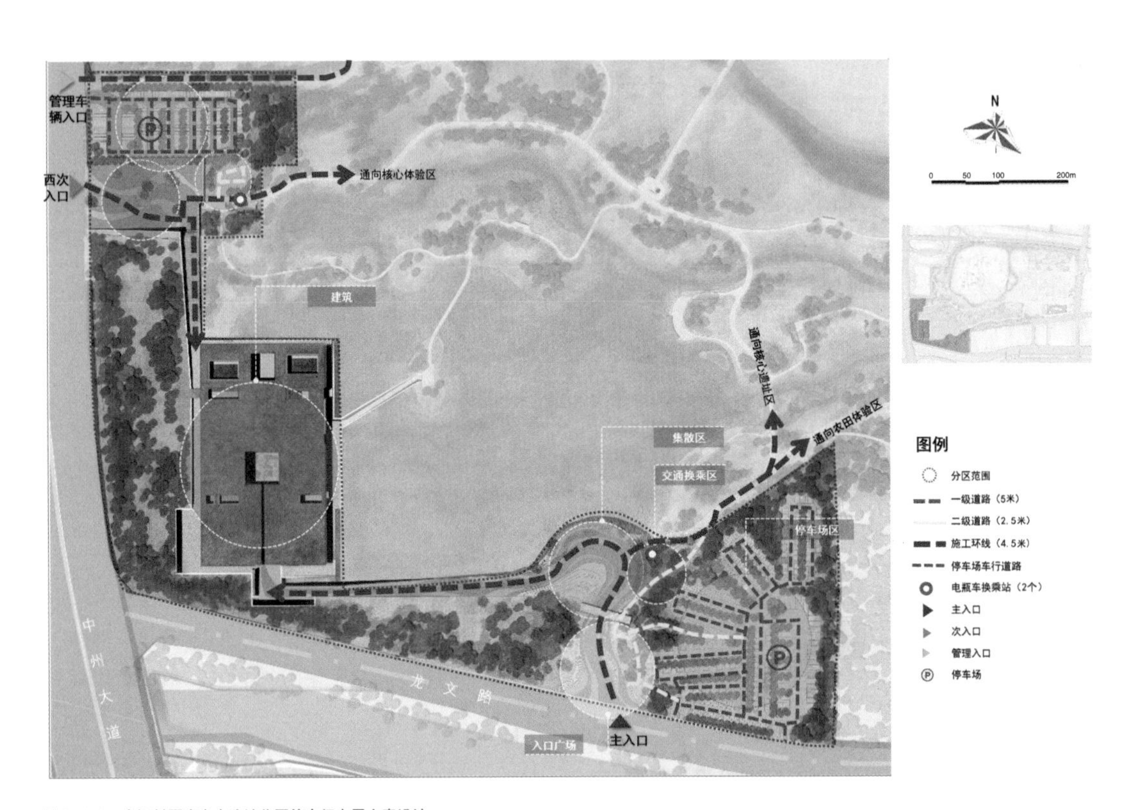

图 9-4-1　大河村国家考古遗址公园停车场布置方案设计

（资料来源:《大河村国家考古遗址公园景观设计》综合管理区・交通及功能结构图，中国建筑设计研究院有限公司景观生态环境建设研究院、建筑历史研究所）

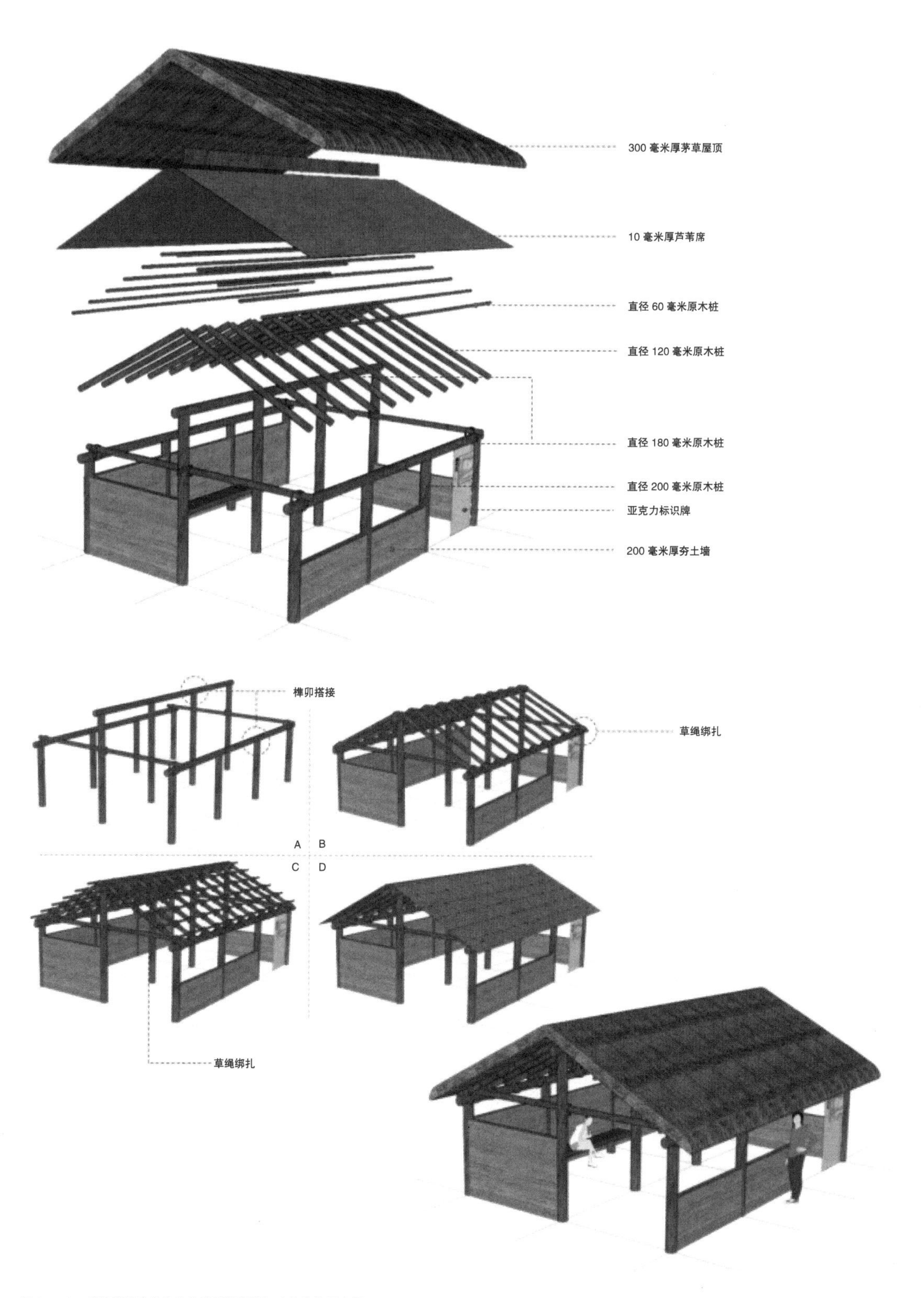

图 9-4-2 大河村国家考古遗址公园配套服务建筑结构示意图

（资料来源：《大河村国家考古遗址公园景观设计》，中国建筑设计研究院有限公司景观生态环境建设研究院、建筑历史研究所）

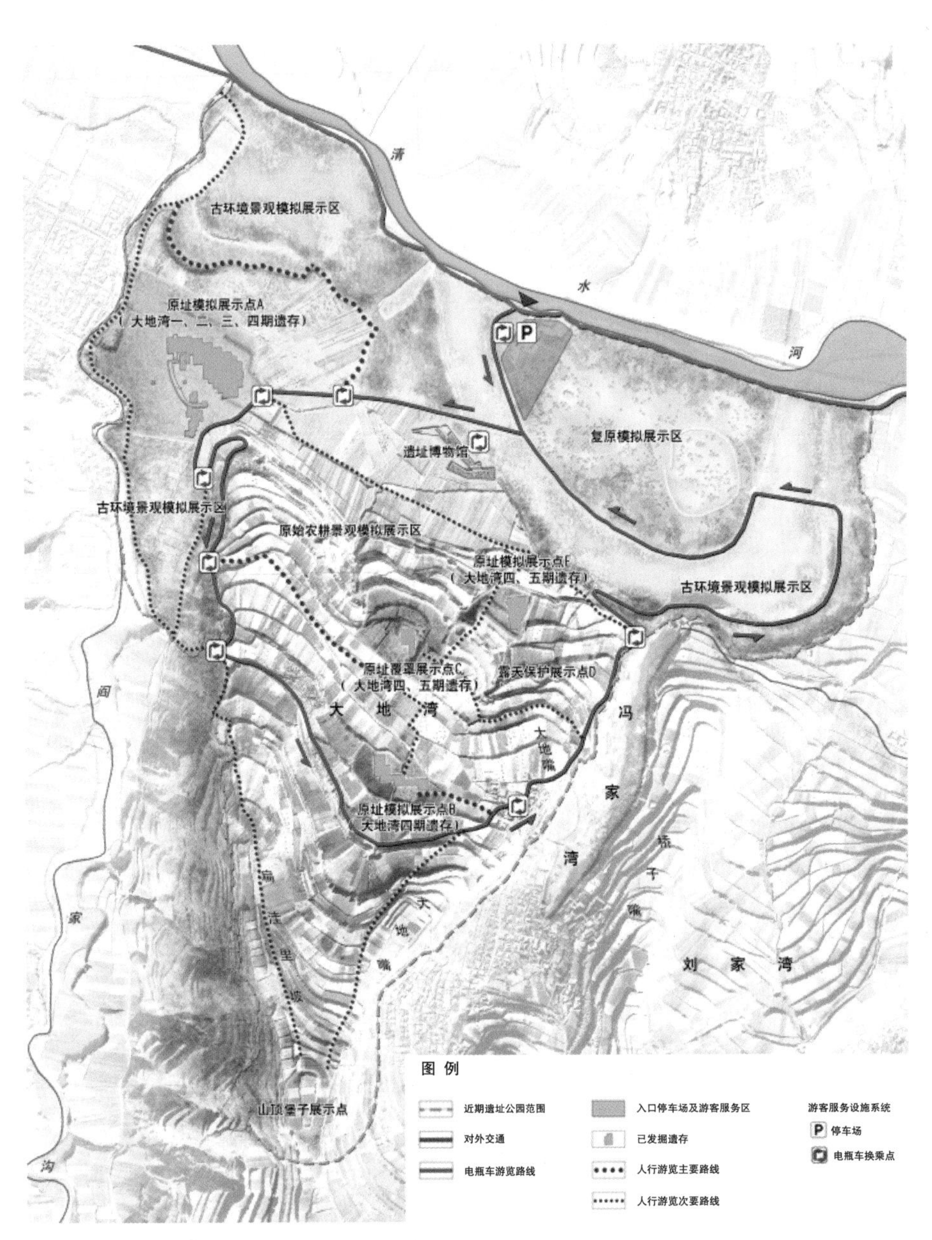

图 9-4-3 大地湾考古遗址公园道路规划方案设计

（资料来源：《大地湾遗址考古遗址公园规划（2014—2030）》交通流线规划图，中国建筑设计研究院建筑历史研究所、环境艺术设计研究院）

2. 内部交通组织

- 交通方式

国家考古遗址公园内以步行为主，设置环保型电动游览车，沿规划电瓶车车行道行驶，禁止外部车辆穿行和进入。

- 道路分级

国家考古遗址公园内的道路分为电瓶车路和步行路两类，其中步行路分主要步行路和次要步行路两级。

电瓶车路基本沿遗址现场展示区外边界环形设置，同时串联各功能分区。路宽与沿用的现状道路一致，为 4.5 米，可供电瓶车错车行驶。路面材料采用土黄色透水固化砾石。单侧立低草坪灯照明。

主要步行道路用于展示区内主要展示点的连接，道路宽 3 米，供行人使用，电瓶车也可通过。路面材料采用砂石。单侧立草坪地灯照明。

次要步行道路用于展示区内所有展示点的连接，路宽 1.5 米，仅供游客步行通过。路面材料采用砂石。

3. 道路交通设施

- 出入口

遗址公园依山面河，北侧过境交通对外联通，故仅在北侧设一处出入口。

- 停车场

在外部交通与入口区交接处设置对外停车场。停车场均为绿荫停车场。节假日可根据周边用地和公共建筑设施分布情况，辟出部分空地和道路两侧用地作为临时停车场。采用生态停车场的做法，场地内种植乔木、地面铺设草坪砖。

- 电瓶车停靠点

规划设内部电瓶车停靠点 9 处，结合服务节点、景观节点设置，或于车行路与人行路交接处设置。

9.5

道路工程做法

1. 遗存本体相关道路——与遗址保护展示工程结合

遗址重点保护区、一般保护区内的公园道路，与遗存本体关系密切，是国家考古遗址公园的重要展示部分。道路的设置及做法需要全面并优先考虑遗存本体安全，可以向游客清晰地展示和阐述遗址价值，满足后续考古工作和日常维护等基本交通功能；这就决定了与遗址本体相关的道路做法的多样性及灵活性，可总结为以下几类：

- 架空道路

架空道路是遗址保护区内常用的道路形式，兼顾本体保护和遗址展示；适用于遗存地形高差变化丰富、遗址本体揭露展示、回填覆土厚度不足等大部分遗址现场情况。仅为人行游览通行，宽度多在 1.2 ~ 2.5 米。架空道路材料考虑可操作性、耐久性以及建设维护成本，可选用高密度防腐木、竹木、金属格栅、钢化玻璃等材料（图 9-5-1 ~图 9-5-3）。

- 浅基础人行道路

对于暂未探明遗存情况以及已做回填保护的区域，如需设置展示游览道路，浅基础道路是普遍做法：对地下遗存及周边环境的扰动较少。道路多为人行游览设置，并兼顾部分工作道路，宽度可根据道路功能灵活调整。以上区域的浅基础道路常用材料有固化土路、砾石路、砂石路等（图 9-5-4、图 9-5-5）。

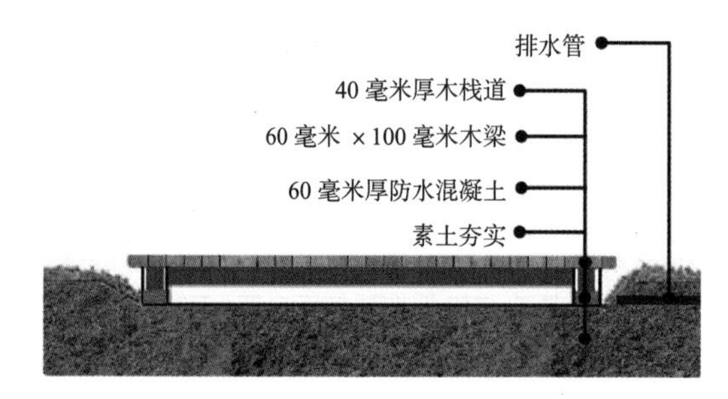

图 9-5-1　架空木栈道做法
（资料来源：中国建筑设计研究院）

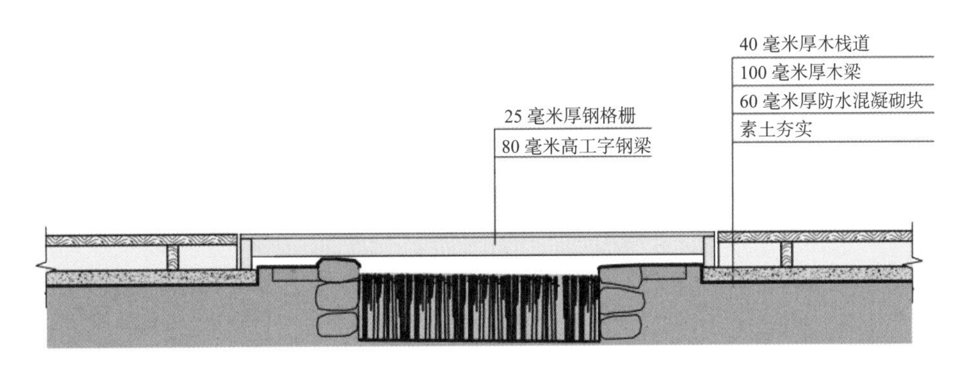

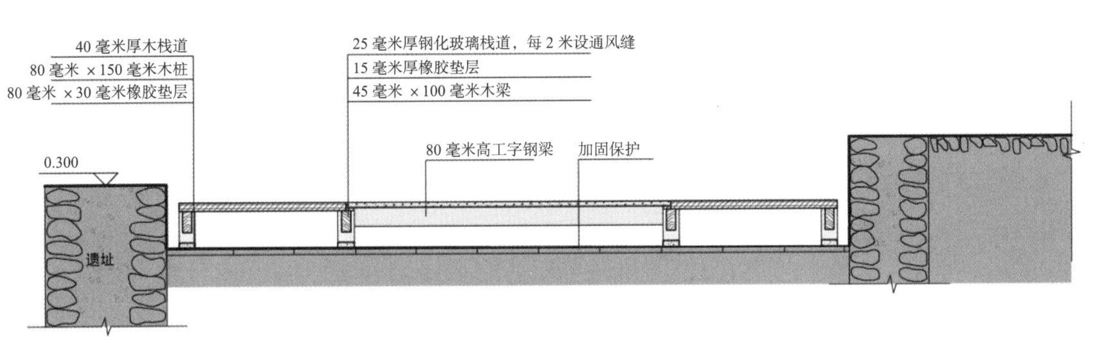

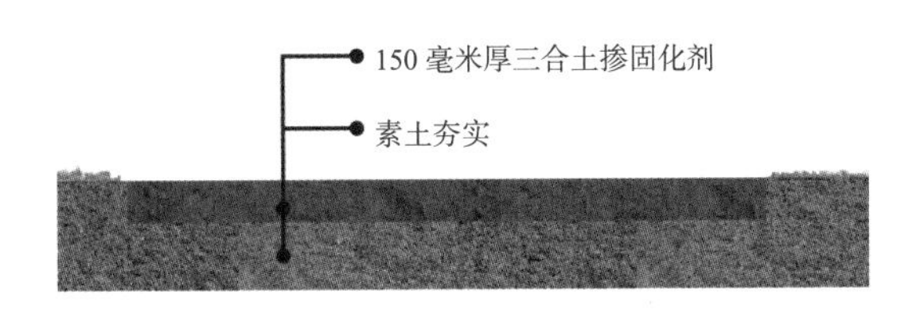

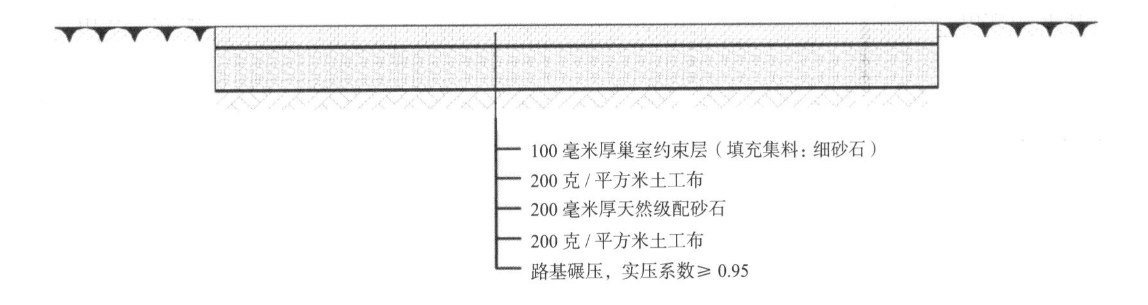

图 9-5-2　架空格栅做法
（资料来源：中国建筑设计研究院）

图 9-5-3　架空玻璃栈道做法
（资料来源：中国建筑设计研究院）

图 9-5-4　固化土路面做法
（资料来源：中国建筑设计研究院）

图 9-5-5　砂石路做法（一）
（资料来源：中国建筑设计研究院）

• 浅基础承载道路

除了展示游览道路，遗址保护区还需为后续考古、遗址安全保障、日常管理维护等工作设置供不同车辆通行的承载道路，宽度多为 4 ~ 5 米。道路设置应与地下遗存保持足够的安全距离，并避免使用大型机械进行施工。道路面层与保护区内其他游览道路保持风格、材料的统一，仅对垫层进行加厚和加强处理。

2. 大遗址环境中的道路——与公园环境体验结合

• 公园承载道路

应满足公园消防车辆、日常管理车辆、游览电瓶车的通行，以及人行游览的需求。避免使用过于城市化、公园化的铺装形式，选择符合遗址风格的铺装材料。作为遗址公园的主要道路，连接着公园出入口、主要服务设施和重要节点，人流车流量集中，因此不仅要具备道路的基础通行功能，还应注重道路本身的美感，包括形态美、质感美、文化美以及行走的舒适感，并将之纳入公园的整体体验感，为游客传达与遗址价值相统一的临场观感和视觉效应。

可用的承载道路铺装包括砂石路、露骨料混凝土（图 9-5-6、图 9-5-7）和预制混凝土板（图 9-5-8、图 9-5-9）等形式。

一个完善的道路系统设计不仅服务于遗址价值的阐述，而且为公园游览、教育实践、日常活动等需求提供了更优的体验和更大的可能性。在延展公园公共性的同时，增加了周边社区的参与度，逐步提升了当地人民的责任意识。这种可持续发展设计激发和延续了遗址的新生命力，助力考古遗址公园成为地区城市文化名片。

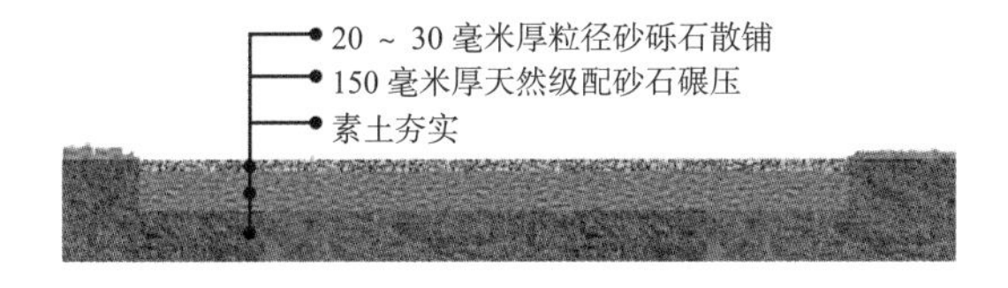

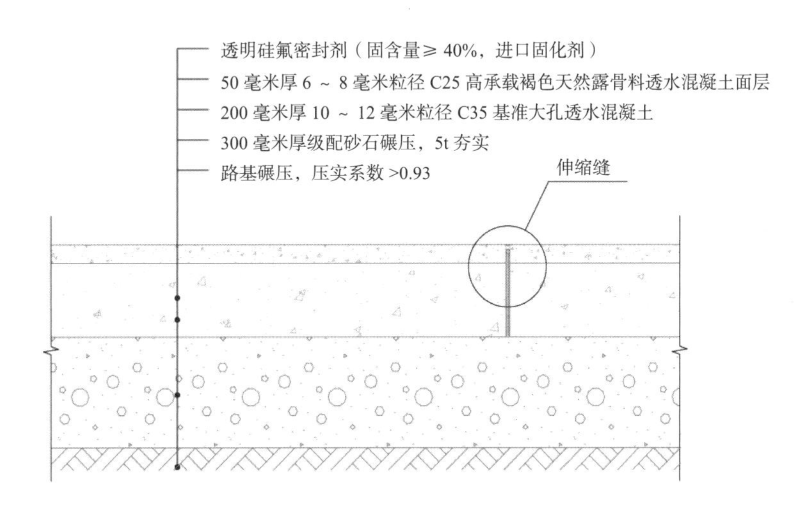

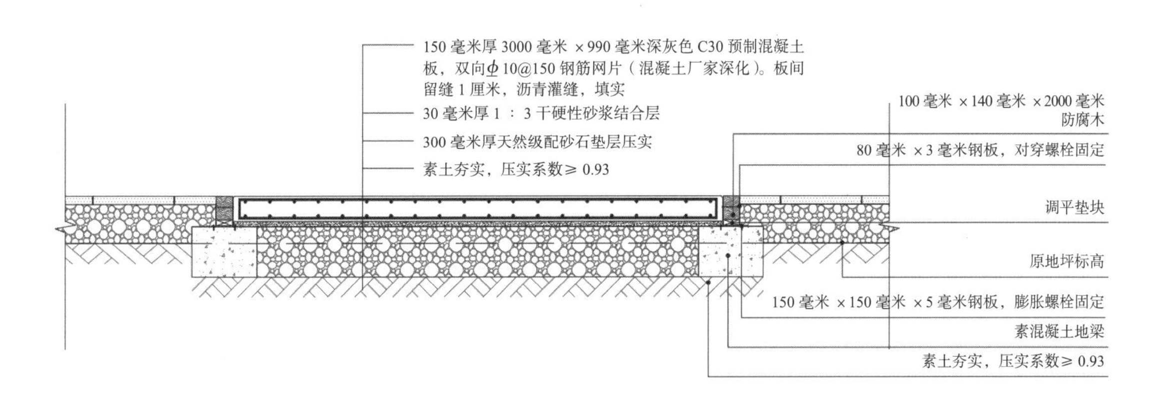

图 9-5-6 砂石路做法（二）
（资料来源：中国建筑设计研究院）

图 9-5-7 露骨料混凝土做法
（资料来源：中国建筑设计研究院）

图 9-5-8 预制混凝土板做法
（资料来源：中国建筑设计研究院）

图 9-5-9　元上都遗址展示游览道路预制混凝土板建成效果
（资料来源：中国建筑设计研究院）

第 10 章

“浅基础，可逆化”——国家考古遗址公园环境建（构）筑物设计

10.1

建（构）筑物设计原则与内容

10.1.1 建构筑物设计原则——“浅基础，可逆化”

国家考古遗址公园建构筑物的规划设计应该以完整地保护考古历史遗迹为主要目的。脱离历史遗迹的规划设计分布没有建设存在的必要。

1. 浅基础

浅基础是指在国家考古遗址公园建构筑物规划设计和建设过程中，最大限度地保护遗址原貌不受影响，尽量不扰动遗址，即最小干预。最小干预性是国际文物保护规则中基于考古遗址的真实性和完整性，针对考古遗址保护及其展示手段运用方面的客观存在性而言的；但由于任何施加在遗址本体及其周围环境的科研考察与遗址保护都不可能绝对地实现“零干扰”，所以尽可能地采用合理方式实现最小干预，才是解决历史遗址保护以及展示相关问题的解决之道。《中国文物古迹保护准则（2015）》第 28 条要求指出，“保护性建筑是消除造成文物古迹损害的自然或人为因素的预防性措施，有助于避免或减少对文物古迹的直接干预，包括设置保护设施、在遗址上搭建保护棚罩等。监控用房、文物库房及必要的设备用房等也属于保护性设施。建设、改造须依据文物保护规划和专项设计实施，把对文物古迹及其环境的影响控制在最小程度”。所以除了尽可能地减少对考古遗址本体的物理干扰之外，还应该创造有利于考古遗址保护和展示的周围环境，防止或降低针对遗址的灾病害发生。在一般建设工程中，“浅基础”一般指基础埋深小于 5 米，或者基础的埋深小于基础的宽度，且只需进行排水、挖槽等普通施工。对于考古遗址公园中的建构筑物建设，其基础位置及埋深应根据遗址具体情况提出，符合遗址保护要求。

2. 可逆化

在国际历史考古遗产保护领域提出的可逆化，可以看作是对最小干预性内涵和外延的相关拓展，它们的目的都是为了实现考古遗址的真实性、完整性以及可持续性。可逆化具体指的是:（1）在国家考古遗址公园建构筑物规划设计和建设过程中，应当预留发展用地，以备今后增设和改建的需要;（2）遗址建构筑物的建造设计应当在遗址保护的前提下进行，运用的一些建筑构件在必要情况下能够拆除或更新，同时不会造成文物古迹的损害;（3）遗址建构筑物里面通风、采光、空调、照明等设备设施应当易于拆换;（4）在遗址周围增设的建筑或者构筑物，不能是永久性的建设。

10.1.2 建构筑物设计内容

1. 环境协调设计

环境协调设计包括自然环境协调设计和城市环境协调设计等。

环境的构成结构是多元的。遗址作为物质性的存在,存在于特定环境之中，而建（构）筑物也存在于特定的环境之中。对于遗址博物馆、保护性设施及必要的服务建筑而言，考古遗址环境保护在建筑和周边环境关系的处理上提出了更高的要求。国际考古遗址保护规则认为，保护好考古遗址本体及其周边环境，对诠释考古遗址的真实性、完整性、可持续性等方面都有重要意义，有助于考古遗址的价值理解、解读和诠释。例如《湖州昆山考古遗址公园规划》[5] 中的商周文化馆采用了木构聚落形式的建筑风格。考古遗址的整体性价值需要相对完整的历史信息作为支撑，这些历史信息包括考古遗址及其周边环境在历史上的功能或作用、考古遗址最原初的设计匠心和艺术效果，以及历史事件的发展脉络等相关内容。

考古遗址的建（构）筑物处于周边环境中建造时应尊重考古遗址及其周边环境的真实性和完整性。建构筑物在介入遗址的过程中，应该尊重和关照考古遗址本体及其周边环境，避免或减少对考古遗址环境风貌的损害。保护好考古遗址的整体价值，更有利于实现考古遗址及其建构筑物的社会价值（图 10-1-1）。

商周文化馆以聚落建筑基本形制为出发点，展现商周文明，打造主题性的文化体验区；用现状坑塘恢复桑基鱼塘场景，打造典型的、体现公园遗址价值的遗址环境景观。

2. 技术适宜设计

建筑工程技术是建造考古遗址建筑物或构筑物的具体手段和方法。要实现考古遗址保护的最小干预性原则，除了遵守建筑设计的常规工作程序，在基础形式、建筑结构、基坑坑壁处理、建筑防水、采光、材料、建筑设备及生态技术等方面还要与考古遗址保护的特殊需求相适应。

图 10–1–1　湖州昆山大遗址公园商周文化馆概念方案意向
（资料来源：中国建筑设计研究院）

3. 绿色施工

绿色施工是一个系统性工程，包括组织设计、准备、运行、设备的维修以及竣工后场地的生态复原等。首先，相关主体要达成绿色共识，优化总体方案，在规划与设计阶段就充分考虑总体要求，为后续的施工奠定基础。其次，在实施过程中，加强对整个过程的监督和管理，并对施工策划、材料采购、现场施工、工程验收等各阶段进行控制。

绿色施工是绿色施工技术的综合性应用，体现了工程施工中的可持续发展思想。绿色施工相关技术并非完全独立于传统技术，而是在可持续性的基础上对传统施工技术进行重新审视并加以改进，是符合可持续发展原则的施工技术。

10.2

环境协调的“浅”设计

10.2.1 自然环境协调设计

任何建筑都处于一定的自然环境中，并与周边的自然环境保持着密切联系。古人所倡导的“象天法地”“天人合一”“趋吉避凶”的哲学理念，就是选择和利用自然环境中的地形地貌等元素，让建筑能够与周边自然环境取得有机联系。

1. 适应本土气候

根据不同地域的气候环境，采用相应设计手段和相关技术，运用新材料、新工艺，结合自然通风、自然采光等绿色技术，考虑建筑维护的隔热性和保温性要求，满足建筑功能，降低能耗，是国家考古遗址公园建筑物与构筑物适应当地地域气候环境（甚至严酷的地域气候环境）的有效方式。

日本里山具有自然环境与本地风土人情相统一的特色，由田地、林地、草地、河流、水渠和村落等景观要素构成。当地气候变化显著，冬季气温低至 -20℃，而夏季气温可达 45℃。里山自然科学博物馆是为了延续当地特色文化、适应当地气候的多样性而建造的，选址于山中，结合山体及周边森林呈现蜿蜒布局（图 10-2-1），该建筑主要由 34 米高的观光塔和其他博物馆功能空间所组成，四个巨型窗用来满足采光要求。巨型窗采用了透明树脂材料，厚度为 75 毫米，不仅能抵抗冬季积雪 1500 千克 / 平方米的压力（图 10-2-2），而且还能较好地隔热。该建筑表皮采用了耐候钢，以免气候对建筑材料造成破坏。建筑外围的墙体分为内外两层，中间存在空腔，夏季把冷气抽到空墙内调节室温，而冬季则把暖气抽到空墙内保温（图 10-2-3）。该建筑在造型和技术上都适应了当地的自然风貌、气候环境和风土人情。

2. 保护地形地貌

考古遗址本体与遗址周边环境整体风貌共同组成考古遗址的展示主体，是吸引游客进入遗址参观的主要对象。考古遗址的整体风貌包括规模形制、格局

图 10-2-1 里山自然科学博物馆

图 10-2-2 大雪覆盖的里山自然科学博物馆

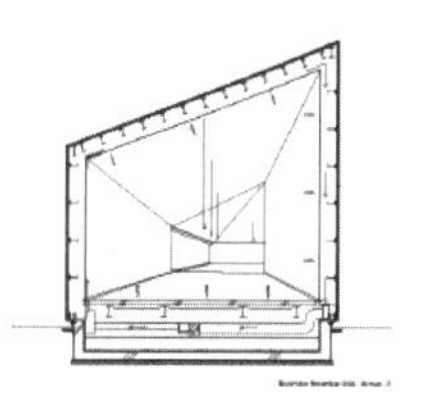

图 10-2-3 里山自然科学博物馆剖面示意

尺度、周边环境的地形地貌以及生态景观等综合内容。如果新建的遗址建筑物或构筑物设计建造不当，无疑会在景观视觉上对考古遗址的整体风貌产生干扰，影响游客对遗址真实性和完整性的解读。以考古遗址风貌的保护为基点，就成为遗址建（构）筑物区别于其他建筑的创作原点。

陕西西汉阳陵帝陵外藏坑遗址博物馆位于遗址保护区的重点区域，覆盖在汉阳帝陵东侧 12 ~ 21 号外藏坑之上，紧邻帝陵封土，可谓是“万岁脚下动土”。西汉阳陵陵园总面积约 1700 公顷，整体平面呈不规则形。由帝陵、后陵、南北区从葬坑、刑徒墓地、陵庙等遗址构成。整个陵园以帝陵为中心，坐东向西，四角拱卫，南北对称，东西相连，布局规整，结构严谨，显示了唯我独尊的皇家权威和严格的等级观念。帝陵陵园平面为正方形，边长 418 米，四边有夯土围墙，墙中部均有阙门，陵园中部为封土，呈覆斗形，底边边长约 168 米，顶部边长约 60 米，封土高 32.28 米。完整的帝陵风貌反映了汉代皇家陵园的整体格局，也反映了陵园作为人类文化遗产的真实性，在这样的环境中建设遗址博物馆，如何处理好新建筑与历史环境的协调关系，成为制约该设计的最大难点。为突出陵园整体庄重肃穆的氛围，建筑师以帝陵遗址整体环境展示为核心，从保护遗址环境角度出发，尽量淡化建筑与环境的冲突，避免干扰陵园整体历史环境。遗址博物馆建筑是在帝陵封土东北 10 条外藏坑上构建而成的全地下建筑，是中国第一座地下遗址博物馆。利用场地现状地面距汉代坑口表面 6 ~ 7 米的地形高差，博物馆主体沉入地下，几乎没有任何地面建筑形象（图 10-2-4），建筑屋面则进行绿化种植，让建筑融入遗址环境（图 10-2-5）。由于建筑形式与遗址环境处理得当，观众站在陵园之中，两座高大的陵冢映入眼帘，有谁能想象出这绿草如茵、繁花似锦的脚下竟是一个历史文明和现代科技交相辉映的现代遗址博物馆，遗址博物馆建筑完全“消隐”于帝陵遗址环境的历史风貌和自然景观之中。

图 10-2-4　汉阳帝陵外藏坑遗址博物馆入口

图 10-2-5　汉阳帝陵外藏坑遗址博物馆屋面绿化

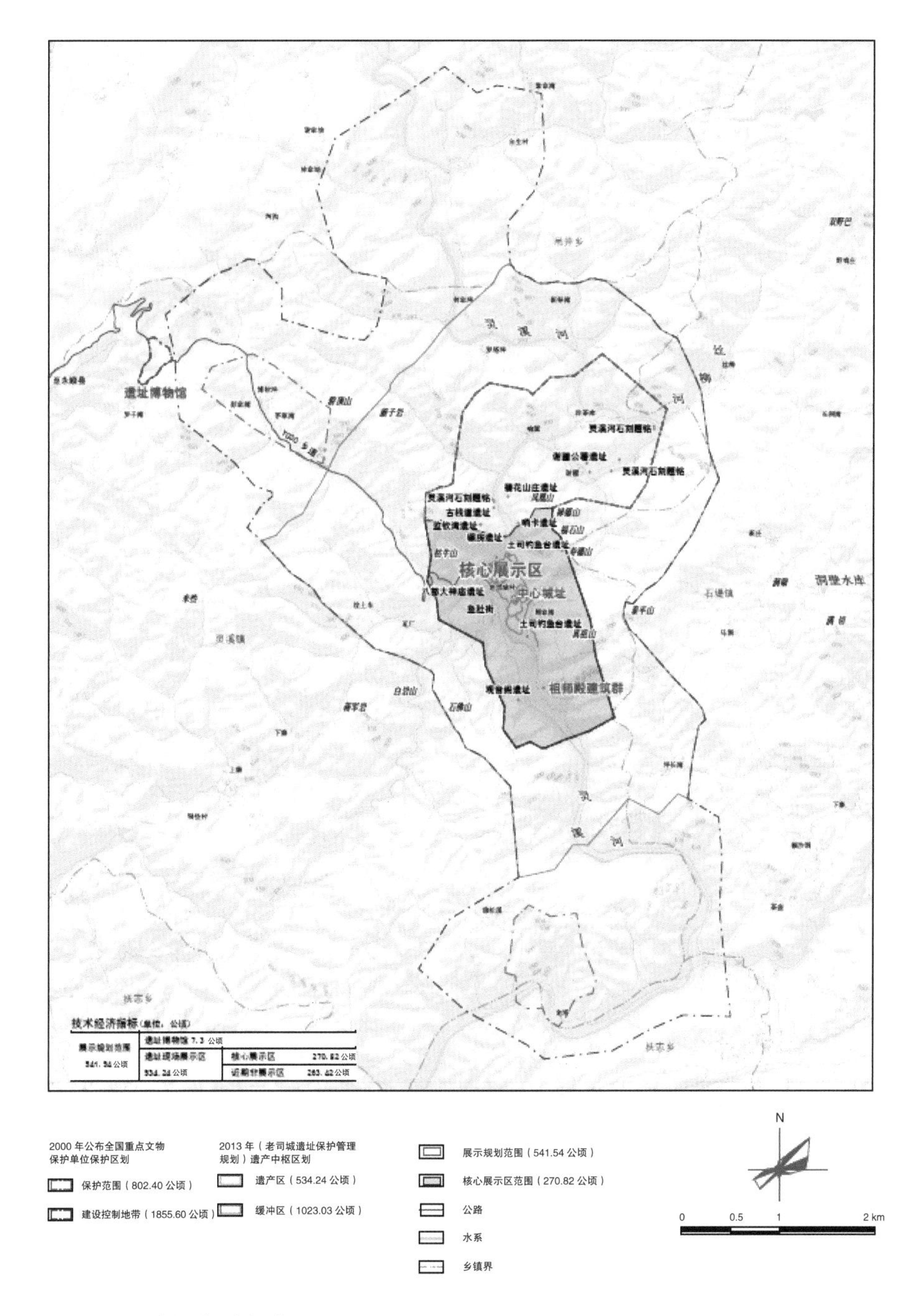

图 10-2-6　老司城遗址博物馆选址范围

（资料来源：《老司城遗址展示设计方案》展示规划范围，中国建筑设计研究院建筑历史研究所）

图 10-2-7　老司城遗址博物馆

3. 降低环境干扰

有些遗址建筑建设受遗址保护规模和使用要求的制约，建筑不能完全采用地下形式或分散体量，则可考虑降低建筑体量、扩大与遗址环境距离等手段，尽量降低建筑对遗址环境的扰动程度。

如老司城遗址博物馆选址距遗址核心展示区约 5 公里，位于遗址保护范围及建控地带以外的山谷中（图 10-2-6），对遗址环境几乎没有影响。谷地现状山峦夹持，谷底田园肥沃，自然环境优美，博物馆建筑顺应山势整体呈半台地、半掩体形式延续至场地中（图 10-2-7）。项目借鉴老司城土司遗址的建造方式，以山水格局为依托，就地取材、回归自然，将景观、建筑与环境相融合，使得博物馆整体融入了山水格局当中。

4. 融入环境保护

为了应对全球化对地区文化的影响，设计师应该从现代视野对地区的乡土建筑及其文化给予特别关注，以此形成新的乡土建筑形式。新的乡土建筑可视为现代性和传统性的统一体，通过对地域外建筑思想的吸收和重释，浓缩本土独特的艺术潜力，最终实现一种根植于当地技术和地形条件、整合的现代建筑。传统的乡土建筑可以理解为当地居民自己建造的建筑，而新的乡土建筑是由设计师参与设计建造的建筑。新的乡土建筑是一种当代建筑，在当代建筑体系中与传统的乡土建筑有着密切的关系，都是地域性建筑随着时代发展的文化载体。

充分了解当地的遗址保存现状、遗址价值、风土人情和环境特征，提出与遗址环境和田野环境相协调的设计方案，成为遗址建筑物与构筑物的主要设计方向。在设计中注重当地材料和建筑形式的选择，体现“乡土”的地域特征，根据当地的施工技术水平，建立适宜的低技术解决方案，以取得当地技术与建筑艺术效果的平衡。

无锡鸿山遗址博物馆选址紧靠丘承墩，包含了丘承墩墓坑原址展示棚的设计。首先，建筑大师崔愷先生将建筑避开遗址本体，尽量减少建筑结构对遗址本体的影响；其次，根据田野的方位特征，综合田野稻田分割方式和周边村落布局形态，博物馆由五个不同体量平卧在大地上的长方体组成，相互间平行错动，形成分散的建筑群落，降低建筑体量和尺度；最后，馆体的形态与走向来源于遗址封土墩的外形特点，深灰色双坡大屋顶体现出遗址博物馆建筑的厚重氛围，与历史时空产生呼应和对话，墙体采用类夯土泥墙表皮。整个建筑简洁中透着古朴，富有历史人文和地域特色，与周边自然环境融为一体（图 10-2-8）。

图 10-2-8　无锡鸿山遗址博物馆

10.2.2　城市环境协调设计

1. 融入城市肌理

城市肌理是展现城市的文化底蕴、保持地区个性、焕发城市内在活力的重要依据，是控制城市发展空间结构的重要手段，也是城市历史文化地段整体性价值的外在表现。保护城市肌理即整体性保护城市文化的载体，保护城市历史文化遗产的真实性价值。在国际文化遗产保护规则中，如 1987 年通过的《华盛顿宪章》，该宪章确定了历史地段以及更大范围的历史城镇、城区的保护意义与作用、保护原则与方法等，将历史地段的概念内涵再次扩大。它明确将城市历史环境的保护纳入城市发展政策与规划中，开始把保护历史地段与改善城市环境相结合。位于城市中的遗址博物馆建筑在延续地方文脉、融入城市肌理方面，成为保护城市历史文化地区环境风貌的积极组成部分。

希腊雅典（新）卫城博物馆位于卫城山脚下，选址于城市建筑密集度较高的由新古典建筑包围的地段、马克里伊安尼街区遗址之上。该博物馆的建设目的是实现保护性展示雅典卫城帕提农神庙石质可移动建筑遗址构件、建立与卫城神庙遗址地历史景观联系、真实展现马克里伊安尼街区遗址的目标，因选址特殊，地段的复杂性对建筑师充满了挑战。建筑大师伯纳德•屈米和雅典当地

图 10-2-9　希腊雅典（新）卫城博物馆轴线关系

建筑师迈克尔·福蒂亚迪斯（Michael Photiadis）联合，共同设计完成了这项艰巨的任务。建筑师综合分析了城市肌理、遗址考古信息、卫城神庙展示等多重制约因素，将博物馆在体量上分为三个部分：底部、中部和上部，并分别采用大理石、混凝土和玻璃三种建筑材料水平划分建筑形体。底部体量的轴线与建筑下方马克里伊安尼街区遗址的轴线相对应，中部体量根据周边街区城市肌理安排朝向，上部体量则与卫城山上帕提农神庙的朝向一致（图 10-2-9）。博物馆建筑不同部分的轴线对应了不同的环境制约要素，并建立了现代建筑与古老遗址、历史街区的空间呼应关系，形体上的复杂层次建立的联系进而转化成视觉、体验和文化、精神上的认同与联想。在建筑高度处理上，首层平面标高与邻近的具有文化代表性的建筑——韦勒楼首层标高相同，表达了新建筑对老建筑的尊重。概念化的轴线关系、建筑体量分层轴线扭转相错的技术处理方案，消解了运用模仿复古的形式设计该博物馆的想法，错综复杂的环境制约关系在建筑中得到了响应和结合，现代的建筑融入城市历史肌理的环境之中，与城市产生了新旧文化的对话和交流。

2. 协调城市风貌

位于城市中的遗址周边环境复杂，制约遗址建筑物与构筑物的因素众多。每一个遗址建筑物与构筑物都要考虑对城市环境的影响，既要融入城市，又要创造特色。但遗址博物馆建筑绝对不能因为追求特色而给周边城市历史风貌造成负面影响，减弱城市整体环境的风貌质量。遗址建筑与构筑物在材质、体量、色彩、高度等方面都要充分考虑城市周边的环境条件，使其与周边城市环境相协调。

巴黎的卢浮宫博物馆改造工程（图 10-2-10），建筑大师贝聿铭以尊重城市历史建筑风貌的巧妙构思，选择以玻璃金字塔的形体作为法国卢浮宫博物馆主入口的形象，相比于其他几何形体，金字塔形体所占的建筑体量相对较小，而透明的玻璃更是弱化了新增建筑形体对原有卢浮宫建筑的遮挡，从游客体验视线角度来看，新增建筑将对历史建筑所产生的景观干扰降到了最低，同时又凸显了博物馆入口的标志性，让新增建筑与城市历史环境相协调，既提升了城市的空间形象，又满足了现代使用功能，因此成为世界知名的经典建筑。

图 10-2-10　卢浮宫博物馆前的玻璃金字塔

10.3

技术适宜的“轻”设计

10.3.1 可逆化建筑技术

可逆化是在遗址保护过程中实施最小干预的重要思想，如果有条件，应规定和强调优先实施具有可逆化的建筑。但事实上，由于对历史遗产保护理念的认识有限，以及受政治、经济和技术等方面的影响，目前很多考古和历史遗址博物馆的建筑都是以永久性的理念进行设计与建设，这就给遗址的保护带来了许多缺憾。

在考古遗址保护过程中，可逆化建筑需要考虑功能、规模和荷载等因素，这样一方面在建造、施工、使用过程中可以减少对遗址及其环境的物理性损害，另一方面在清除建筑时也不会对遗址造成破坏。可逆性建筑应当符合下列原则：

- 采用无基础或者浅基础形式；
- 采用工厂预制的轻质装配式材料，如耐候钢材、复合板材、木材、玻璃等；
- 运输、施工、拼装方便，不需要大型施工设备参与；
- 易装拆的建筑设备系统；
- 建筑满足节能环保要求。

中国建筑设计研究院建筑历史研究所在老司城遗址展示设计方案中对建筑基址 F10、F25/F26/F27、F23 局部等需要揭露展示的建筑基址采用了保护棚的形式。保护棚为轻型钢桁架结构，以阳光板遮盖，进行过无基础或浅基础处理，考虑到防风防雨的要求，其面积应大于建筑基址。保护棚由各构件厂家制作，现场仅负责安装，构件更换拆除方便，而且不会对遗址本体造成影响（图 10-3-1）。

图 10-3-1 老司城遗址建筑基址（F10&F25/F26/F27）展示棚

10.3.2 地基处理及基础形式

采用覆罩形式进行保护性露明展示的考古遗址，如果建筑物的地下基础和结构与考古遗址本体直接接触或者距离不远，那么相对于其他工程来讲，施工的要求更高，难度更大。因为如果所采取的措施不当，基础施工就可能对遗址本体造成直接的物理性伤害。遗址现场所在地域的地层结构、土层厚度及分布情况等通常比较复杂，这就要求设计师在充分了解地质条件的基础上，能够对承载着建筑上部荷载的地基进行科学处理，从而保证建筑主体结构和考古遗址本体的安全。在设计前期，需要充分利用地质勘察、文物钻探等手段，清晰准确地掌握地基和遗址的关系，掌握地质条件的详细资料，对地基进行评价和测算。针对不同的地基形式，如湿陷性黄土地基（虢国夫人车马坑）、山区不均匀地基（印山越国王陵）、滑坡、膨胀土地基（耀州窑唐三彩窑址）、杂填土地基（南越王宫博物馆）等，选择适当的地基处理方法和基础形式。

1. 桩位

建筑规模较大的 A 型遗址博物馆，因为要将一定面积的遗址覆盖其中，跨度大，上部荷载重，为了确保安全性、耐久性和稳定性，建筑的主体结构桩一般都需要深入到岩石强风化层以下。这样一来，结构桩就会穿过遗址土层的埋藏深度，桩位的不准确和施工方法的不合理都会对遗址造成不可逆转的物理性损害。所以，在建筑设计的过程中，对于已经考古探明的遗址，建筑师、结构工程师需要根据遗址考古分布图，结合遗址现状以及遗址分布的情况，确定建筑布局和结构桩位。桩位不但要避开遗址本体，还要留有适当的安全距离，同时，为了降低工程桩的施工对遗址本体造成损害的风险，设计师还应对施工工艺提出较为具体的技术指导性说明。在施工过程中，由于遗址分布的不确定性，以及勘测钻探资料收集不全面，可能会在施工过程中发现未探明的、新的遗存。在这种情况下，建筑设计必须根据现场的施工情况及时调整桩位和建筑平面，既确保遗址本体不受损害，又保证工程能够顺利进行。南越王宫博物馆陈列展示楼建筑位于满铺回填的遗址之上，在设计过程中将考古遗址分布图与建筑图纸相叠合，先通过设计人员提出桩位方案，再由考古人员在遗址现场进行放线复核确认，确保桩位对遗址本体干预程度达到最小后才可进行施工。南越王宫博物馆和雅典新卫城博物馆的建筑桩位都采用了这种做法，实现了建筑建设与遗址保护的统一。

2. 浅基础

一般指基础埋深小于基础宽度或深度不超过 5 米的基础。浅基础在遗址建筑物与构筑物中体现出的最大优点是：基础放置在遗址层之上，不会因为建筑物与构筑物基础埋深的技术要求而对遗址层造成过多干扰。所以，对于地下遗址丰富、建筑体量较小的保护性展示建筑，或者直接放置在遗址表面承受荷载的展示通道，出于遗址保护要求，通常选择浅基础形式。浅基础设计应当充分考虑地质构造、建筑荷载、地下水位、遗址土地承载力和冰冻线的影响，尽量选择较为合理的基础形式，在承重、埋深等方面减轻对遗址本体的干扰。例如，南越王宫博物馆的设备服务楼是保证整个博物馆正常运行的集中设备枢纽，地上 2 层，独立建设。根据遗址保护规划，该建筑选址在已探明地下遗存但尚未进行考古发掘的遗址场地之上，设计采用条形网格混凝土地梁的浅基础形式，避免对地下遗存造成伤害。在三星堆月亮湾城墙遗址保护及展示工程中，利用 20 世纪 80 年代考古发掘的一个 3 米多宽的甬道设计了参观通道，目的是让观众能够直观地看到夯土城墙的剖面。经过计算，参观通道用中距 1.2 米的方木构架构建成坑道支撑的结构体系，木结构下部木方平放在城墙断面甬道底部，上面架设参观通道。下部木方就是一种条形浅基础形式，将上部传递的荷载均匀的分散在木方之上，减少对城墙遗址本体的扰动。

10.3.3 抗震与结构

1. 抗震

遗址展示大厅一般跨度较大，有时受遗址保护的制约，结构采用浅基础形式，这就需要根据地质条件，遵循“小震不坏、中震可修、大震不倒”的原则，建筑结构的设计应当达到有效抵抗遗址所在地区常规或者高于常规地震设防烈度标准，以此确保建筑物、构筑物和遗址的安全。如 2008 年的汶川大地震后，建筑跨度达到 186 米的绵阳博物馆拱形钢结构和混凝土梁柱发生了断裂，而处于地下室的文物中心库房则成为少数幸存的建筑之一，其中，收藏的全市 5000 多件珍贵文物和 20000 多件一般文物绝大部分都安然无恙，很好地保护了文物安全。

2. 钢结构

从整体保护和遗址本体全方位展示的视角出发，遗址展厅空间要求完整无柱，多数采用大跨度的结构技术进行建设，同时考虑到建筑物与构筑物的可逆化，以便在必要的时候恢复遗址原貌；而钢结构与混凝土结构相比，具有跨度大、自重轻、强度高、易拆卸、施工快、环保及可重复利用等优势，成为近年来新建遗址建筑物与构筑物采用的主要结构选型。例如，湖北熊家冢车马坑遗址的展厅采用了大跨度钢桁架梁结构；辽宁朝阳市牛河梁女神遗址的保护展厅采用了大跨度拱形空间网架结构；金沙遗址博物馆陈列馆采用了钢结构，中庭屋顶采用了轮辐式双层索网结构，“太阳神鸟”金饰放大数倍之后的图案被纤细的钢索悬于建筑顶部，光影投向弧形的圆壁，随着时间的不停运动、变幻，凸显了“太阳神鸟”的文化特质，静谧而纯净的空间引发了参观者对于远古文明的思考（图 10-3-2）。

10.3.4 采光照明

从展示的角度来看，光线不仅满足遗址的观赏需要，让遗址看起来更为清晰和立体，同时还给建筑空间增添了氛围和意境。由于光源中具有不同波长的可见光、紫外线和红外线，它们皆是载有不同能量的电磁波，瞬间强光或者长时间光照都会对遗址和文物产生不同程度的损害，文物的照明需要综合考虑，选择照度和紫外线含量均符合文物保护要求的照明系统，以及恰当的照明方式，注意控制光源照度，缩短曝光时间，滤除紫外线等。例如，武汉盘龙城遗址公园照明系统设计具有很强的主次关系，湖州昆山大遗址公园整体夜景照明为较暗的调性（图 10-3-3、图 10-3-4）。

1. 自然采光

自然采光不仅可以丰富建筑物空间的生命力，强化建筑物与自然的交流，同时还节约了大量的能源。可开启窗扇的使用也为遗址展示厅的空气对流与交换提供了条件。但是，光线直接照射遗址会产生局部温湿度的变化，久而久之，不仅使土遗址的内部结构发生变化，而且遗址表面易生长苔藓，滋生霉菌，从而导致遗址开裂、变色甚至坍塌。因此，应尽量避免自然光线直射遗址。

在英国的布拉丁罗马别墅（Brading Roman Villa）遗址保护中心（图 10-3-5），保护遗址的展示厅墙面较为封闭，而为了满足室内的通风采光需求，设计师利用高度、坡向不同的半圆形屋面形成侧面老虎窗带，上部屋檐可以挡住直射的阳光，但不影响室内的自然采光。同时，这种方式也有利于建筑物室内空间的自然通风，较为妥善地处理了自然采光与遗址保护之间的关系。

2. 人工采光

人工照明相对于自然采光而言较易控制，但遗址的照明灯具采用低功率、

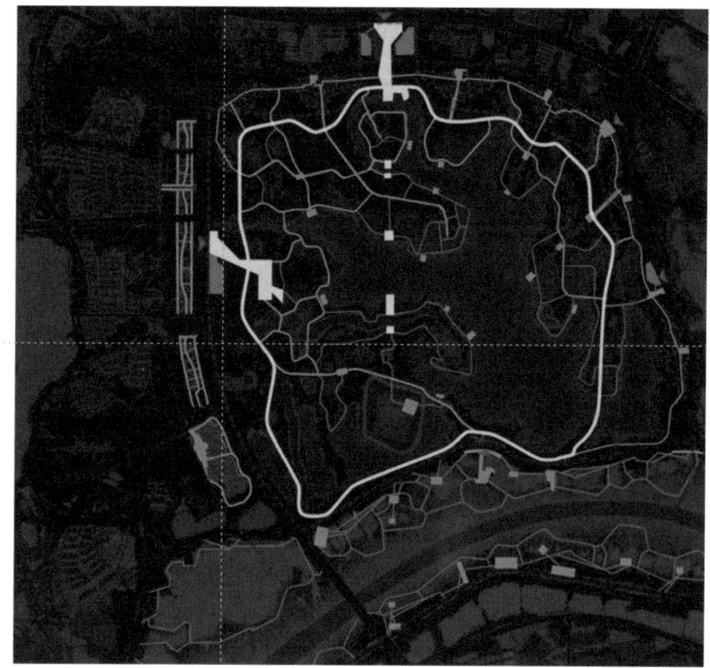

图 10-3-2 金沙遗址博物馆中庭玻璃顶轮辐式双层索网结构

图 10-3-3 武汉盘龙城遗址公园照明系统方案设计
（资料来源：《盘龙城国家考古遗址公园概念方案》照明规划，中国建筑设计研究院）

图 10-3-4　湖州昆山大遗址公园夜景方案设计
（资料来源：《湖州昆山大遗址公园景观设计方案》景观照明规划，中国建筑设计研究院有限公司）

无紫外线和发热量小的光源，并且考虑光源照射角度和光照距离等细节性问题，在遗址及其附属文物对光敏感程度相同或者相近的情况下，采用散射均匀的照明方式；在对光敏感程度不同的情况下，只照明对光不敏感的区域，以减少光照对光敏感物品的损坏。例如，墓葬内的壁画只用聚光灯照射画面光线最亮的部分，即受红外线影响最小的部分。同时，还应注重观赏遗址的角度，避免产生展示照明炫光。广州南越国木构水闸遗址博物馆中的水闸遗址展厅采用全人工冷光源射灯，以斜向照射遗址，防止造成光照损害，但由于局部倾斜的光源仰射角度不合理，易给游客造成眩光，从而影响了遗址观赏的效果。

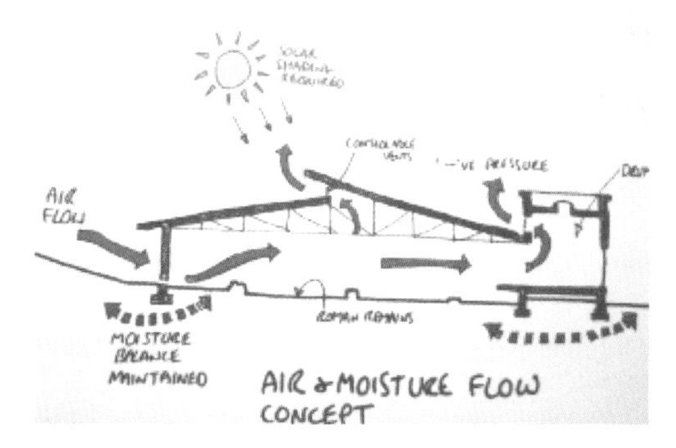

图 10-3-5　英国 Brading Roman Villa 遗址保护中心

10.3.5 新技术探索

遗址所处环境的复杂性和多样性决定了遗址保护工作的挑战性和艰难性，这需要我们不断探索新方法、新技术和新工艺，努力实现真实完整地保护遗址的目标。对各种新技术的不断探索创新，既顺应时代发展，又提高了文物保护与展示的整体技术水平。

建设英国卡迪萨克号博物馆是为了保护具有150多年历史的大航海时代的三桅机帆船卡迪萨克号，机帆船的中央木构部分于2007年毁于一场火灾。格雷姆肖设计团队从保护和利用的角度出发，创造性地运用建筑支撑结构将帆船在原址上支撑起来，船体成为该博物馆的主要建筑形象，下方的玻璃罩则固定在船的吃水线位置，玻璃罩内形成了干燥的船体保护以及极富特色的参观空间。借助船体的保护技术、建筑结构以及材料技术，他们创造了具有独特体验的博物馆（图10-3-6）。

图 10-3-6 英国卡迪萨克号博物馆内部结构

（资料来源：伊峻慷 . 文化营造——世界当代博物馆美术馆设计 [M]. 南京：江苏科学技术出版社，2003）

10.4

“可逆化”的绿色施工

绿色施工是绿色建筑全生命周期的主要构成部分，是建造过程中实现资源节约以及节能减排的关键步骤，也可以说是可持续发展理念的重要体现。2007年建设部发布的《绿色施工导则》将绿色施工定义为：工程建设中，在保证质量、安全等基本要求的前提下，通过科学管理和技术进步，最大限度地节约资源与减少对环境负面影响的施工活动，实现四节一环保（节能、节地、节水、节材和环境保护）。它不仅要保证建筑施工的质量和安全，还要实现生态环境保护和能源节约的理念。绿色施工通常采用各种技术，比如施工过程中的管理技术、环保技术以及选材技术等。

绿色施工在确保施工质量安全且良好的前提下，避免了施工过程中产生的废弃物对环境造成污染，实现了建筑施工环保和降耗的双重效果。绿色施工不像传统施工技术那样独立化，它是一项涉及诸多方面的全新技术，最终目的是实现资源的合理利用、能源的最大节约、污染物质的大幅降低，以便更好地保护自然环境，适应现代化的建筑工程施工要求，符合国内与国际的绿色施工原则。在施工中，通过降低物质化生产，采取科学的管理机制和高效的工作制度，从而选取最适宜的施工方案，将绿色施工充分地应用于建筑工程施工中，是现代化建筑施工可持续性与创新性的关键所在。

10.4.1　节约材料

传统的建筑施工往往消耗较多的钢筋、木材、水泥和砂石等材料，但是这些材料都属于不可再生资源，所以在建筑施工中应当强化宣传与教育，提高施工人员的材料节约意识与环境保护意识。建筑施工应当不断尝试应用新型环保材料，使其在建筑建造中充分发挥作用，这样不但能降低材料损耗，还能提高生态效益。在施工过程中，各类木材制品和半成品都需要缩减其现场制作，应编制科学合理的建筑材料应用方案，针对旧物进行二次回收利用，并清理废弃材料。

10.4.2 保护土地资源

绿色施工应当充分考虑施工过程对周边生态环境造成的损害。有效防止土壤侵蚀、水土流失等问题。如果施工过程中出现裸土，必须及时用砾石覆盖或种植较易生长的植被，确保裸土不会遭侵蚀或风化。如果存在较为严重的水土流失问题，则应当构建良好的地表及地下排水系统，运用结构加固土壤斜坡。

10.4.3 控制固体废弃物

在建筑工程施工过程中，开挖好土方之后，应该把土体放置在现场中较为空旷和开阔的地方，以便降低运输时产生的污染。当地下施工完成后，应当采取原土回填的方式，将其对环境的影响降到最低。对建筑施工过程中产生的各类建筑垃圾，如碎砖、管线、装饰碎片、废包装箱和塑料等，应当进行科学分类。例如，一些坍落度较高的混凝土可用于混凝土的基础垫层中；多余的泥浆送去填埋场；而有毒有害的施工废料则由专业部门回收，从而达到高效节能和减排环保的效果。

10.4.4 控制废弃物排放

建筑工程施工中常常伴有粉尘和废弃物的排放，水泥、石灰和细砂等材料在运输和放置的时候极易产生扬尘，这不仅导致材料的浪费，更会污染周边环境。所以在施工过程中，应及时清理废弃材料，及时洒水，尽可能地应用节能材料，以便充分控制废弃物的排放。施工车辆及各类机械设施的废气排放必须符合相关规定，如采用清洁能源燃油和燃料、装设尾气净化器等。施工中必须对现场的车辆以及各种机械进行定期检查和维护，以确保其正常运行。

第 11 章

“轻介入，低干预”
——国家考古遗址公园
环境服务设施设计

11.1

环境服务设施系统设计原则与内容

11.1.1 环境服务设施设计原则——“轻介入，低干预”

环境服务设施指的是为满足人们休闲游憩活动的基本需求以及公园的正常运行而建立的基本物质工程设施，具有公共性、服务性等功能。国家考古遗址公园环境服务设施系统规划设计原则的核心在于“轻介入”与“低干预”。应根据游客容量、遗址公园建设规模和服务需求，以满足最低功能需求为原则，确定服务设施的种类、数量、位置与规模等。

1. 轻介入

“轻介入”是指服务设施的建设与周边自然环境相协调，应将设施作为环境的一个组成部分而不是独立于环境之外。人工的干预只是在设计和营建过程中对生态环境加以引导，而不是强制改变，以保持设施的自然性和持续性。

“轻介入”体现在，规划布局时应力求对场地的环境破坏降到最低，通过对功能，节点，路线、视线等的综合分析，确定出合理的布局方向，并以相对低影响和低成本的方法进行建造。

服务设施的配置应根据国家考古遗址公园的特征、保护与展示规模以及游客容量和结构来确定；服务设施的设计建设应与国家考古遗址公园的总体规划相协调，设施风貌应与周边自然景观和环境相协调，合理控制人工设施的数量和规模，把握设施设计的风格。

2. 低干预

环境服务设施应遵循对环境的最小干预原则，在外形设计上尽可能简洁、造型抽象、淡化形象、缩小体量。服务设施材料的选择既要与遗存本体有可识别性，又要与环境取得和谐。服务设施设计中必须遵守可持续发展原则，正确处理环境保护与旅游活动开发、近期建设与远期利用的矛盾，协调生态效益、经济效益、社会效益三者的关系。在保护的前提下把握好服务设施的合理利用和适度建设，坚持以人为本。在保护原有生态环境的基础上，满足游人游憩、娱乐等需求，让游人感受到人文关怀，体验自然、舒适的游园环境。生态保护原则贯穿于设施设计的方方面面，包括服务设施的布局、规模、造型、材料选择等。

“低干预”体现在控制国家考古遗址公园环境服务设施系统建设与运营的全生命周期过程对环境的干扰以及对材料、能源和人力资源等的消耗，力求可持续发展。游览设施的配备本着集中与分散相结合的原则，既要方便游客，又要方便管理，此外，还要具有一定的弹性，以满足国家考古遗址公园不断发展的需求。

“轻介入，低干预”原则能够在减少对环境影响的同时，优化对场地环境的资源利用率。

11.1.2　环境服务设施设计内容

环境服务设施设计的主要内容包括大门、服务管理设施、休闲游憩设施、安全救护设施等。

1. 大门

大门具有引导游人和阻拦游人的作用，是国家考古遗址公园给游人的第一印象，也是国家考古遗址公园对外的一种形象标志。在设计大门时，首先要考虑交通安全因素。在国家考古遗址公园大门处应消除陡坡、急转弯和视线障碍物带来的危险，因此，在距离大门 500 米左右就应有明显的提示或指示牌，大门附近的道路应适当拓宽。其次要考虑特色因素，公园大门是游人进入考古遗址公园的第一站，需要给游人留下深刻印象，因此其造型应尽可能突出考古遗址公园的特色。例如，昆山大遗址公园的大门采用三角斜顶与夯土墙组合的结构形式（图 11-1-1、图 11-1-3），大沽口炮台遗址公园采用与大炮同样金属质感的大门设计（图 11-1-2）。

2. 服务管理设施

服务管理设施包括游客服务中心、服务管理用房、围栏等。

• 游客服务中心

游客服务中心的设计要本着以人为本的原则，追求实用、协调、美观等，不仅要突出基本功能，还要与周围环境及遗址主题相协调。游客中心一般安排在考古遗址公园的入口处，面积大小通常依据公园游客容量和周围环境确定。在不对环境造成较大影响的前提下，空间应尽可能宽裕，不要让游客感到十分拥挤（图 11-1-4）。

图 11-1-1　湖州昆山大遗址公园东南主入口概念方案意向
（资料来源：中国建筑设计研究院）

图 11-1-2　大沽口炮台遗址公园大沽口炮台遗址博物馆入口
（资料来源：中国建筑设计研究院）

图 11-1-3　湖州昆山大遗址公园入口意向
（资料来源：中国建筑设计研究院）

图 11-1-4　湖州昆山大遗址公园服务站意向
（资料来源：中国建筑设计研究院）

• 服务管理用房

服务管理用房的设计风格要和考古遗址公园的整体风格保持一致，同时给游客以舒适感。各景点服务设施指标可依据考古遗址公园的分区及城市公园设计规范共同确定。

• 围栏

考古遗址公园出于保护的原因，一般会要求设置围栏。围栏沿遗址公园边界布置，形式要求能够与周边环境相融合，通常结合边界植物种植一同布置。

3. 休闲游憩设施

休闲游憩设施包括餐饮、购物、观赏游览、休闲娱乐等。

• 餐饮设施

为了满足游人在国家考古遗址公园内的餐饮服务需求，集中的餐饮设施主要设置在国家考古遗址公园的环境协调区，或接近公园出入口或游客服务中心。布局与服务功能要根据游人的参观游览需要来安排。餐饮服务设施要注重建筑造型新颖，独具一格，体现考古遗址公园的特色，既是服务点，又是观景点。除此之外，其他功能区在不破坏遗址保护的前提下适当发展小型餐饮、茶室等零星服务点，布局与服务功能要根据游程需要安排（图 11-1-5）。

• 购物设施

游览购物不仅是增加国家考古遗址公园收入的一个主要途径，还可以提高公园的吸引力。在国家考古遗址公园的出入口和休闲场地设置购物服务点，满足游客的日常需求。在环境协调区可根据考古遗址公园的统一规划设置特色购

图 11-1-5　湖州昆山大遗址公园风雅水街意向
（资料来源：中国建筑设计研究院）

物街，沿街布置购物设施，包括固定店铺、小型购物摊点、流动摊点等，以满足游客的购物需求，如武汉盘龙城遗址公园商业步行街（图 11-1-6）。

投标方案中规划盘龙古肆商业步行街位于产业园区西段，呈带状布置。步行街建筑古色古香，街道广场尺度宜人，绿树成荫，是遗址公园周边配套服务的有益补充。

• 观赏游览设施

观赏游览设施的布局应根据考古遗址公园整体空间布局进行设置，观景亭、观景台等一般为观赏遗址格局或体验遗址历史环境而设置，休息场地、休息座椅及垃圾箱的布置可参考公园设计规范，满足游客游览需求即可（图 11-1-7）。

电瓶车站点后车棚提取新石器时期原始部落建筑草棚的建筑特色，将其整合抽象为具有现代感的实用廊架。廊架采用钢木结构，还原古时常用的木材、竹子、茅草等材料。整体轻盈大气又不乏原始韵味（图 11-1-8、图 11-1-9）。

• 休闲娱乐设施

在国家考古遗址公园建设控制地带和环境协调区内或考古遗址公园外，可以设置一些以休闲为主的场所，配套一些娱乐设施，包括露天剧场、咖啡厅、野营场地等，满足游客休闲活动的需求，但应严格控制其规模（图 11-1-10、图 11-1-11）。

4. 安全救护设施

为保护游客的安全，应在考古遗址公园内配备一定的安全救护设施，包括急救站、卫生所、治安办公室等。

图 11-1-6　武汉盘龙城遗址公园盘龙古肆商业步行街意向
（资料来源：中国建筑设计研究院）

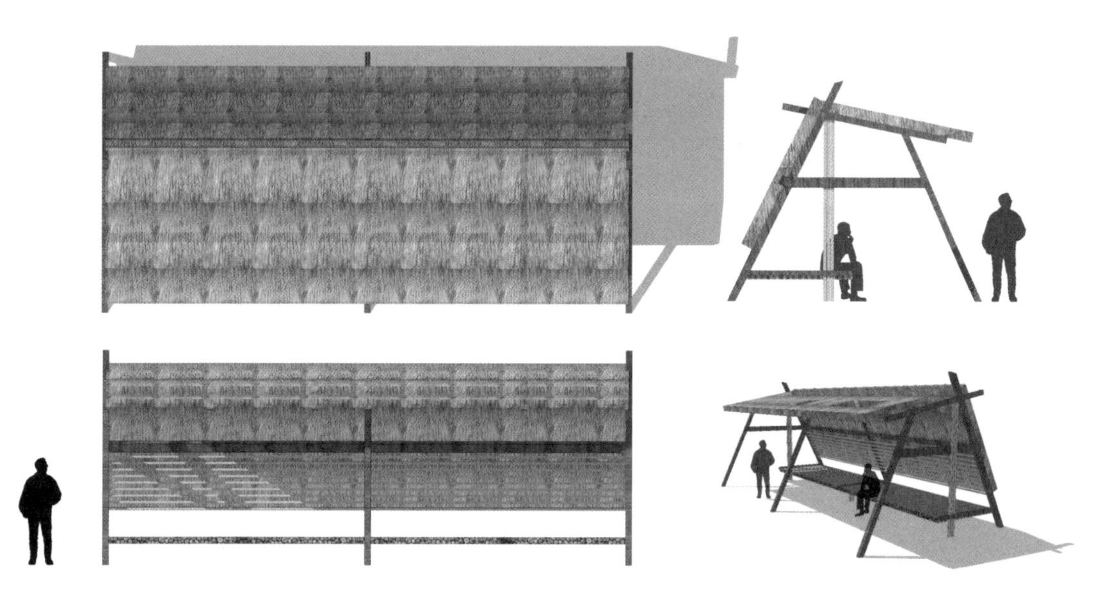

图 11-1-7　湖州昆山大遗址公园电瓶车站点
（资料来源：中国建筑设计研究院）

图 11-1-8　湖州昆山大遗址公园观景平台意向
（资料来源：中国建筑设计研究院）

图 11-1-9 湖州昆山大遗址公园钓鱼浦意向
（资料来源：中国建筑设计研究院）

图 11-1-10 湖州昆山大遗址公园儿童乐园方案设计
（资料来源：中国建筑设计研究院）

图 11-1-11　湖州昆山大遗址公园儿童乐园意向
（资料来源：中国建筑设计研究院）

11.2

服务管理设施

11.2.1 服务管理设施的意义

服务管理设施是为游人提供基本服务的公共设施，完善的服务管理设施有助于提升公园的服务与管理质量。

11.2.2 服务管理设施规划设计

国家考古遗址公园游客服务管理设施应布局合理，设计与周围景观环境相协调。

1. 游客服务中心

（1）功能要求

游客服务中心一般位于国家考古遗址公园的入口区，与停车场、纪念品店等组合在一起，满足游客的导览、餐饮及购物等需求，根据遗址公园规划有时与遗址博物馆合并建设。

（2）设计原则

游客服务中心规模适宜，立足当地文化，特色鲜明；其外形设计简洁，淡化形象，缩小体量，避免对遗址整体风貌和格局造成破坏，并利用植物进行遮挡，有效融入遗址环境。

游客服务中心集散广场尽量选择以生态透水型铺装为主，符合扰土深度的限定要求，不对遗址造成破坏。以英国巨石阵游客服务中心（Stonehenge Visitor Centre）为例。

巨石阵是英国的标志之一，于1986年被列为世界遗产，由于游客逐年增加，巨石阵原有的停车场、游客服务中心等设施严重不足，在2009年世界遗产管理规划等一系列规划、方案的指导下，管理机构将停车场迁至石圈遗址外约2000米处，拆除原停车场、游客服务中心和巨石阵周围一些不必要的设施，

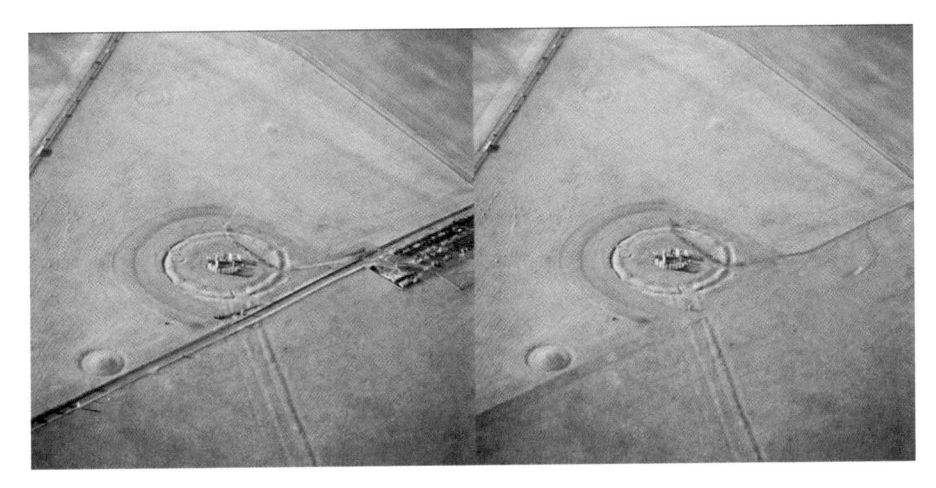

图 11-2-1　巨石阵旧游客服务中心与停车场拆除前后对比

关闭原来直通巨石阵的一条繁忙的公路，并覆盖以绿草（图 11-2-1）。

新的游客中心位于巨石阵西侧 2.4 公里处，是一个轻触环境、不影响巨石阵景观视线的低调建筑。游客中心的建筑面积有所增加，但仍控制在 2000 平方米以内，功能涵盖了遗址博物馆、餐饮休闲和室外的互动体验区域（图 11-2-2）。整个建筑立在石灰石平台之上，敞开于轻盈的屋顶之下，屋顶模仿草原的起伏且和天际线统一。建筑内布满细长的立柱，屋顶为超薄的扭曲金属板，屋顶下方是两个巨型的盒子，分别采用玻璃和木材。设计通过细长的钢柱和轻质的结构及半外部空间，达到最小的建筑地基深度。开放的构架最大限度地利用自然通风降温，同时屋顶能够遮蔽更多的直射日光，满足文物展示需求（图 11-2-3）。

这个游客中心可以看成巨石阵的前奏，建筑形式不会影响巨石阵所带给人们的视觉冲击力、永恒感和强大的雕塑气场。与巨石阵的大规模以及有力量相比，游客中心十分轻盈和轻松（图 11-2-4）。从游客中心可以乘坐特殊的摆渡大巴，或者步行前往巨石阵。新游客中心的建成更好地保持了巨石阵周围的宜人乡村风光。

2. 服务管理用房

服务管理用房包括管理用房、卫生间等小型服务建筑。

管理用房可结合遗址博物馆或陈列馆等展陈设施、游客服务中心等服务设施统筹考虑，须严格控制设施数量和规模。应根据遗址公园管理需要，合理确定管理设施的功能、位置、体量、建筑风格等；在形态、材料与结构上充分考虑可逆性和协调性原则。

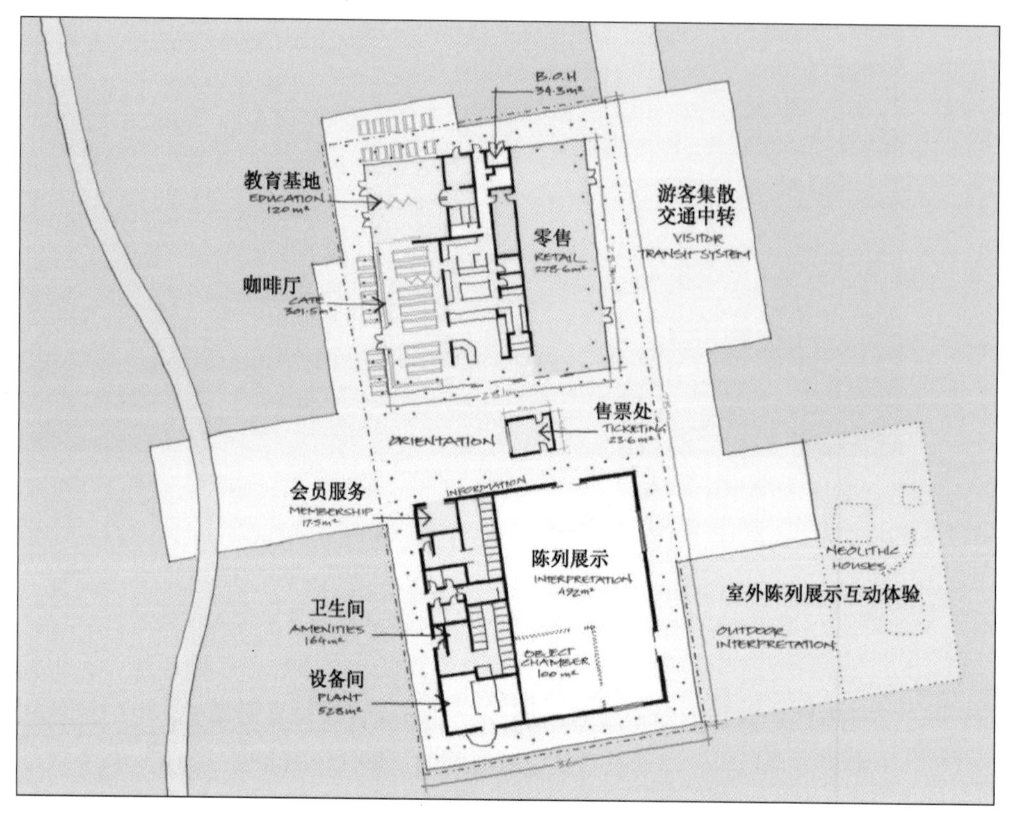

图 11-2-2 巨石阵游客服务中心功能分区

卫生间属于遗址公园的卫生服务建筑，绝不应成为遗址公园的“视觉焦点”或“视觉污染”。在设计遗址公园卫生间时，除了要具备方便快捷的规划布局，满足通风、采光、给水排水等技术要求，还要注意装饰材料的选用与遗址公园环境协调一致等多方面的问题。不应陷入表面化的建筑形式，而应充分考虑遗址公园卫生间的环境特征，环境要素远比简单的建筑形式重要。与此同时，卫生间又是每个游客都会使用的服务设施，因而要注重功能与游客舒适使用的体验需求。遗址公园卫生间的规划设计应充分考虑“便捷、文化、隐蔽、环保”四大特性并以此为原则，才能营造出鲜明的遗址公园卫生间形象。

公共厕所的规划设计应考虑选在客流量较大的区域，如主入口处、主要景点处等。主要流线上的厕所设置参照《公园设计规范》GB 51192—2016 要求的服务半径，在 250 米以内；次要流线上的厕所设置则适当增加服务半径，主要考虑考古遗址公园的性质与城市公园不同，但仍然满足《国家级森林公园总体规划规范》LY/T 2005—2012：“厕所的服务半径不宜超过 600 米”的要求。同时可根据需求，适当加设临时生态厕所（图 11-2-5）。

图 11-2-3　巨石阵游客服务中心

图 11-2-4　巨石阵游客服务中心全景

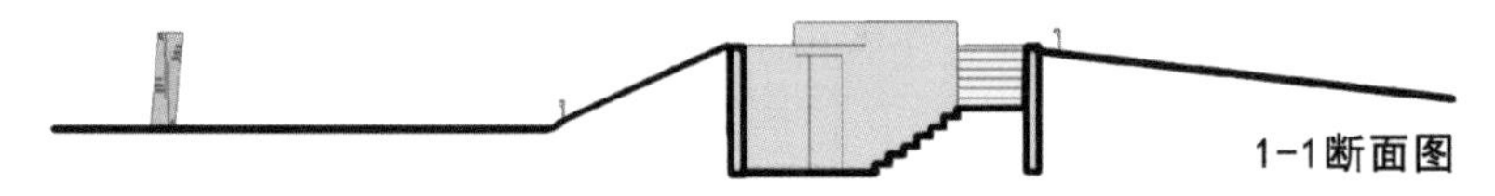

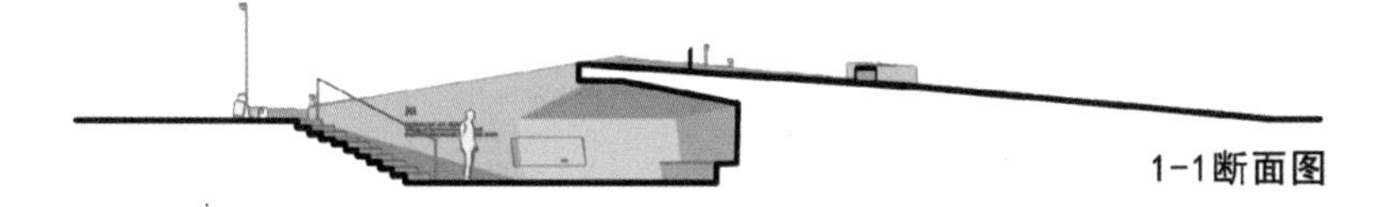

图 11-2-5　嘉峪关半地下休憩区及卫生间设计
（资料来源：《嘉峪关世界文化遗产保护与展示工程核心区详细规划（2012—2025）》步行主轴专项设计 景观节点 2、3、5，中国建筑设计研究院建筑历史研究所、环境艺术设计研究院、建筑专业设计研究院）

11.3

休闲游憩设施

11.3.1 休闲游憩设施的意义

国家考古遗址公园除遗址展示外兼具公园休憩的功能，休闲游憩设施的设置能够为游客的观赏游览提供便捷。

11.3.2 休闲游憩设施规划设计

休闲游憩设施可以主要分为以下两类：

①购物餐饮类，包括商品店、售货亭、餐饮店、小吃点等；

②观景游览类，包括观景亭、观景台、休息场地、休息凳椅及垃圾箱等。

1. 购物餐饮设施

购物场所布局合理，建筑与周围景观环境相协调；购物场所环境整洁，秩序良好；旅游商品种类丰富，特色突出。

小卖店等购物性质的服务设施依据规模和内容以及公园的管理方式，可独立设置，也可与餐饮设施、住宿设施、游客服务中心组合设置，一般搭配座椅、垃圾桶组合布局，形成小型的服务站点，在较大尺度的遗址公园中，一个或两个大型的服务中心仍不能满足游人的需求，因此这种购物设施的形式经常出现，以分担和满足游人在园内不同区域的购物需求。独立设置时一般分布于景观节点周围或者园内人流量集中的交通枢纽。

餐饮场所布局合理、规模适度、设施齐全，建筑与周围景观环境相协调，食品卫生符合相关餐饮服务标准。

购物餐饮类设施在规划设计时，应考虑客流量大小、交通便利程度等，主要选在入口处和主要景点区。在设计时，注重与周边环境的融合。

2. 观景游览设施

观景亭、观景台、集散广场、休息场地应结合遗址公园展示布局进行设置，观景亭、观景台等一般为观赏遗址格局或体验遗址历史环境而设置，集散场地和休息场地多位于人流集中处，可结合其他服务设施配套设置。

休息座椅一般结合交通集散点、主要展示点和休息场地布置，设计形式简洁，与遗址气氛相协调。新型的智能座椅集手机充电、Wi-Fi、灯光照明等功能于一体，集成的复合功能可减少遗址公园内的设施数量，成为一种新的选择（图 11-3-1）。

垃圾箱沿游览路线两侧每隔 200 ~ 500 米设置 1 组垃圾箱，结合休息区可在休息座椅旁适当增加。随着人们环保意识的加强和社会的迅猛发展，智能垃圾桶逐渐进入人们的视线，当靠近垃圾桶时，垃圾桶的屏幕会显示垃圾的分类情况，当垃圾桶内的废弃物达到规定值时，会向景区管理中心发送报警信息，提示管理人员及时进行垃圾清理。

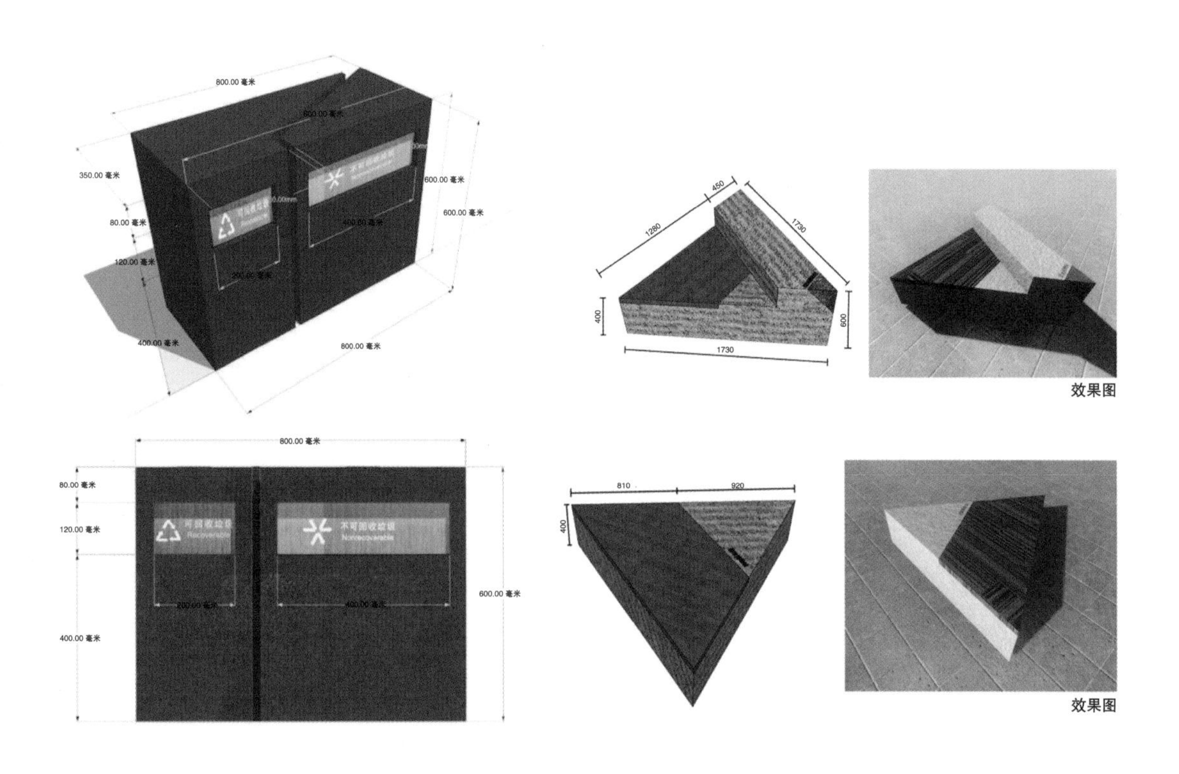

图 11-3-1　遗址公园的垃圾桶、坐凳设计示例
（资料来源：中国建筑设计研究院）

11.4

安全救护设施

11.4.1 安全救护设施的意义

安全救护设施是整个遗址公园保护的重要组成部分，也是保障人员安全的关键性基础设施，承担着消防安全的重要职能。安全救护设施规划与遗址保护规划、消防专项规划等共同构建起遗址公园的安全体系。完备的安全救护设施是守护遗址和人群生命财产安全的重要基石。

11.4.2 安全救护设施规划设计

安全救护设施主要包括：防火预警器、消火栓、紧急求助电话、监控系统、治安亭、警务室、紧急医疗服务点、应急避免设施、防护栏等。安全出口、疏散通道通畅，标志醒目；应急照明、救生设施设备完好，有应急医护人员和常备药品、医疗设备；危险地段标志明显，防护设施齐备、有效，特殊地段有专人看守。

1. 安全疏散通道

安全疏散通道是引导人们向安全区域撤离的专用通道。例如，发生火灾时引导人们撤离的通道。计算疏散流量和全部人员撤出危险区域的疏散时间，保证走道和楼梯等的通行能力，如楼梯的总宽度应按每通过人数 100 人不小于 1 米计算，且规定有最小净宽，还必须设置指示人们疏散、离开危险区的视听信号。

2. 应急照明

因正常照明的电源失效而启用的照明称为应急照明。应急照明不同于普通照明，它包括备用照明、疏散照明、安全照明三种。转换时间根据实际工程及有关规范的规定来确定。应急照明是现代公共建筑和工业建筑的重要安全设施，与人身安全和建筑物安全紧密相关。当建筑物发生火灾或其他灾难、电源中断时，应急照明对于人员疏散、消防救援、生产和工作的继续运行或者必要的操作处置，都意义重大。

3. 医疗救护

医疗救护设施的设置应及时满足游客急难救助的需要，宜在遗址公园功能区建立医疗保健设施，对伤病人员及时采取救护措施。在游客活动相对集中、容易出现突发事故的地方设置医疗急救设施，并有明显的标志。

4. 危险标志

设置在易被游客忽略、相对醒目、需要规范游客行为或提醒游客注意的地点。

11.5

无障碍设施

11.5.1 无障碍设施的意义

1. 体现设计人性化

我国城市建设倡导“以人为本”的建设理念，“人”是指综合性社会群体，包括健康人、残疾人及老年人等弱势群体在内。国家考古遗址公园无障碍设施建设的服务对象主要为残疾人、老年人、孕妇、幼龄儿童、暂时性行动不便的人群乃至所有人，范围广泛，惠及社会中的每一个人，可以给弱势群体提供平等的生活权利，无障碍设计是人性化设计的体现。

2. 体现社会平等

根据马斯洛的需求层次论，残疾人同样有生理、安全、情感归属、尊重和自我实现的需求，人权是由所有人平等享有的，无障碍环境的建设能在很大程度上方便残疾人的生活，国家考古遗址公园中无障碍环境的建设为残疾人融入社会的需求考虑，与残疾人的自身素质提高、参与机会增多、参与范围扩大、生活状况改善等相互促进、相得益彰，残疾人与老年人等行动不便者更需要享受方便的游览条件。

3. 体现社会文明

无障碍环境的建设是创建充满关爱、和谐的公共游憩场所的重要一环，是体现社会文明的重要标志，也是建设现代化国家的需要。方便的无障碍环境有助于残疾人发挥各自的才能，为社会贡献自己的力量。无障碍环境的建设更是有助于促进社会的和谐发展。

11.5.2 无障碍设施规划设计

为了创造无障碍环境，保障残疾人等社会成员平等参与社会生活，2012 年 6 月国务院发布《无障碍环境建设条例》，并于 2012 年 8 月 1 日起施行。同年，为了确保无障碍设施建设工作的顺利开展，保障建设和改造技术水平，住房和城乡建设部批准发布了国家标准《无障碍设计规范》GB 50763—2012。

根据住房和城乡建设部标准定额司制定的《无障碍设计规范》，公园无障碍环境建设中无障碍设施建设的实施范围详见表 11-5-1：

公园无障碍设施建设的实施范围　　表 11-5-1

类别	设计部位
出入口	入口广场、售票窗口、检票通道、停车场
道路	园路、铺装场地、园桥
公园建筑物、构筑物	游览、休憩、服务、公用建筑（游客服务中心、问询台、接待室、售票房、小卖部、摄影部、码头、餐厅、茶室、展厅、陈列厅、纪念厅、纪念馆、厕所。山体及亭、廊、榭、台、楼、阁等）
标识系统	标识标牌、背景音响（语音辅助系统）
公用设施	园椅、园凳、公用电话、饮水器、自动售货机、垃圾容器、观展区、表演区、活动场地

在国家考古遗址公园设计中，应能够无障碍地到达主要遗址展示设施和展示场地主要区域；标识或解说系统以及主要服务设施需满足无障碍要求。

1. 入口无障碍设计

公园入口的无障碍设计须统筹考虑遗址公园的规模、功能分区、交通流线、游客游览路线及走向等，针对残疾人在停车场、公园入口坡道等地设置无障碍通道。

停车场：进行残疾人的车位设计时，为便于残疾人识别停车位置及路线，应在停车场中设置无障碍标识牌，在靠近车位的墙上或车位尽端布置无障碍标识牌，在车位中心位置设置无障碍停车标志。

入口坡道：出入口区域需要预留可以供轮椅转向、停留的空间，根据轮椅旋转的不同角度所需要的空间，得出出入口处至少预留的空间，且不得被任何物体所占用，同时便于与城市道路进行过渡。

2. 建筑与构筑物无障碍设计

国家考古遗址公园中常见的建筑物和构筑物主要有入口检票处、售票房、游客服务中心、餐厅、展厅以及卫生间等，这些建筑物和构筑物的无障碍设施设计，主要从建筑入口、服务设施、无障碍标识以及公共卫生间等方面考虑。

建筑入口：公共建筑入口处通道主要采用台阶及两侧设置坡道的做法，解决残疾人出入的问题。在坡道和台阶两侧有条件的可设置扶手护栏，防止老、弱、病残者意外受伤。设有楼层的建筑要设置缓坡轮椅通道，两侧设置扶手，有条件的还可设置无障碍电梯。建筑内部有需要的地方设置无障碍设施以及标识等，为残疾人等提供信息源。

无障碍坡道：坡道形式设计常见的有直线形、L 形或 U 字形等，可根据具体场地的实际环境情况选择不同的设计形式。在坡道两端的水平地带以及坡道转弯处的水平地带要设置长度不小于 1.5 米的缓冲平台，供残疾者休息（图 11-5-1、图 11-5-2）。

服务设施：服务性建筑应设置低位服务设施，例如：低位售票窗口、低位电话设施、低位服务台等。低位服务设施充分考虑残疾人如轮椅乘坐者特殊的身体尺度，低位服务窗口台面高度一般不超过 0.8 米，才能够满足轮椅残疾人的需要或者儿童的需要，体现社会的人性化。

无障碍标识：无障碍标识的设计目的是为不同类型的残疾人提供更多的信息资源，国际上通用的“无障碍标志牌”为白底黑色轮椅图或者黑底白色轮椅图，轮椅方向朝向右边或左边。对于遗址公园中的建筑物和构筑物设有残疾人使用的无障碍设施的部位，应在醒目位置设置无障碍标识。目前常用的各种无障碍标识如下（图 11-5-3、图 11-5-4）：

公共卫生间：公共卫生间无障碍设计主要体现在细节设计上，需考虑入口处台阶、内部空间大小、地面是否光滑或容易积水、内部设计的尺度是否合理、不同类别残疾人的不同需求等。这些不仅在一定程度上影响他们的外出活动，而且会对他们的心理造成影响。公园内卫生间的无障碍设置通常有两种：残疾人专用卫生间和残疾人专用厕位（图 11-5-5、图 11-5-6，表 11-5-2）。

图 11-5-1 国际无障碍标志

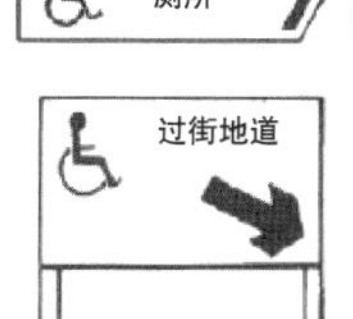

图 11-5-2 公共设施以及通道方向无障碍标志

图 11-5-3 电话无障碍标志

图 11-5-4 停车位无障碍标志

图 11-5-5 电梯无障碍标志

图 11-5-6 坡道无障碍标志

残疾人对卫生间的使用要求如表 11-5-2 所示：

残疾人对卫生间的使用要求表　　表 11-5-2

行动不便者类别		使用者要求
肢体残疾者	上肢残疾	①尽量简化操作，避免精巧、费力、耗时、多程序的操作 ②尽可能以腰、肘、肩、膝动作代替手或者双上肢的动作
	乘轮椅者	①可以独自进入或者退出 ②可以靠近并使用相应设备 ③避免滑倒、烫伤、刺破皮肤等意外伤害 ④独自如厕时，遇有困难可得到救援 ⑤必要时有护理者照料
	拄拐杖者	①防止出现滑倒事故 ②独自如厕时，遇有困难可得到救援
	偏瘫者	①起坐卫生洁具时，要发挥健全侧肢体的作用，使用非对称布置的安全抓杆有方向性选择的要求 ②防止出现滑倒事故 ③独自如厕时，遇有困难可得到救援
视力残疾者	全盲者	①进入各个空间前，可识别内容和位置 ②可找到相应设备 ③避免滑倒、烫伤、刺破皮肤等意外伤害
	低视力者	各种设备的色彩要明快和有明显的区别

3. 道路无障碍设计

国家考古遗址公园无障碍道路交通要求路面有防滑处理，尽量不设或者少设台阶，遇到地面出现高差时可采用坡道连接。出于特殊的生理、年龄、疾病等原因，残疾人对环境的感知能力和对刺激的反应比较迟缓，无法克服客观存在的障碍，因此需要在道路的设计中给予环境上的平衡，弥补环境中的不足，使他们能安全方便地使用。

4. 公共设施无障碍设计

国家考古遗址公园内的公共设施主要包括座椅、照明、音响以及标识系统等，这些设施都要满足无障碍设计。

座椅：材质选择不宜使用夏天易吸热、冬天冰冷的材质，如钢材质、水泥材料等，宜采用容易让人亲近的木材质。

照明：公园内照明设计也要综合考虑特殊人群的需要。老年人的视力开始退化，视力较差，应在原照度设计标准的基础上，适当地予以提高，避免形成明暗度的强烈对比，加强照度的均匀性、柔和性。

音响：公园内的音响是主要的听觉来源，通过音响刺激人的听觉感官，为游客们提供信息，也可以通过音响让残疾人等了解公园的布局或者服务设施等。

标识系统：轮椅使用者重点考虑的是标识的高度和接近性。根据有关资料统计，成年男性轮椅使用者（上身健全者）的视线高度最高约在距离地面以上 1.6 米，成年女性轮椅使用者比男性低 70 毫米左右。标识的设计高度要适合他们的视线范围，视弱者还能够靠近识别，标识位置的设置要醒目，不要设置在容易给残疾人造成障碍的位置，在有障碍的地方提前设置提示标志，或者在地图标识上预先标出有障碍的位置，另外对于残疾人专用的卫生间也要在地图上明确标出来，方便残疾人使用（图 11-15-7）。

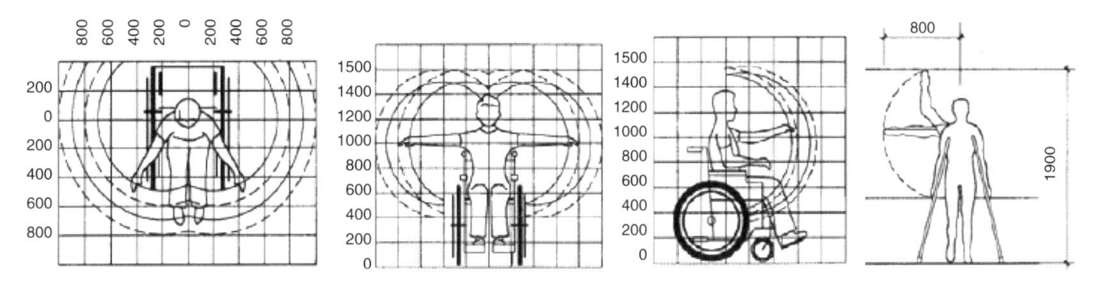

图 11-5-7　轮椅使用者活动空间尺寸

视觉残疾者：应设置盲文地图、盲文标识牌以及电子语音提示系统。标识设计时，考虑标识上文字的大小、色彩等能否易于识别，考虑盲文的可触摸性，考虑标识牌的高度、位置的选择，在公园内应根据具体情况而定。

听觉残疾者：指失去听觉或者听力较弱，失去依靠听觉器官获取信息的能力，警报器、电子语音提示等有声设施对他们不起作用。在标识环境中应采用图形和文字的手段传递信息，例如，设置震动型设备、视觉上设置信号灯或者不同的色彩提示等。

老年人：老年人的视觉、听觉、体力等各方面都开始退化，标识环境的设置要针对各种器官的衰退考虑。视觉上：据有关数据调查，以同样的距离识别字体，老年人所看到的数字必须比年轻人大两倍；老年人的听觉也会越来越迟钝，俗称“耳背”，对公园内嘈杂交织的声音难以分辨。另外，随着年龄的增长，老年人的身体开始弯曲、前倾，因此标识的高度也会给老年人带来障碍。

第12章

“强信息，弱介质”
——国家考古遗址公园
环境标识系统设计

12.1

环境标识系统设计的意义

环境标识系统指借助媒体或物质媒介，使特定的信息可以传播到信息接受者中，帮助其了解所传递信息的相关内容，从而达到服务与教育的基本功能。完整的解说与标识系统具有导向、教育、对话等多方面的功能，有利于国家考古遗址公园的管理与发展。具体来说，解说与标识系统主要具有以下五个功能：

①增进人们对所游览区域的了解与认识，促使人们意识到保护与管理的重要性；

②帮助管理者影响游客游览的方式和习惯；

③传递相关组织以及各种活动的具体信息；

④增加游客的忠诚度，有利于发展会员制度以及纪念品等的销售；

⑤增加游客的体验乐趣。

国家考古遗址公园面积巨大，展示专业性强，标识系统的建设更是不可或缺的环节。完善的、成系统性的解说与标识系统是国家考古遗址公园规划建设品质最具有代表性的表现。

12.2

环境标识系统设计的分类

环境标识系统可以分为信息解说系统和导览标识系统两大类。

信息解说系统的主要作用是对国家考古遗址公园进行解释说明，是游客与国家考古遗址公园之间的重要媒介，是游客了解遗址信息和遗址价值的主要途径。特别是当信息的发射主体与信息接受主体之间存在严重的非均衡、不匹配的情况时，信息解说系统的作用更为突出。信息解说系统可以通过视觉、语音、触觉等多种感知方式进行传达，也可以利用虚拟现实等科技手段，实现历史信息更加准确、生动的综合传达。信息解说系统须由专业团队根据考古遗址公园考古工作成果及保护规划编制要求，系统梳理解说内容，确定表达形式，具有较强的专一性、严谨性和独特性。

导览标识系统的主要作用包括标识国家考古遗址公园，提高游客管理工作的效率，提醒游客保障安全以及更好地保护环境。因此，按照功能性角度来划分，可以分为识别性标识系统、导向性标识系统和管理性标识系统。以下详细阐述这类标识系统的规划设计。

12.3

导览标识系统设计的原则

在国家考古遗址公园的导览标识系统规划设计中，应遵循以下五个原则：主题鲜明、清晰易懂、易达易读、低碳耐候和体现特色。

1. 主题鲜明

国家考古遗址公园的标识系统的规划设计要建立在科学研究的基础上，围绕考古遗址自身特点、代表性出土文物和考古遗址所在地的地域特征等，抽取形式语言和逻辑线索，转化为简洁、鲜明、有力的设计语言，贯穿全园的标识系统设计，力求主旨鲜明，能够取得游客的共鸣，风格色调与遗址及其自然环境相协调。

2. 清晰易懂

标识信息应该通俗易懂，考虑到游客的不同教育水平；要尽量采用文字和图片相结合的形式，在力求清晰、准确传达信息的前提下，适当考虑艺术加工，以激发观众的兴趣；各种公共符号应该采用国际上通用的做法，便于不同国籍的游客识别。

3. 易达易读

在布局上，应考虑多结合出入口、遗址展示点、道路交叉点等游客容易到达、容易迷失方向、容易发生安全隐患的位置布置，同时符合一般的视觉习惯，方便游客获取信息，避免受到植物、沙尘等遮盖掩埋，以满足位置说明、旅行导向、安全提醒等需求。

4. 低碳耐候

在解说与标识系统的设计之初应该考虑后续维护成本，并确保长期低成本运维下，材料呈现出的效果和变化能够契合遗址公园的整体氛围和展示要求。在材料选择上尽量采用与该遗址相关的、耐候性强、可循环利用的生态低碳材料，如玻璃、木材、石材、金属等。

5. 体现特色

每座考古遗址公园都是独具特色的，标识系统的造型设计、材质工艺、字体形式、配色方式等，能够最直观地反映遗址特色，使观众领略到独特的遗址风格。

12.4

环境标识系统设计的要点

标识系统文字主要考虑字形、字号。以规范字体为主，入口标志选择艺术效果较强的字体，采用中英双语（或多语种）标示，翻译准确。园区的标识英语可参考《公共场所双语标识英语译法通则》DB11/T 334—2006，其他外文翻译要符合相应的国家旅游业使用习惯。

图形符号是整个标识系统的基础，是表示某一地点的名称和使用功能、描述某一事件的视觉标志，起着引导方位、确定位置、警示提醒的作用，具有专属性和规范性。比如园区的出入口标志、卫生间标志、游客服务中心标识等，都清楚地向游客传达其所在地。对于标志图形符号的表现形式，《图形符号表示规则》GB/T 16900—2008 建议采用实心、具象的图形，方便远距离观看。图形符号的颜色一般有其特定含义：红色表示禁止、否定和限制，如交通禁令标志、消防设备标志；黄色常用于提醒和警告，如道路交通标志；蓝色表示指令；绿色表示允许、安全，如出入口、安全通道等；黑色和白色表示一般信息，对于提供一般信息的公共信息图形符号的颜色宜为黑色，背景为白色。

12.4.1 识别性标识系统

识别性标识主要设置在遗址入口处，或周边交通能看到的重要区域，要求醒目，并在一定程度上反映遗址特色。

例如，《汉长安城未央宫遗址标识系统方案设计》[17] 中关于标志牌的设计，为了与遗址环境风貌更好地协调，入口标志主要采用夯土、浅黄色陶板或土黄色喷砂饰面等，局部搭配少量耐候钢板；为了体现遗址的面积巨大、气势恢宏，采用了相对敦实而非轻巧的形态（图 12-4-1）。

图 12-4-1　汉长安城考古遗址公园未央宫片区入口标志牌
（资料来源：《汉长安城未央宫遗址标识系统方案设计》西安门外总说明牌，中国建筑设计研究院建筑历史研究所、环境艺术设计研究院）

12.4.2 导向性标识系统

导向性标识是标识系统中一个重要的类别，具有传达、展示空间位置信息的作用，能够引导使用者在空间中从事的各类活动，是一种“空间坐标”系统。同时导向性标识赋予使用空间以归属感、象征性和凝聚力等各种精神内涵，使导向空间在人的感知和认知经验里有别于其他场所，个性化的导向标识设计有助于强化空间的形象特征。

导向性标识系统的来源可以追溯到原始社会人们对地理空间环境所进行的标记行为，原始人为了记住某一地点，或是为了突显某一位置，就在该地点设置一些对于设置者和使用者皆有含义的物件，使人们能够识别并且到达该地点。最初，标记符号是用来标示地址、指示方向的。随着人类社会的发展，道路系统越来越复杂，标示道路网的自身信息也成为标记的一个重要功能。将周围环境中的各地址、道路等空间地理信息以文字、图像的形式标记到猎物皮、木板、纸张等载体上，成为供人们交流、分享空间信息的现代意义上的导向地图。导向设施的功能由个人标记行为逐渐转向群体间的信息传播行为，传播导向信息成为其主要功能，导向设施成为传播导向信息的载体。

导向性标识系统主要分为导览牌、定位（图）牌、指路牌等。

作为遗址空间信息的“解说者”，导向性标识上的信息必须准确、明晰、全面和规范，要有效地传达导向信息，避免模糊、无效信息的误导；同时要做到导向性标识系统之间的信息保持连续和统一，国家考古遗址公园内不同等级的道路相互连通，由 A 地至 B 地可能经过多条道路转折，必须保证每个导向性标识的导向信息相互连贯、不留空隙，才能有效地指导使用者。

导向性标识牌的位置设置：

入口导览图放置于主次入口区，分区导览图放置于展示分区的交接处。指路牌、定位（图）牌、服务设施引导牌均沿主要道路布置，同时置于广场和场地节点。游客警示牌放置于需要提醒游客自身安全和避免游客行为对遗存造成损害的地方。

1. 导览牌

包括入口导览牌和各分区导览牌。入口导览牌设置在主、次入口处，标明各展示区内的全部展示点，标明园区内的全部展示节点，标明参观者的位置、各类服务设施和主要参观流线；各分区导引图设置于主要游线端点处、各展示分区的衔接处，标明本展示区内的全部展示点、标明参观者的位置和主要参观流线，要求图牌大且清晰、路线明确、图示规范，符合国际惯例，易于辨识和理解。有效地对全园信息进行指向。

入口导览牌形式多样，一般结合入口区整体形象进行设计，以凌家滩考古遗址公园入口导览牌为例，结合入口景墙进行设计（图 12-4-2）。而《汉长安城未央宫遗址标识系统方案设计》[17] 和《老司城遗址展示设计方案》[18] 中的入口导览牌则是一个沿路边设置的竖向的导览牌（图 12-4-3、图 12-4-4）。

分区导览牌与入口导览牌具有相似性，一般设置在各分区交接处，只展示分区内容与导览信息。以凌家滩考古遗址公园分区导览牌为例（图 12-4-5）。

在导览牌的设计中，最重要的一项内容是导览地图。导览地图通常是针对园区设计的地图，能够快速地向游客传递园区基础信息和园区空间布局，显示园区各个景点及其与道路之间的关系。除出现在导览牌中，导览地图还设置在园区门票和导览手册上。导览地图的设计需要与园区管理者进行充分的沟通，预测游客的游览模式。游客读取导览地图的一般程序是，首先确定图上的北向和实际环境中的北向对应；然后根据图示找到自己的所处位置，根据自己的游览顺序对比周边环境和展示点；最后选择合适的路线和交通方式，在行进的路上反复确定方向，是一个连续循环的过程。所以，导览地图版面应该包括：

（1）园区的具体范围及其周边环境信息；

（2）指北针，通常设置地图的顶端为北向，方便游客辨识方向；

（3）图例和索引，园区信息内容包括遗址展示点、交通服务设施（园区出入口、停车场、公交站点、自行车、电瓶车停靠点、游船码头）和基础服务设施（游客中心、服务点、卫生间）等信息，信息内容可以直接标注在地图上，也可以通过图例索引；

（4）以固定方式设置的全景图应在遗址公园示意图中标注“您现在的位置”，指出游客的当前位置，方便其制定下一步的游览计划。

以汉长安城未央宫遗址标识系统方案中导览地图为例（图 12-4-6）。

2. 定位（图）牌

定位图一般设置在园区内各个展示节点或交叉路口处、各展示分区的衔接处，帮助游客了解自己所处的位置，引导各展示点的位置。要求图牌大且清晰，路线明确，易于辨识和理解。能够有效地对当前及周边展示节点信息进行方向指引。

以《老司城遗址展示设计方案》[18] 中定位（图）牌为例，整体轻盈小巧，面板为金属板丝网印刷，底板及结构为锈钢板，并采用镂空花纹装饰。面板信息简明清晰（图 12-4-7）。

图 12-4-2　凌家滩考古遗址公园入口导览牌
（资料来源：中国建筑设计研究院）

561.81 毫米
碳化木 90 毫米 ×90 毫米
553.07 毫米
碳化木 70 毫米 ×70 毫米
汉长安城未央宫遗址
1号遗址（前殿遗址）
宫内南北向道路遗址
154号遗址（明渠遗址）
章城门遗址
综合服务管理中心
内下 20 毫米
439.50 毫米
陶板印刷
2000.00 毫米
1800.00 毫米
碳化木 80 毫米 ×80 毫米

图 12-4-3　汉长安城国家考古遗址公园未央宫片区导览牌
（资料来源：《汉长安城未央宫遗址标识系统方案设计》引导牌 D2D3，中国建筑设计研究院建筑历史研究所、环境艺术设计研究院）

图 12-4-4　老司城考古遗址公园导览牌
（资料来源：《老司城遗址展示设计方案》游览图，中国建筑设计研究院建筑历史研究所）

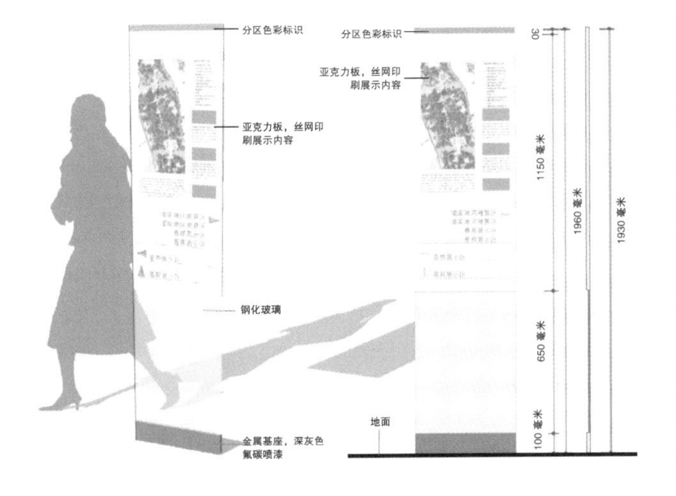

图 12-4-5　凌家滩考古遗址公园分区导览牌
（资料来源：《凌家滩遗址标识系统建设工程方案》导览牌二级，中国建筑设计研究院有限公司建筑历史研究所、环境艺术设计研究院）

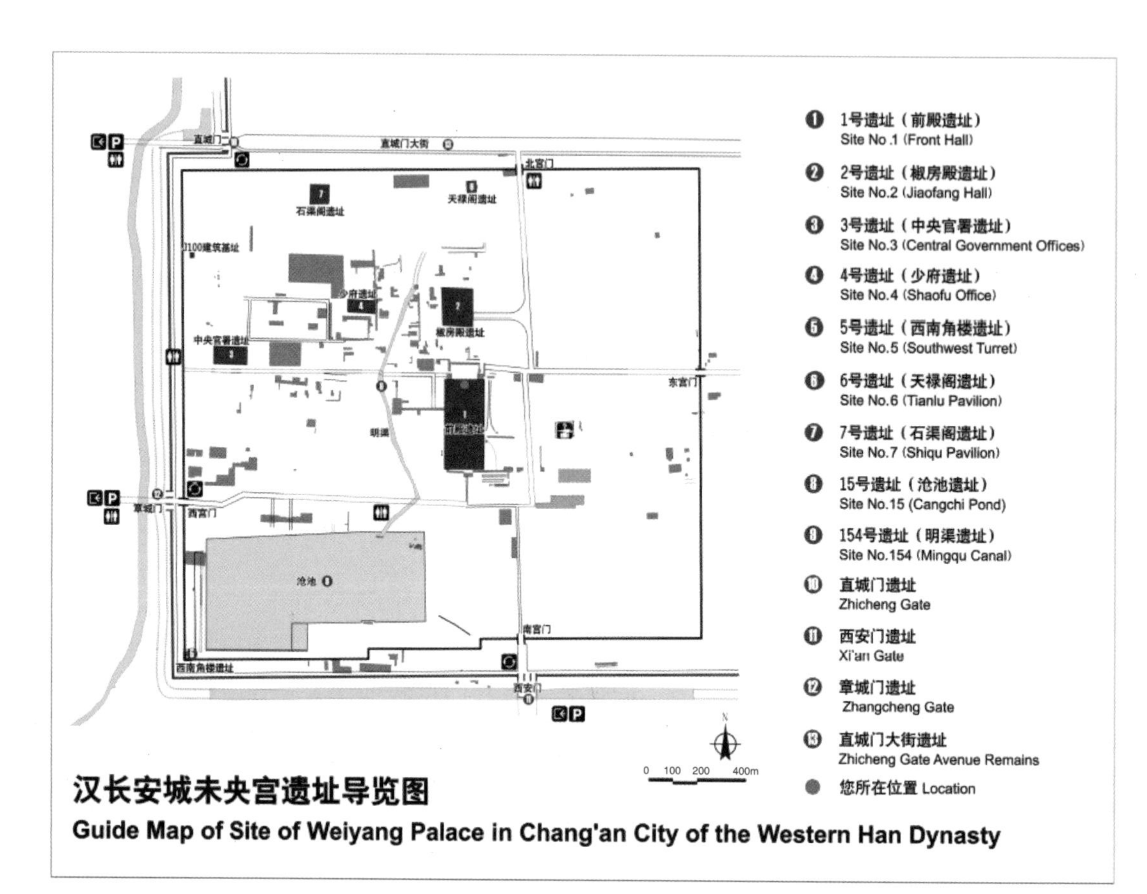

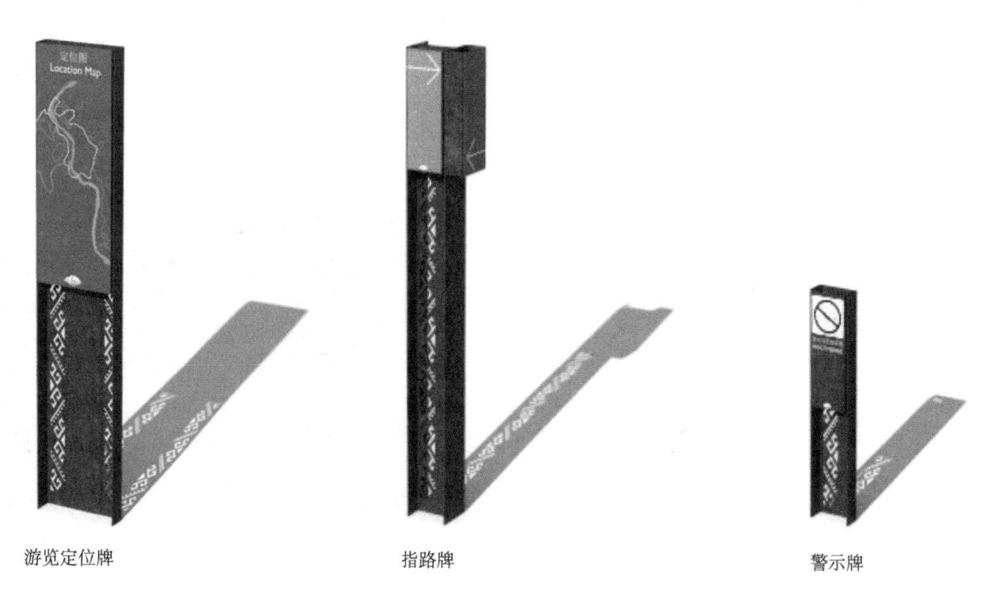

图 12-4-6 汉长安城国家考古遗址公园未央宫遗址片区导览地图
（资料来源：《汉长安城未央宫遗址标识系统方案设计》引导牌 D1，中国建筑设计研究院建筑历史研究所、环境艺术设计研究院）

图 12-4-7 老司城考古遗址公园定位（图）牌
（资料来源：《老司城遗址展示设计方案》引导牌类型，中国建筑设计研究院建筑历史研究所）

3. 指路牌

设置在交叉路口处，长线行进过程中，指引交通和游览的方向，要求有一定高度，引导准确，信息标示规范。

指路牌中的箭头是导向性、指示性最强的图形符号。使用规范的箭头，尽量不在箭头符号上做艺术处理，避免指示不当。在园区布置指路牌时，应保证箭头的指向具有连续性，尤其是当两个景点之间的距离较远时，需要重复设置，消除游客前进过程中的疑虑。当指路牌需提供多个方向的信息时，箭头应该按照使用规律布置。指路牌的形式种类多样。

例如，《汉长安城未央宫遗址标识系统方案设计》[17] 中采用了两种不同的指路牌形式，一种立于路边，采用碳化木和陶板为主要材质；一种镶嵌于地面，采用镂空钢板为主要材质（图 12-4-8）。

在《老司城遗址展示设计方案》[18] 指路牌的设计中，由于整体参观游览路线较为简单，采用了仅指示主要展示点的方式。外形上延续了与定位牌一致的设计风格（图 12-4-9）。

《凌家滩遗址展示标识系统工程设计方案》[19] 中指路牌则更为轻巧，与环境巧妙地融为一体（图 12-4-10）。

12.4.3 管理性标识系统

在国家考古遗址公园中，将已发掘、在保护的前提下能够向参观者开放展示的遗址本体区域进行展示。考古遗址具有不可再生和不可替代的特点，考古遗址保护区虽然能够向公众展示最为原生态的遗址本体，但公众在游览过程中的行为和行动要受到遗址保护管理的约束，甚至禁止。

根据《安全标志及其使用导则》GB 2894—2008，安全标志是传递有关人身安全信息的图形符号。安全标志分为禁止标志、警告标志、指令标志和提醒标志。禁止标志传达限制、禁止等否定信息，具有一定的强制性，起着约束行为、维护正常秩序、保护人身安全的作用。禁止标志的图形符号是带斜杠的圆环或者方形，其中斜杠与边框相连，图形符号一般用黑色，背景白色，方便识别。警告标志提醒游客注意可能发生的潜在危险，图形符号常用三角形、圆形、方形等简单的几何图形，黑色边框、黄色背景，起到对比和提示的作用。考古遗址公园需设立必要的安全标志，规范游客行为，保证游客安全，使遗址本体和环境以及各类服务设施免受损坏。

考古遗址公园中的安全标志一般分为安全警示牌与行为警示牌两类。要求

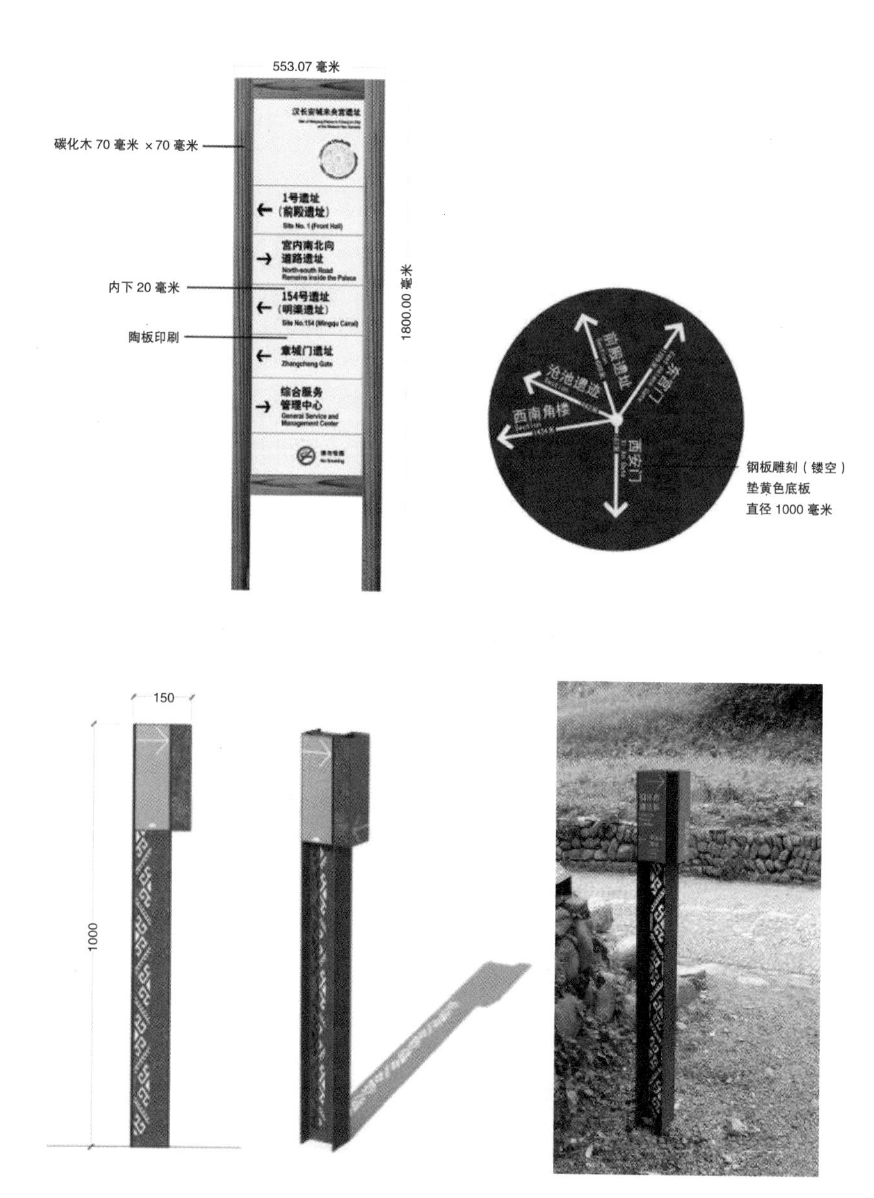

图 12-4-8　汉长安城国家考古遗址公园未央宫遗址片区指路牌
（资料来源：《汉长安城未央宫遗址标识系统方案设计》引导牌 D4，中国建筑设计研究院建筑历史研究所、环境艺术设计研究院）

图 12-4-9　老司城考古遗址公园指路牌
（资料来源：《老司城遗址展示设计方案》指路牌，中国建筑设计研究院建筑历史研究所）

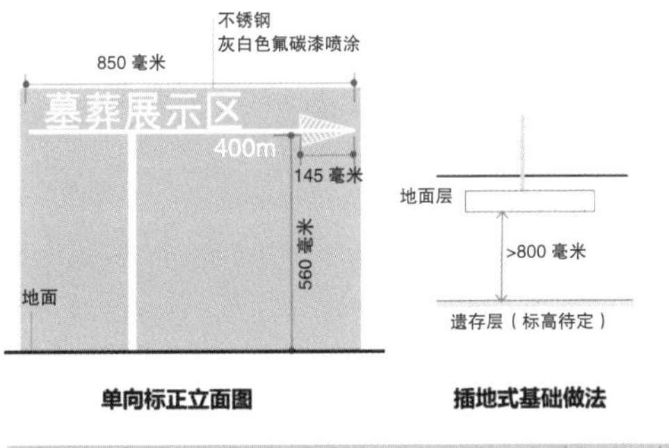

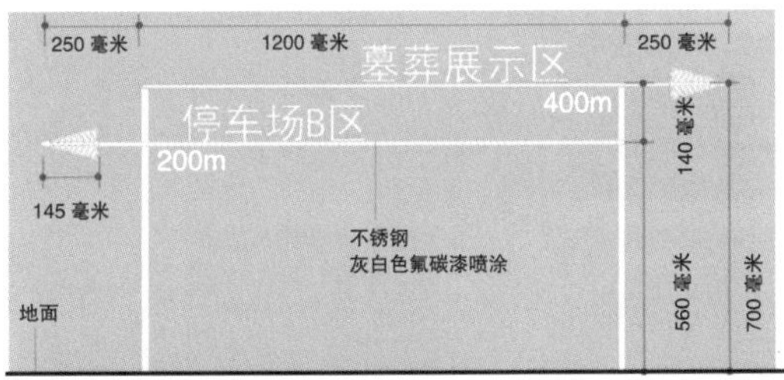

图 12-4-10 凌家滩考古遗址公园指路牌
（资料来源：《凌家滩遗址标识系统建设工程方案》导览牌三级，中国建筑设计研究院有限公司建筑历史研究所、环境艺术设计研究院）

标识醒目，用词准确且委婉，避免误解的可能。

1. 安全警示牌

一般设置在有危险且易被游客忽略的必要位置，需要提醒游客注意安全的地点。内容包括注意安全、当心跌落、水深危险等。

2. 行为警示牌

一般设置在遗址周边的必要位置，需要规范游客行为。内容包括请勿触摸、请勿翻越栏杆、禁止攀爬、禁止穿行、禁止踩踏、禁止采摘等。

警示牌一般体量较小，可重复出现，可单个或多个综合设置（图 12-4-11 ~ 图 12-4-13）。

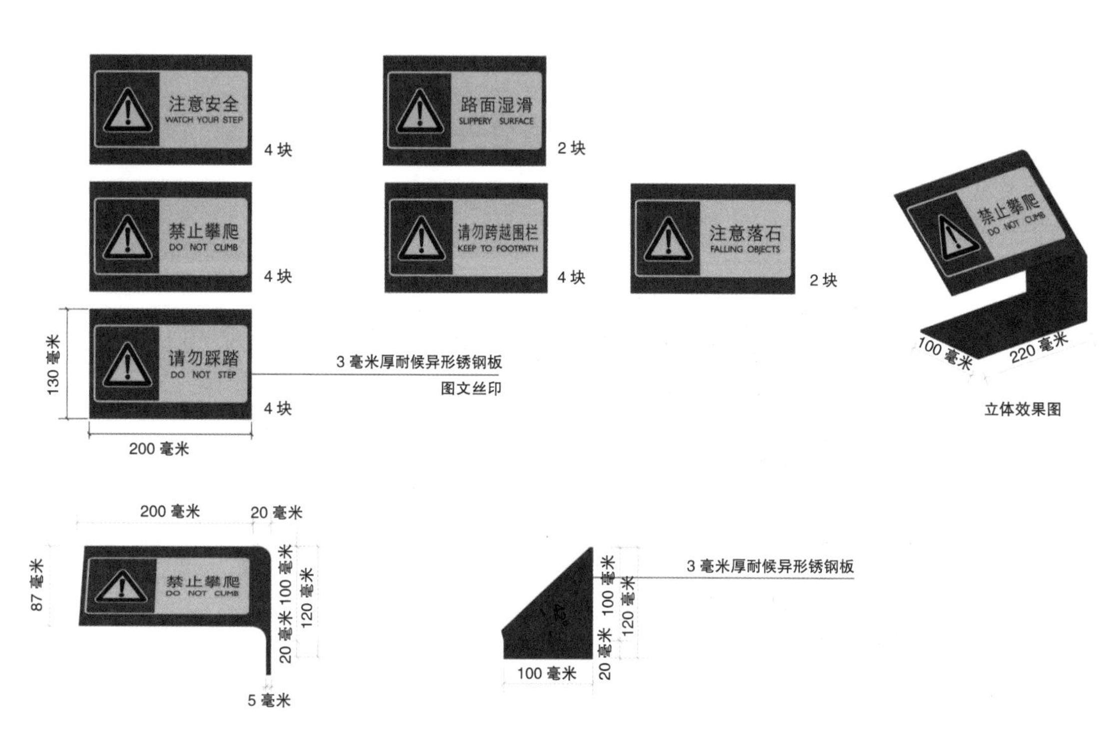

图 12-4-11　老司城考古遗址公园警示牌

（资料来源：《老司城遗址展示设计方案》警示牌，中国建筑设计研究院建筑历史研究所）

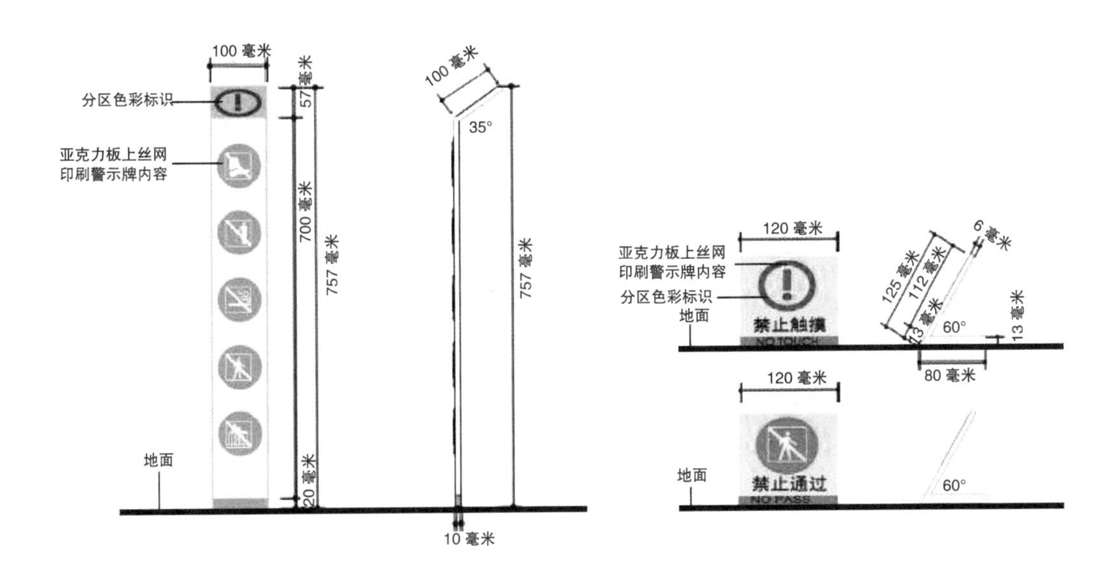

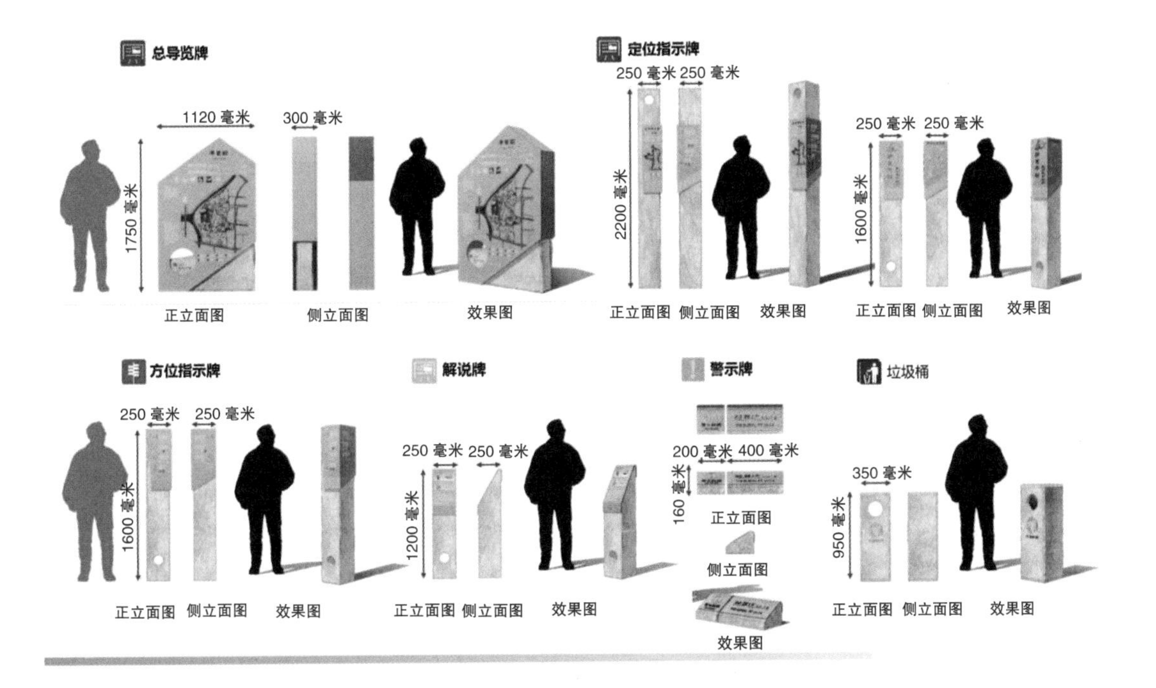

图 12-4-12　凌家滩考古遗址公园警示牌
（资料来源：《凌家滩遗址标识系统建设工程方案》警示牌，中国建筑设计研究院有限公司建筑历史研究所、环境艺术设计研究院）

图 12-4-13　湖州昆山大遗址公园新石器时代元素标识系统
（资料来源：《湖州昆山大遗址公园景观设计方案》标识系统，中国建筑设计研究院有限公司）

规划项目引用来源

1 《鸿山国家考古遗址公园总体规划（2010—2025）》，中国建筑设计研究院环境艺术设计研究院、建筑历史研究所

2 《阖闾城遗址考古遗址公园规划（2013—2025）》，中国建筑设计研究院建筑历史研究所、环境艺术设计研究院

3 《安吉古城考古遗址公园规划（2017—2025）》，中国建筑设计院有限公司建筑历史研究所、环境艺术设计研究院

4 《汉长安城遗址国家考古遗址公园未央宫片区详细规划（2012—2018）》，中国建筑设计研究院建筑历史研究所、北京北林地景园林规划设计院、中元工程设计顾问有限公司

5 《湖州昆山考古遗址公园规划（2016—2030）》，中国建筑设计院有限公司城市规划设计研究中心、中国建筑设计院有限公司环境艺术设计研究院、湖州市城市规划研究院、浙江省考古研究所

6 《南昌汉代海昏侯国考古遗址公园概念规划》，中国建筑设计研究院有限公司、上海中森建筑与工程设计顾问有限公司

7 《大河村国家考古遗址公园核心区保护展示工程》，中国建筑设计研究院有限公司建筑历史研究所、景观生态环境建设研究院

8 《吉林省集安市高句丽王城、王陵及贵族墓葬保护规划（2002—2020）》，中国建筑设计研究院建筑历史研究所、中国文物研究所

9 《大地湾遗址考古遗址公园规划（2014—2030）》，中国建筑设计研究院建筑历史研究所、环境艺术设计研究院

10 《嘉峪关世界文化遗产保护与展示工程核心区详细规划（2012—2025）》，中国建筑设计研究院建筑历史研究所、环境艺术设计研究院、建筑专业设计研究院

11 《锁阳城遗址考古遗址公园规划（2019—2025）》，中国建筑设计院有限公司建筑历史研究所、环境艺术设计研究院

12 《七个星佛寺国家考古遗址公园规划（2017—2030》，中国建筑设计研究院有限公司建筑历史研究所、环境艺术设计研究院

13 《高句丽王城、王陵与贵族墓葬展示提升工程设计方案（一期）》，中国建筑设计研究院建筑历史研究所、环境艺术研究院

14 《大河村国家考古遗址公园修建性详细规划（2020—2035）》，中国建筑设计研究院有限公司建筑历史研究所、生态景观建设研究院、第一建筑专业设计研究院

15 《汉长安城未央宫遗址环境修复植物专项设计方案》，中国建筑设计研究院有限公司

建筑历史研究所、环境艺术设计研究院

16 《大河村国家考古遗址公园景观设计》，中国建筑设计研究院有限公司景观生态环境建设研究院、建筑历史研究所

17 《汉长安城未央宫遗址标识系统方案设计》，中国建筑设计研究院建筑历史研究所、环境艺术设计研究院

18 《老司城遗址展示设计方案》，中国建筑设计研究院建筑历史研究所

19 《凌家滩遗址展示标识系统工程设计方案》，中国建筑设计研究院有限公司建筑历史研究所 环境艺术设计研究院

后 记

作为国家和民族薪火相传的重要历史文化载体，大遗址承载着丰富的历史信息和浓厚的文化内涵，同时也是具有地域特点的景观资源和旅游资源，有效地保护利用大遗址能促进大遗址所在区域的社会经济发展。根据我国第三次文物普查结果（2011 年），全国登记 766722 处不可移动文物，其中古遗址 193282 处、古墓葬 139458 处，总数占到了 43% 以上。在我国已公布的八批 5058 处全国重点文物保护单位中，古遗址和古墓葬总数为 1612 处，占总数的三分之一左右，其中大部分可列入大遗址范畴。在 8000 余处省级文物保护单位中，属于大遗址的有近 2000 处，其中一部分已被列为世界文化遗产或作为世界文化遗产的重要组成部分。面对这些价值高、等级高、数量多的大遗址，以及当下考古遗址领域抢救式、“头疼医头，脚疼医脚”的困境局面。国家考古遗址公园的诞生具有划时代的意义。

国家考古遗址公园作为文化遗产保护领域的一个新兴类型，是目前大遗址保护利用的最有效的手段之一，为丰富我国文物保护管理体系和国际考古遗址保护理论体系作出了重要贡献。当前，国家考古遗址公园总体发展态势良好，在文物保护、展示利用、公共服务、文化传承等方面发挥了重要作用，但仍处于起步阶段，理论方法、制度设计、技术支撑仍不完备，存在总体发展不平衡、不充分，与区域发展协同不足，遗址展示和公园管理水平需要提升，基础工作薄弱等问题。

本书通过借鉴国外在大遗址保护利用方面的经验和我国考古遗址公园的发展历程及案例，结合大遗址保护规划、风景名胜规划、文物保护单位保护规划等相关理论对国家考古遗址公园的规划设计进行探讨，在个性提炼和共性分析的基础上，创造性地提出国家考古遗址公园环境规划设计的系统工作模式，分析研究各阶段的重要工作内容，提出相应的工作原则和解决办法，并结合实例对以上研究理论进行相应的论证。本书旨在实践一条符合中国国情和国际通行惯例的国家考古遗址公园环境规划设计的创新之路，为实现我国大遗址的有效保护、合理开发、永续利用进行抛砖引玉的理论探索，并做到理论与实践相结合。

本书以本人的博士论文为基础，结合工作后的相关案例和经验进行编写，历时长，涉及内容系统全面，得到博士生导师、单位同事等的大力支持，谨对他们为本书付出的努力致以最真挚的感谢！感谢我的恩师刘晓明教授针对重要问题进行的指导，提出了很多宝贵的建设性意见，使本书更趋合理、完善，最终得以顺利完成。感谢中国建筑设计研究院有限公司建筑历史研究所的陈同滨名誉所长、王力军所长、刘剑副所长、傅晶副所长和所里其他同事在项目合作实践和专著写作过程中所给予的大力支持和提出的中肯意见。感谢中国城市建设研究院有限公司、中国建筑设计研究院有限公司的设计师们，特别是徐瑞、贺敏、刘卓君等同事为本书的编写、修改完善、排版、出版做了大量的辅助工作。

国家考古遗址公园环境规划设计理论与实践的研究涉及诸多学科领域，是一个复杂的研究过程。由于作者的精力和能力所限，本书还存在不足之处，在此谨表示深深的歉意，将在后续的工作中结合实践更深入地研究和完善。

赵文斌

2024 年 5 月